21世纪高职系列教材

SHIJI GAOZHI XILIE JIAOCAI

液压与气压传动

主编 / 王剑华　副主编 / 刘玉忠

哈尔滨工程大学出版社

内容简介

全书共14章，包括液压传动和气压传动两部分。液压传动部分主要内容包括绪论，液压流体力学基础，液压泵，液压马达，液压缸，液压控制阀，液压辅助装置，液压基本回路，液压传动系统，液压系统的安装、使用和维护等；气压传动部分主要内容包括气压传动基本概念、气压传动元件、气压传动基本回路和气压传动系统实例等。

本书力求理论联系实际，基本理论和基本概念以实用为度，专业知识突出针对性和应用性。本书章节层次清晰，内容简洁易懂，有利于广大读者学习和掌握。本书适合高职高专机械类和机电类及相关专业作教材之用，也可作职工技术培训和有关工程技术人员学习参考。

图书在版编目(CIP)数据

液压与气压传动/王剑华主编. —哈尔滨：哈尔滨工程大学出版社，2008.1(2014.1重印)
ISBN 978-7-81133-132-5

Ⅰ.液… Ⅱ.王… Ⅲ.①液压传动-高等学校：技术学校-教材②气压传动-高等学校：技术学校-教材
Ⅳ.TH137 TH138

中国版本图书馆CIP数据核字(2007)第203321号

出版发行 哈尔滨工程大学出版社
社　　址 哈尔滨市南岗区东大直街124号
邮政编码 150001
发行电话 0451-82519328
传　　真 0451-82519699
经　　销 新华书店
印　　刷 黑龙江省地质测绘印制中心印刷厂
开　　本 787mm×1 092mm 1/16
印　　张 14.25
字　　数 305千字
版　　次 2008年1月第1版
印　　次 2014年1月第4次印刷
定　　价 24.00元
http://www.hrbeupress.com
E-mail:heupress@hrbeu.edu.cn

21 世纪高职系列教材编委会

（按姓氏笔画排序）

前言

本书分液压传动和气压传动两部分。主要介绍液压与气压传动的基础知识、常用元件的结构和原理、基本回路、传动系统的组成和原理、元件的选用以及系统的调试、保养和维修方法等。

本书力求少而精和理论联系实际，着重基本概念和原理的阐述，突出理论知识的应用，加强针对性和实用性，着力体现高职教育的特色。在内容和论例的选取上，注意反映国内外成熟的液压与气压传动新技术、新成果。为便于阅读、思考和练习，本书较多地采用了简明易懂的结构原理插图，各章均附有思考题与习题。全书严格执行了新的国家标准。

本书可作为高中毕业生与中职毕业生入校三年制及初中毕业生入校五年制高职高专院校机电类和机械类专业学生的教材，也可供职工技术培训和有关工程技术人员参考使用。

本书由王剑华任主编，刘玉忠任副主编。王剑华编写第一章至第七章，余会荣编写第八章至第十章，刘玉忠编写第十一章至第十四章，全书由王剑华统稿。南通航运职业技术学院、大庆职业学院两校领导和老师在编写过程中给予了许多帮助，在此一并感谢。

限于编者水平有限和时间仓促，不妥之处恳请广大读者批评指正。

编　者

2007 年 10 月

目录

第一章 绪 论

一部完整的机器是由原动机、传动装置和工作机构三部分组成的。其中传动装置是一个中间环节,它的作用是把原动机的输出功率传送给工作机构,并将原动机的旋转运动转换成能适应工作机构要求的运动状态。传动有多种类型,如机械传动、液体传动、气体传动、电力传动以及它们的组合——复合传动等。

液压与气压传动是以有压流体(压力油或压缩空气)为工作介质来进行能量传递和运动控制的传动方式。

液压传动是在水力学、工程力学和机械制造技术基础上发展起来的一门应用技术。液压传动如果从17世纪中叶帕斯卡提出静压传动原理、18世纪末英国制成第一台水压机算起,已有二三百年的历史。19世纪末,德国制造了液压龙门刨床、美国制造了液压六角车床及液压磨床,但当时尚无成熟的液压元件,液压技术未能得到普遍应用。20世纪七八十年代以来,由于控制理论的发展、油液性能的完善、液压元件结构的不断改进,液压传动的性能、效率、可靠性等大大提高。特别是近年来,液压与微电子、计算机技术相结合,液压技术的发展进入了一个新的阶段,成为发展速度最快的技术之一。由于液压传动有许多突出的优点,因此它被广泛应用于机械制造、工程建筑、石油化工、交通运输、军事器械、矿山冶金、航空、航海、轻工、农机、渔业、林业等各方面。目前,液压传动正向小体积、高压大流量、高效低耗、高可靠性、高稳定性、高度集成化、数字化、网络化和智能化方向发展。

气压传动方式采用压缩空气为工作介质,空气黏性小,传动阻力小,传动速度快,反应灵敏,没有污染,但工作压力低,压力在1.0 MPa以下,传递动力不大,传动平稳性也不如液压传动,因而更适合于远距离的传动与控制。气压传动广泛应用在电子、轻工、纺织、食品、汽车等行业,目前气压传动技术正向节能化、小型化、轻易化、控制高精度化等方向发展。

第一节 液压传动的工作原理与组成

一、液压传动的工作原理

液压传动的工作原理可以用一个液压千斤顶的工作原理来说明。

图1-1所示是液压千斤顶的工作原理图。提起杠杆1,小活塞2被带动向上运动,于是小液压缸3的下腔密封空间容积增大,压力下降,低于一个大气压,形成部分真空。这时单向阀5将所在的油路关闭,油箱10中的油液在大气压力的作用下推开单向阀4,沿着吸油管道进入小缸的下腔,完成了一次吸油动作。接着,压下杠杆1,小活塞下移,小缸下腔的密封空间容积减小,压力升高,这时单向阀4自动关闭了油液流回油箱的通路,小缸下腔的压力油就推开单向阀5进入大液压缸6的下腔,推动大活塞将重物8(重力为 G)向上顶起一段距离。如此反复地提、压杠杆1,就可以使重物不断升起,达到起重的目的。

若将放油阀9旋转90°,则在重物8的自重作用下,大缸中的油液流回油箱,活塞下降到原位。

从此例可以看出，液压千斤顶是一个简单的液压传动装置。分析液压千斤顶的工作过程不难看出，液压传动利用有压力的油液作为传递能量的工作介质。压下杠杆，小缸输出压力油，将机械能转换成压力能。液压油经过管道流入大缸举起重物，则是将压力能转换成机械能。因此，液压传动装置本质上是一种能量转换装置。大活塞举升重物的速度取决于单位时间内流入大油缸中的油液的数量。

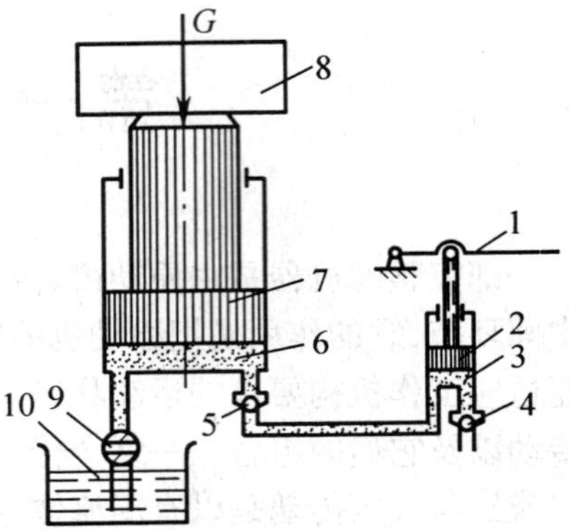

图1-1　液压千斤顶的工作原理

1—杠杆；2—小活塞；3,6—液压缸；4,5—单向阀；7—大活塞；8—重物；9—放油阀；10—油箱

从上例也不难看出，液压传动是以液体为工作介质，借助于密封工作空间的容积变化和油液的压力来进行能量传递和运动控制的传动方式。因此液压传动实现工作需要有两个条件：一是处于密封空间内的液体存在容积变化并能够流动，二是液体具有压力。只有能流动并具有一定压力的液体才能做功，才具有压力能。

液压千斤顶具有力的放大作用，或者说具有省力作用，其原理可用图1-2加以说明。压下杠杆时，小缸与大缸相通，两缸油液压力基本相等。设小缸活塞面积、直径和作用力分别为 A_1, D_1 和 F，大缸活塞面积、直径和所能克服的载荷分别为 A_2, D_2 和 G。由于 $p_1 = p_2$，则 $F/A_1 = G/A_2$，故 $G = (A_2/A_1)F = (D_2^2/D_1^2)F = KF$，也即液压千斤顶力的放大倍数 K 等于大、小两缸活塞有效作用面积之比，也等于大、小两缸活塞直径平方之比。

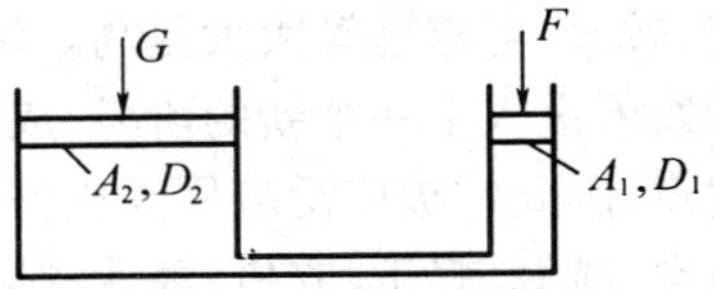

图1-2　液压千斤顶力的放大原理

二、液压传动系统的组成

液压传动的应用范围非常广，但就其组成来讲是相似的。图1-3为一台简化了的平面磨床工作台往复运动液压传动系统。我们可以通过它进一步了解一般液压传动系统应具备的基本性能和组成情况。

在图1-3(a)中，液压泵3由电动机(图中未画出)带动旋转，从油箱1中吸油。油液经过过滤器2过滤后通过泵向系统输送。来自液压泵的压力油经换向阀5、节流阀6和换向阀7进入液压缸8的左腔，推动活塞连同工作台向右运动，液压缸右腔的油液通过换向阀7经回油管①排回油箱。

如果将换向阀7的手柄扳到图1-3(b)所示的状态，则压力油进入液压缸的右腔，推动活塞连同工作台向左移动，液压缸左腔的油液排回油箱。

工作台的运动速度可以通过节流阀6来调节，泵多余的油液也可经溢流阀4和回油管②流回油箱，泵的出口压力通过溢流阀4得到调整。

如果将换向阀5手柄扳到图1-3(c)所示的状态，则压力油经换向阀5和回油管③直接流回油箱。此时，系统处于卸荷状态，压力油不能进入液压缸，所以换向阀5具有启动、停止功能。

由上述内容可知，液压泵在原动机的驱动下旋转输出压力油，即原动机的机械能转换成油液的压力能。压力油经管路系统和控制调节元件(如换向阀等)进入执行元件液压缸(或液压马达),驱动液压缸作往复运动(或液压马达作旋转运动),并带动工作机构运动(如工作台的往复运动),从而将油液的压力能重新转换成机械能。

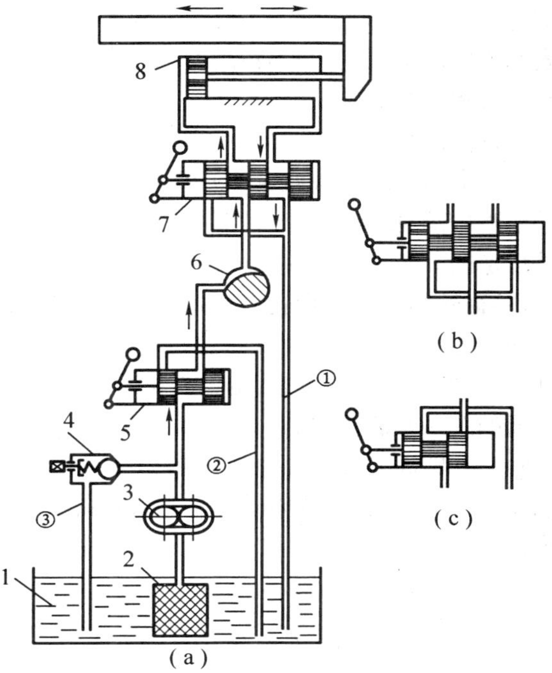

图 1-3 平面磨床工作台液压系统结构原理图

1—油箱;2—过滤器;3—液压泵;4—溢流阀;5,7—换向阀;6—节流阀;8—液压缸

从平面磨床工作台往复运动液压系统的分析可知,为了实现能量的传递,一个完整的、能够正常工作的液压系统,除了工作介质(液压油)以外,还应由以下四个部分组成。

(1)动力元件。动力元件即液压泵,它从油箱吸油,向系统输送压力油。液压泵是将原动机输出的旋转机械能转化成液体压力能的一种元件,是整个系统的动力源。

(2)执行元件。执行元件即液压缸或液压马达,是将输入的压力能转换成机械能输出的元件。液压缸在压力油的作用下作往复运动(一般为往复直线运动,少数为小于1圈的摆动),液压马达则作连续旋转运动。

(3)控制调节元件。控制调节元件即控制阀,包括方向控制阀、压力控制阀、流量控制阀三大类,如上例中的换向阀7、溢流阀4和节流阀6等。这些元件用以控制和调节液压系统油液的流动方向、压力和流量,以保证执行元件能完成预期的工作。

(4)辅助元件。辅助元件包括油箱、油管、密封件、过滤器以及各种指示器和控制仪表等。它们的作用是提供必要的条件使系统能正常工作。

以上这些液压元件将在以后各章中分别介绍。

三、液压传动系统的图形符号

描述液压系统工作原理、基本组成、所能完成的基本任务、工作循环及控制方式的说明性原理图被称为液压系统原理图。液压系统原理图有多种表示法。在图1-3(a)中,组成液压系统的各个元件是用半结构式图形绘出的,这种图形直观性强,易于理解。但是,对于复杂系统来说,这种原理图绘制起来需要较大的工作量,而且显得混乱难辨,不便于交流。在工程实际中,除某些特殊情况外,一般都用规定的图形符号来绘制液压系统原理图,我们称之为职能符号式原理图。当元件无法用职能符号表示时,也允许局部采用结构简图来表示。我国先后于1965年、1976年和1993年制定了液压与气动图形符号标准,目前执行的标准是GB/T786.1-93,其图形符号详见本书附录。对于图1-3(a)所示的液压系统,若用国家标准GB/T786.1-93规定的图形符号绘制,则其系统原理图如图1-4所示。

分析图1-4可有如下内容。

(1)符号只表示元件的职能和连接通路,不表示元件的具体结构、技术参数和实际安装位置。例如,在图1-4中,元件3只表示单向定量泵,但并不清楚是齿轮泵还是叶片泵,更不清楚其型号和规格。

(2)符号内的箭头通常表示油液的流动方向。阀4中的箭头和泵3中的实心箭头均表示油液不可反向流动,但对于某些特殊的液压阀,如换向阀5和7,虽然符号中画有箭头,但油路却是可逆的。

(3)符号均以元件静止位置或中间零位来表示。例如,工作时阀4的进、出口可能相通,也可能不相通。但在符号表达时,所表达的是非工作状态,也就是符号是以静止状态进、出口不相通的关系来表达的。

学习和牢固掌握元件的标准图形符号是学习和应用液压传动技术的关键之一,具体的绘制方法和要求将在后续章节中逐步介绍。

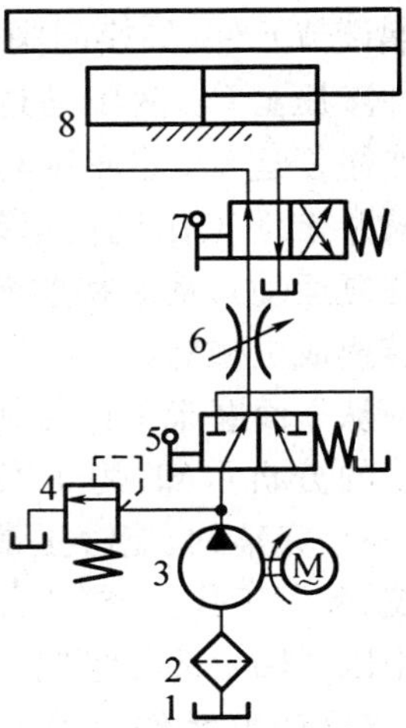

图1-4 平面磨床工作台液压系统图形符号图

第二节 液压传动的优缺点及其应用

一、液压传动的优缺点

(一)液压传动的优点

液压传动方式有如下优点:

(1)能方便地实现较大范围的无级调速和微速,调速范围最大可达到1:2 000,且易获得设备所需的低速大推力或大转矩。例如,起重机旋转机构的转速都非常低,一般为2 r/min以下,旋转机构采用低速大转矩液压马达驱动,即可方便地进行调速并获得微速。

(2)元件间采用管道连接,易于总体布置。元件可根据设备总体布置需要选取安装位置。

(3)油液具有一定的可压缩性,能缓冲吸振,易实现过载保护,工作平稳性、可靠性好;工作油液使传动零件自润滑,使元件不易磨损,使用寿命较长。

(4)在相同功率下,液压元件体积较小、重力较小。如轴向柱塞泵每千瓦功率的重力只有1.5 N~2 N,而直流电机的重力则高达15 N~20 N,这说明在相同功率下,前者的重力仅为后者的10%~20%。至于尺寸则相差更大,前者约为后者的12%~13%。这就是飞机上的操舵装置、起落架、发动机的自动调节系统、自动驾驶仪、导弹的发射与控制均采用液压传动的原因。

(5)操作简便、省力,易于实现自动化,特别是与数控技术与智能化技术相结合,易于使复杂的循环工作自动化。

(6)液压元件基本实现标准化、系列化、通用化,便于设计和推广使用。

(二)液压传动的缺点

液压传动方式有如下缺点。

(1)液压系统存在较严重的内、外泄漏,密封困难,能量损失大(泄漏损失、节流和溢流损失、摩擦损失等),发热大,效率低,不宜作远距离传动,无法保证严格的传动比。

液压元件的泄漏分为外泄漏和内泄漏两种。外泄漏是指油液由元件内部泄漏到元件外部，内泄漏是指油液由元件内的高压区泄漏到元件内的低压区。一般情况下，内泄漏远大于外泄漏，而且内泄漏无法完全杜绝。

(2)液压元件制造精度高、加工工艺复杂、成本高，不易检修。

(3)作为工作介质的油液，其黏度受温度变化的影响较大，这会直接影响到传动机构的工作性能，因此，液压传动不宜在过高、过低的温度下或温差过大的工况下工作。

(4)液压系统或元件有时噪音较大。

二、液压传动技术的应用

随着生产和科学技术的发展，液压传动的某些缺点是可以逐步克服的。液压元件的标准化、系列化、通用化和集中生产，对于保证质量和降低成本起到了极大的促进作用；采用组合式、集成式元件和新型密封装置后，液压传动的效率也得到了改善和提高；另外，液压元件的维修技术和水平也在不断普及和发展。因此，液压传动日益得到广泛的应用，其应用已经覆盖了国民经济的各个领域，其应用举例见表 1－1。

表 1－1 液压传动的应用举例

应用行业	应用举例
金属切削机床	组合机床动力滑台液压系统、万能外圆磨床液压系统、平面磨床液压系统、半自动转塔式车床液压系统、龙门刨床液压系统、拉床液压系统等
锻压机械	液压机液压系统、锻锤液压系统、锻造机械手液压系统、快锻机液压系统等
铸造机械	压铸机液压系统、垂直分型无箱射压造型机液压系统等
橡、塑机械	塑料注射成型机液压系统、橡胶硫化机液压系统等
冶金工业	高炉装置液压系统、电弧炉液压系统、方坯连铸液压系统、板坯连铸机液压系统、棒材线材机组液压系统、型材机组液压系统、带钢跑偏液压系统等
轻工机械	造纸机械液压系统、皮革机械液压系统、香皂研磨机液压系统、陶瓷坯料成型机液压系统等
纺织机械	整经机液压系统、浆纱机液压系统、织造机液压系统等
建筑材料机械	回转窖液压系统、水泥机械立窖液压系统、石料磨光机液压系统等
石油机械	石油钻机液压系统、采油机械液压系统、钻井平台桩腿升降机液压系统等
煤炭采掘机械	井下长壁采煤工作面综合机械液压系统、巷道掘进机液压系统、支柱液压系统等
农业机械	联合收割机液压系统、土豆收获机液压系统、甜菜收获机液压系统、拖拉机液压系统等
林业机械	木材集材机液压系统、人造板热压机液压系统等
工程机械	装载机液压系统、铲运机液压系统、挖掘机液压系统、平路机液压系统、剪切破碎设备液压系统等
起重机械	门机变幅机构液压系统、集装箱吊具液压系统、汽车起重机液压系统、斗轮堆取料机液压系统等

表1-1(续)

应用行业	应用举例
汽车运输	汽车助力转向液压系统、自卸式载货车液压系统、汽车制动液压系统、汽车变速器液压系统等
铁道工程机械	凿岩机液压系统、钢轨校直机液压系统、钢轨焊接机液压系统、钢轨瘤刨平机液压系统、换轮机液压系统等
航空工业	飞机舵机、起落架、前轮转向、进气道、喷口等液压系统
船舶	船舶舵机液压系统、甲板机械液压系统、减摇液压系统等
航运管理	水闸液压系统、船闸液压系统等
兵器	高炮瞄准液压系统、坦克火炮稳定液压系统、舰炮缓冲液压系统、导弹发射液压系统、火箭推进器液压系统等
机器人、模拟器	示教再现机器人液压系统、飞行驾驶舱模拟器液压系统、舰载雷达稳定平台液压系统等
打包机械	羊毛棉花打包机液压系统、金属切削压块机液压系统、废纸打包机液压系统等

上表列举了液压传动应用领域的一些实例,从中可看出液压传动不仅是动力传输,更重要的是在自动控制中起到重要的作用。液压传动的应用远超过上述的举例,随着其他工业技术的发展和需要,还会出现更多的应用。

思考题与习题

1-1　液压千斤顶的动作原理是怎样的,为什么具有力的放大作用?

1-2　什么是液压传动,液压传动系统有哪几部分组成,分别包括哪些元件?

1-3　液压泵、液压缸和液压马达分别进行怎样的能量转换?液压缸、液压马达分别实现什么运动?

1-4　绘制液压传动图形符号有哪几个规定?

1-5　液压传动有哪些主要优缺点?

第二章　液压流体力学基础

液压传动是以液体作为工作介质进行能量传递的。因此,了解液体的基本性质,掌握液体平衡和运动的主要力学规律,对于正确理解液压传动原理以及合理设计和使用液压传动系统都是非常必要的。

第一节　液　压　油

一、液压油的主要性质

(一)密度

单位体积内液体的质量称为液体的密度,通常用 $\rho(\mathrm{kg/m^3})$来表示,即

$$\rho = \frac{m}{V} \tag{2-1}$$

式中　m——液体的质量;

V——液体的体积。

密度是液体的一个重要物理参数。密度随着液体压力的增大而增大,随温度的升高而减小。但这种变化量不大,通常近似地把液体的密度当作常量。液压系统常用的工作介质为矿物油型液压油,计算时可取油液的密度为 900 $\mathrm{kg/m^3}$。

(二)可压缩性

液体的可压缩性是指在温度不变的情况下,液体受压力作用而发生体积缩小的性质。

液体的可压缩性比钢材大 100~150 倍左右,可见液体的可压缩性比刚性物质大得多。液体的可压缩性与其空气含量有关。在液体中若混入空气过多,其可压缩性将显著提高,并将严重影响到液压系统的工作性能,故应使油液中的空气含量减小到最低限度。在有动态性能要求或压力变化很大的高压系统中,应考虑液体的可压缩性影响。但是,对于一般液压系统,由于压力变化引起的液体体积变化非常小,所以可认为液体是不可压缩的。

(三)黏性

1.黏性的物理本质

液体受外力作用而流动时,液体内部产生内摩擦力的性质称为液体的黏性。在图 2-1 所示的两平行平板之间充满了液体,设下平板不动,上平板以速度 u_0 向右平移。由于液体与固体壁间的附着力和液体分子间的内聚力的存在,紧靠上平板的液体黏附在上平板上,以相同的速度 u_0 随上平板向右运动,紧靠下平板的液体黏附于下平板上而保持静止,而中间各层液体的速度则根据它与下平板的距离大小近似呈线性规律分布。我们可将液体的这种流动看作为许多薄液层的运动。由于各液层的流动速度不同,流动快的液层会拖动流动慢的液层,而流动慢的液层又会阻滞流动快的液层。这种液层之间的相互作用力称为内摩擦力或黏性力。内摩擦力的大小不仅与液体的黏性大小有关,也与液层间的相对运动速度大小有关。不难看出,只有液体流动时才会出现摩擦,静止液体不显示黏性。

2.黏度

液体黏性的大小用黏度来表示。黏度是选择液压用油的主要指标,黏度的大小会直接影响系统的正常工作、效率和灵敏度。

常用的黏度表达方法有三种,即动力黏度、运动黏度和相对黏度。

(1)动力黏度

动力黏度又称绝对黏度,用 μ 来表示,它反映了液体接触层间内摩擦力的大小程度。由于 μ 与力有关,所以称为动力黏度。动力黏度的单位为 Pa·s(帕·秒)。

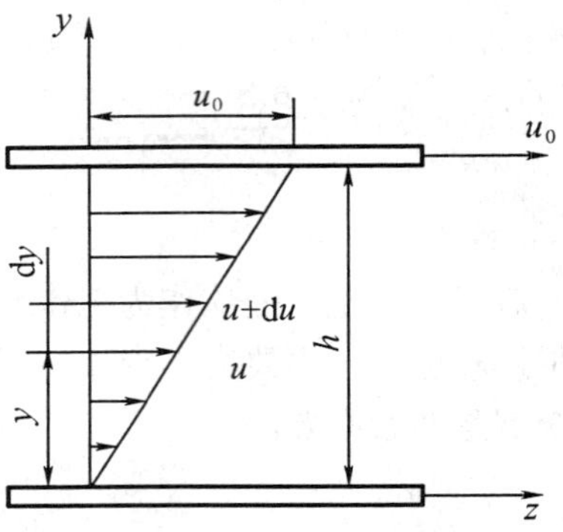

图 2-1 液体黏性示意图

(2)运动黏度

运动黏度是液体动力黏度 μ 与密度 ρ 的比值,用 ν 来表示,即

$$\nu = \mu / \rho \tag{2-2}$$

运动黏度的法定计量单位是 m^2/s。由于该单位较大,故常采用非法定计量单位 cSt(厘斯)来表示,它们之间的换算关系为

$$1\ m^2/s = 10^6\ mm^2/s = 10^6\ cSt$$

运动黏度 ν 没有什么特殊的物理意义,只因在液压系统的理论分析和计算中时常会碰到动力黏度与密度的比值,由此才派生出运动黏度这个物理量。因为它的单位中只有运动学的单位,所以称之为运动黏度。

国际标准化组织 ISO 规定,采用运动黏度来表示液压传动用油的黏度等级。我国生产的液压油采用 40 ℃时的平均运动黏度值(cSt)为其黏度等级标号。例如 32 号液压油,就是指这种油液在 40 ℃时的运动黏度平均值为 32 cSt。

(3)相对黏度

液体的动力黏度与运动黏度都难以直接测量,工程上常用一些简便方法去测定液体的相对黏度。相对黏度的测量方法有多种,我国采用恩氏黏度计来测定油液的相对黏度。将 200 mL 被测油液在某一特定温度 t ℃时在自重作用下流过恩氏黏度计(直径 2.8 mm 的漏斗式量具)所需的时间 t_1,与 20 ℃时同体积蒸馏水流过该恩氏黏度计所需时间 t_2($t_2 = 52$ s)相比,即为被测油液在 t ℃时的恩氏黏度。即

$$°E_t = \frac{t_1}{t_2} \tag{2-3}$$

工业上一般以 20 ℃,50 ℃和 100 ℃作为测定恩氏黏度的标准温度,并相应地以符号 $°E_{20}$,$°E_{50}$,$°E_{100}$ 来表示。

用恩氏黏度计测出的恩氏黏度可换算成运动黏度,对应数值可从有关图表中直接查出。

3.黏度与温度的关系

油液对温度的变化极为敏感。油温升高,油液黏度将显著降低。油液的黏度随温度变化的性质称为油液的黏温特性。不同种类的液压油有不同的黏温特性。液压油的黏温特性常用其黏温变化程度与标准油相比较的相对数值(即黏温指数Ⅵ)来表示。油液的Ⅵ值越大,表示其黏度随温度的变化越小,黏温特性越好。

油温升高的原因有两个,一是环境温度的影响,二是设备使用后因能耗而产生发热的影

响。油温升高时,油液的黏度下降,流动性增加,流动阻力减少,但泄漏也会增加,同时油液也易氧化变质;油温降低时,油液的黏度增加,流动阻力增加,且有可能堵塞狭窄细小孔道。因此,应尽可能减少系统能耗发热,采用黏温特性较好的油液。

4.黏度与压力的关系

当压力增加时,液体分子之间的距离缩小,内聚力增大,黏度也增大。一般情况下,油液压力对黏度的影响较小,可不考虑。当压力变化超过 20 MPa 时才需考虑压力对黏度的影响。

(四)其他性质

油液还有其他一些物理化学性质,如抗燃性、抗凝性、抗氧化性、抗泡沫性、抗乳化性、抗锈性、润滑性、导热性、相容性以及纯净性等,这些都对液压系统工作性能有重要影响。对于不同品种的液压油,这些性质的指标也有所不同,具体内容可见油类产品手册。

二、液压油的选用

为了正确选用液压油,需要了解对液压油的使用要求,熟悉其品种和性能,掌握液压油的选择方法。

(一)液压油的使用要求

在液压传动中,液压油既是传动介质,又兼具冷却、润滑、冲洗、防锈等作用,故对液压油的性能提出了如下要求。

(1)具有适宜的黏度和良好的黏温特性,在使用温度范围内,油液黏度随温度的变化愈小愈好。

(2)具有良好的热稳定性和氧化稳定性,油液不易氧化、不易变质,以防产生黏质沉淀物影响系统工作,防止氧化后油液变为酸性,对金属表面起腐蚀作用。

(3)具有良好的抗泡沫性和空气释放性,对金属和密封件有良好的相容性。

(4)在高温环境下有较高的闪点,在低温环境下有较低的凝点。

(5)具有良好的抗磨性和防锈性。

(6)具有良好的抗乳化性。

(7)质量要纯净,不含或含有极少量的杂质、水分和水溶性酸碱等,以免侵蚀机件和密封装置。

对于具体的液压传动系统,则需根据工作情况,突出某些方面的使用性能要求。

(二)液压油的品种

我国的液压油品种繁多,按照 GB7631.2-1987 的有关规定,分为矿物油型液压油和难燃型液压液两类,另外还有一些专用液压油。矿物油型液压油由于制造容易、来源方便、价格较低,目前在液压设备中应用达 90% 以上,但缺点是阻燃性差,不宜用于高温环境。因此,高温环境下使用的液压系统应采用难燃型液压液。液压油为了满足液压装置的特别要求,均会在基油中加入添加剂来改善其特性。添加剂有抗氧化剂、防锈剂、增黏剂、降凝剂、消泡剂、抗磨剂等。我国液压油的主要品种、组成和特性见表 2-1。

表 2-1 我国液压油的主要品种、组成和特性

类型	品种代号	名称	组成与特性
矿物油型液压油	L-HH	全损耗系统用油	无抗氧剂的精制矿物油,只能用于简单设备或低压系统
	L-HL	普通液压油	精制矿物油并改善其防锈性和抗氧性,可用于室内固定设备的中低压系统
	L-HM	抗磨液压油	HL 油并改善其抗磨性,适用于工程机械等野外作业的高压系统,以及其他有专门要求的低、中、高压系统
	L-HG	液压导轨油	HM 油并具有黏滑性,用于各类机床的导轨润滑
	L-HR	高黏度指数液压油	HL 油并改善其黏温性,适用于环境温度变化大的低压系统,也用于数控机床液压系统
	L-HV	低温液压油	HM 油并改善其黏温性,适用于工程机械、农业机械和车辆液压系统,也适用于寒冷地区作业的液压系统
难燃型液压液	L-HFAE	水包油乳化液	水多油少,适用于易燃易爆场合
	L-HFB	油包水乳化液	油多水少,适用于冶金、轧钢和矿井设备的低压系统
	L-HFC	水-乙二醇液	含聚合物水溶液,适用于冶金、煤矿等行业的低压和中压系统
	L-HFDR	磷酸酯液	氧氯化烃无水合成液,适用于冶金、火力发电、燃气轮机等高温高压下操作的系统

(三)液压油的选择

液压油的牌号由品种和黏度等级两部分组成。如 L-HL46 液压油,L-HL 表示油液的品种为普通液压油,46 表示该品种油液在 40 ℃时的运动黏度平均值为 46 cSt。

液压油的选择首先是品种的选择。选择品种时,可根据是否液压专用、有无起火危险、工作压力及工作温度范围等因素,决定选择合适的、经济的油液品种。(参照表 2-1)

液压油的品种确定之后,接着就是选择油液的黏度等级。黏度等级有 7,10,15,22,32,46,68,100 和 150 等,不同品种液压油的黏度等级数量也有所不同。在选择黏度等级时应考虑以下几方面的情况。

(1)工作压力。液压系统工作压力较高时,泄漏问题较为突出,此时宜选用黏度等级较高的液压油;反之,则应选择黏度等级较低的液压油。

(2)运动速度。液压系统工作机构运动速度较高时,油液的流速也高,压力损失较大,此时宜选用黏度等级较低的液压油;反之,则应选择黏度等级较高的液压油。

(3)环境温度。环境温度较高时,油液的黏度较低,使泄漏增加,此时宜选用黏度等级较高的液压油;反之,则应选择黏度等级较低的液压油。

在液压系统的所有元件中,液压泵承受的压力最大,工作时间最长,对液压油的质量和黏度最敏感,黏度符合了泵的要求也就满足了系统的要求。因此,常根据液压泵的类型及要求来选择液压油的黏度。各类液压泵适用的黏度范围如表 2-2 所示。

表 2-2 各类液压泵推荐用的液压油

液压泵类型		运动黏度/$m^2 \cdot s^{-1}$(40 ℃)		适用品种和黏度等级
		系统工作温度 5 ℃~40 ℃	系统工作温度 40 ℃~80 ℃	
叶片泵	<7 MPa	30~50	40~75	HM 油：32,46,68
	>7 MPa	50~70	55~90	HM 油:46,68,100
齿轮泵		30~70	95~165	HL 油(中、高压系统用 HM 油)：32,46,68,100,150
轴向柱塞泵		40~75	70~150	HL 油(高压系统用 HM 油)：32,46,68,100,150
径向柱塞泵		30~80	65~240	HL 油(高压系统用 HM 油)：32,46,68,100,150

实际工作中,液压泵生产厂家在其产品样本中规定了油液品种和黏度范围,要遵照厂家要求或建议选择液压油。

三、液压系统的污染及其控制

液压油受到污染常常是系统发生故障的主要原因。因此,控制污染十分重要。

(一)污染的危害

液压油被污染指的是油液中含有水分、空气、微小固体颗粒及胶状生成物等杂质。液压油污染对液压系统主要有以下危害。

(1)固体颗粒和胶状生成物。它们易堵塞过滤器,使液压泵运转困难,产生噪音;易堵塞阀类元件小孔或缝隙,使阀动作失灵。

(2)微小固体颗粒。它们会加速零件磨损,使元件不能正常工作;擦伤密封件,使泄漏增加。

(3)水分和空气的混入。这种情况会降低液压油的润滑能力,并使其氧化变质;产生气蚀,使元件加速损坏;使液压系统出现振动、爬行等现象。

(二)污染的原因

液压油被污染的原因主要有以下几方面。

(1)残留物污染。残留物污染是指液压元件在制造、储存、运输、安装、维修过程中带入的沙粒、铁屑、磨料、焊渣、锈片、棉纱和灰尘等,虽经清洗,但未清洗干净而残留下来,造成污染。

(2)侵入物污染。侵入物污染主要是指周围环境中的污染物(空气、尘埃、水滴等)通过一切可能的侵入点,如外露的往复运动活塞杆、油箱的进气孔和注油孔等侵入系统,造成液压油污染。

(3)生成物污染。生成物污染主要是指液压系统在工作过程中产生的金属摩擦微粒、密封材料磨损颗粒、涂料剥离片、水分、气泡及油液变质后的胶状生成物等,造成液压油污染。

(三)污染的控制

液压油要彻底防止污染是很困难的。为了延长液压元件的寿命,保证液压系统正常工作,将污染程度控制在某一限度以内是较为切实可行的办法。实际应用中常采取如下几方面措施。

(1)力求减少外来污染。液压装置组装前后必须严格清洗,油箱通大气处要加空气过滤器,向油箱加油应通过过滤器,维修拆卸元件应在无尘区进行。

(2)滤除系统产生的杂质。应在系统的有关部位设置适当精度的过滤器,并且要定期检查、清洗或更换滤芯。

(3)定期检查更换油液。应根据液压设备使用说明书的要求和维护保养规程的规定,定期检查更换油液。换油时要清洗油箱,冲洗系统管道及元件。

第二节　液体静力学

液体静力学研究的是静止液体的力学性质。所谓静止是指液体内部质点之间没有相对运动,液体整体完全可以像刚体一样作各种运动。

一、液体的压力

液体的压力是指液体在单位面积上所受的作用力。这一定义在物理学中称为压强,但在液压传动中习惯称为压力。

压力用 p 来表示,用公式表示为

$$p = \frac{F}{A} \tag{2-4}$$

式中　F——作用在液体上的力;

A——液体的承压面积。

在国际单位制中,压力的单位为 N/m^2(帕斯卡、帕或 Pa)。由于 N/m^2 单位过小,所以一般采用倍单位 MPa(兆帕)。

$$1\ MPa = 10^6\ Pa$$

在旧的工程单位制中,压力的单位为 kgf/cm^2(公斤力/平方厘米),又称工程大气压,它与 Pa(帕斯卡)的换算关系为

$$1\ kgf/cm^2 = 9.81 \times 10^4\ Pa$$

物理学中的大气压与 Pa(帕斯卡)的换算关系为

$$1\ 个大气压 = 1.013\ 3 \times 10^5\ Pa$$

因此,在实际使用中可认为

$$1\ kgf/cm^2 \approx 1\ 个大气压 \approx 0.1\ MPa$$

液体的静压力具有如下重要特性:

(1)液体的压力沿着内法线方向作用于承压面;

(2)静止液体内任一点的压力在各个方向上都相等。

由上述性质可知,静止液体总是处于受压状态,并且其内部的任意质点都是受平衡压力作用的。

二、液体静压力基本方程

根据物理学知识可知,静止液体内任一点处的压力 p 由两部分组成:一部分是液面上的压力 p_0,另一部分是该点以上液体自重所形成的压力,即 ρg 与该点距离液面的深度 h 的

乘积,故

$$p = p_0 + \rho gh \tag{2-5}$$

上式为液体静力学基本方程式。由此式可得出如下结论。

(1)当液面上只受大气压力 p_a 作用时,液面压力 $p_0 = p_a$;当液面除受大气压力作用外还受载荷 F 作用时,液面压力还包括由载荷引起的压力 F/A,即 $p_0 = p_a + F/A$。

(2)静止液体内的压力 p 随液体深度 h 的变化呈线性分布。

(3)离液面深度 h 相同的各点组成了等压面,静止液体中的等压面为一水平面。

三、压力的表示方法

众所周知,空气中的任何物体都受到大气压力的作用,因此当计算液体的压力时,理应加上大气压力值,这时得出的压力称之为绝对压力。但因整个地面处处受到大气压力的作用,任何物体所受到的大气压力往往是平衡的,对外并不显示力学效果,而真正起作用的还是超过大气压力的那一部分。这种只考虑由外力引起的液体压力,称相对压力。相对压力可以通过压力表进行测量,所以它又称为表压力。在液压传动中,如无特别说明,所提到的压力均是指相对压力。绝对压力和相对压力的关系为

绝对压力 = 相对压力 + 大气压力

相对压力 = 表压力 = 绝对压力 − 大气压力

当绝对压力低于大气压力时,习惯上称出现真空。工程上常用真空度来表示真空的程度,真空度为绝对压力不足大气压力的那部分压力值,即

真空度 = 大气压力 − 绝对压力

如果某泵吸油口的绝对压力为 0.7×10^5 Pa,则该点的真空度为 1×10^5 Pa − 0.7×10^5 Pa $= 0.3 \times 10^5$ Pa(这里大气压力取近似值 1×10^5 Pa)。

液压泵之所以能从油箱中吸油,就是由于液压泵运转时会在吸油口产生真空度,依靠作用在油箱油面的大气压力把油液压进去。

绝对压力、相对压力与真空度间的关系如图 2-2 所示。

四、静止液体内压力的传递

由静力学基本方程式可知,对液体表面的压力 p_0 改变多少,则液体内部任意一点的压力 p 也将改变多少。在密封容器的静止液体中,任意一点的压力如有变化,这一压力的变化也将等值地传递到容器中的各点,这就是静止液体压力传递原理,即物理学中讲的帕斯卡原理。

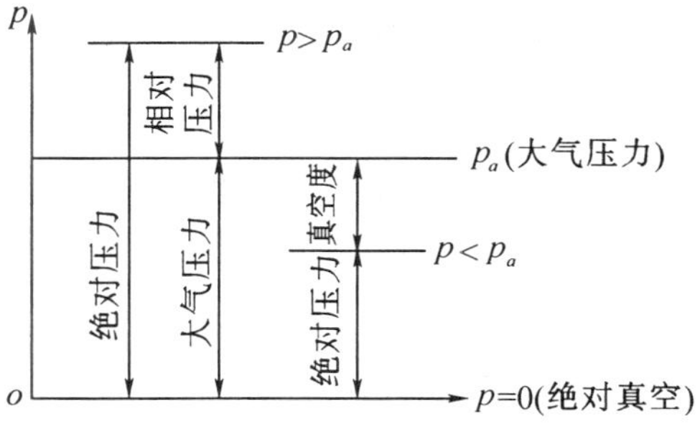

图 2-2 绝对压力、相对压力与真空度的关系

在液压系统中,外力作用所产生的压力远远大于液体自重产生的压力。

例 2-1 求液面以下深 $h = 10$ m 处压力值。已知液面压力 $p_0 = 10$ MPa,油液的密度 $\rho = 900$ kg/m^3。

解 由静力学基本方程式可知,液面以下深 10 m 处的压力为

$$p = p_0 + \rho gh = 10 \times 10^6 + 900 \times 9.81 \times 10 = 10.088\ 2\ \text{MPa}$$

由本题可知，在液面压力 $p_0 = 10$ MPa 时，由油液的重力产生的压力 ρgh 在高度相差 10 m的情况下，其影响也只有 0.088 2 MPa，即不足百分之一。如果 p_0 更大，h 更小，则 ρgh 所占的比例更小。在液压系统中，液面由负载引起的压力通常较大，而管路配置的高度差引起的压力一般较小。所以，为计算方便，通常忽略 ρgh 一项的影响，近似地认为液压传动中任一点的压力大小可不受位置高度的影响而等于液面的压力。而计算液面压力时通常忽略大气压力的影响，因而就可以得出如下结论：在液压系统的压力油路中，当液体处于静止状态时，密封管路内的压力处处相等，并且是由负载决定的。

五、压力油作用在平面和曲面上的力

液体与固体相接触时，固体将受到油液力的作用。

当液体作用在平面上时，如图 2-3(a)所示，液体对固体平面的作用力 F 等于液体压力 p 与该平面面积 A 的乘积，且作用方向与该平面垂直，即

$$F = pA = p\frac{\pi D^2}{4} \tag{2-6}$$

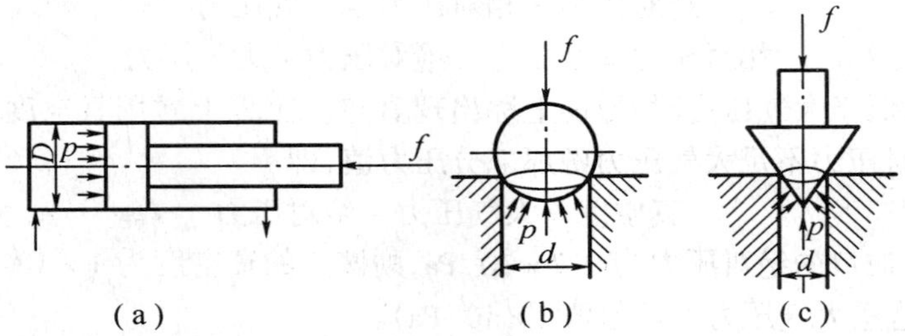

图 2-3　液体作用在固体壁面上的力

(a)活塞平面；(b)球面；(c)圆锥面

当液体作用在曲面上时，如图 2-3(b)、(c)所示，液体作用在该曲面某一方向上的作用力 F 等于压力 p 与曲面在该方向上投影面积 A 的乘积，即

$$F = pA = p\frac{\pi d^2}{4} \tag{2-7}$$

根据力学知识可知，当刚性物体静止或作匀速运动时，作用在该物体上的力是平衡的。因此，液体作用在固体平面或曲面某一方向上的作用力 F 也就与作用在该方向上的其他所有载荷之和 f 相平衡，即

$$F = f \tag{2-8}$$

第三节　液体动力学

液体动力学主要研究液体流动时的运动规律、能量转换以及流动液体与固体壁间的相互作用力等问题，这些内容不仅构成了液体动力学基础，而且还是液压技术中分析问题、设计计算的理论依据。

一、基本概念

(一)两个假设

1.理想液体

研究液体流动时必须考虑黏性的影响,但由于这个问题非常复杂,所以在开始分析时可以假设液体没有黏性,得出某些概念和结论后再考虑黏性的作用,并通过实验验证的方法对理想结论进行补充或修正,这种方法同样可以用来处理液体的可压缩性问题。所谓理想液体,就是既无黏性又不可压缩的假想液体。

2.稳定流动

液体流动时,若液体中任一处的压力、速度或密度均不随时间而变化,则称这种流动为稳定流动(或定常流动、恒定流动)。反之,只要压力、速度、密度中有一个随时间而变化,就称这种流动为非稳定流动。

(二)流量和平均流速

液体在管道中流动时,垂直于流动方向的截面称为通流截面(或过流断面)。

单位时间内流经某一通流截面的液体体积称为体积流量,简称为流量。流量用 q 来表示,即

$$q = \frac{V}{t} \tag{2-9}$$

流量的单位为米^3/秒(m^3/s)或升/分(L/min)。

假设理想液体在一直管内作稳定流动,如图2-4所示,液流的通流截面面积即为管道截面积 A,液流在通流截面上各点的流速均相等,以 u 来表示。流过截面Ⅰ-Ⅰ的液体经时间 t 后到达截面Ⅱ-Ⅱ处,所流过的距离为 l,则流过的液体体积为 $V = Al$,因此流量即为

$$q = \frac{V}{t} = \frac{Al}{t} = Au \tag{2-10}$$

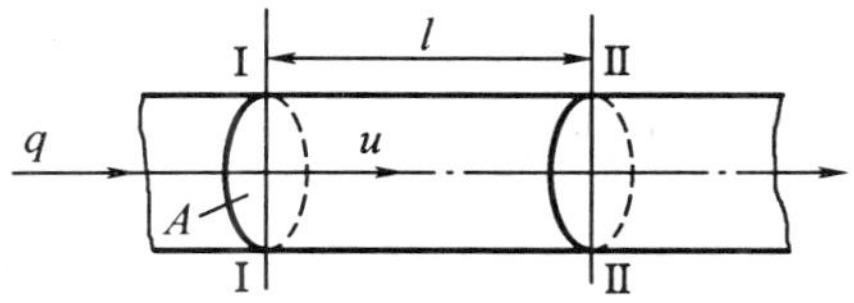

图2-4 理想液体在直管中的流动

上式表明,液体的流量可以用通流截面面积与流速的乘积来计算。

实际液体在流动时,由于黏性力的作用,整个通流截面上各点的速度一般是不等的,其分布规律亦难以知道,故式(2-10)中的 u 应是通流截面上各质点速度的平均值,即平均流速 v。所以有 $q = Av$。由此得出平均流速为

$$v = \frac{q}{A} \tag{2-11}$$

在工程实际中,通常人们把平均流速简称为流速。式(2-11)表明,当流量一定时,流速与通流截面面积成反比;当通流截面面积一定时,流速与通过流量成正比。因而要想调节流速,可以通过调节通流截面面积和流量两种方法进行,这是液压传动调速的两种基本思路。液压缸工作时,活塞的运动速度等于缸内液体的流速,因而当液压缸的有效面积一定时,活塞的运动速度可以通过调节输入液压缸的流量得到调节。

二、连续性方程

连续性方程是质量守恒定律在流体力学中的一种表达形式。

设液体在图 2－5 所示的管道中作稳定流动。若任取的1,2两个通流截面的面积分别为 A_1，A_2，并且在该两截面处的液体密度和流速分别为 ρ_1，v_1 和 ρ_2，v_2。根据质量守恒定律，在单位时间内流过两个截面的液体质量相等，即

$$\rho_1 A_1 v_1 = \rho_2 A_2 v_2$$

当忽略液体的可压缩性时，$\rho_1 = \rho_2$，则得

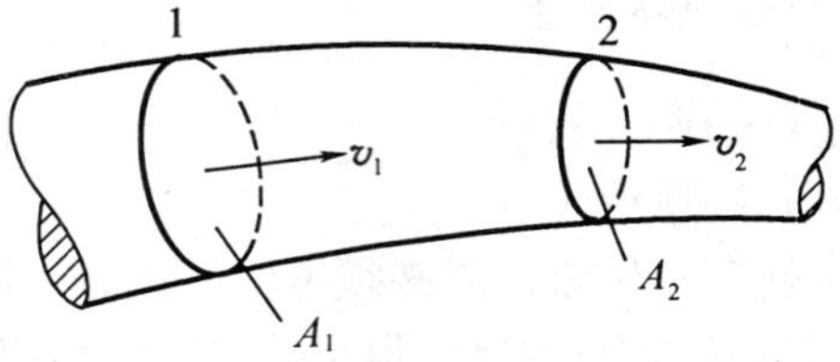

图 2－5　液流的连续性原理

$$A_1 v_1 = A_2 v_2$$

或写成

$$q = Av = \text{常数} \tag{2-12}$$

这就是液体的连续性方程，也称为液体动力学第一方程。它说明液体在单根连续的密封液流通道内作稳定流动时，流量处处相等。从连续性方程中还可以看出，管路内不同截面的液流速度与该截面通流面积成反比，即管路细处流速大，管路粗处流速小，这个原理也适用于计算液压传动中的速比。

液流在具有分支的管路中流动时，根据质量守恒定律同样可知，流入节点的管路流量之和等于流出节点的管路流量之和，即

$$\sum q_{\text{入}} = \sum q_{\text{出}} \tag{2-13}$$

例 2－2　如图 2－6 所示，单杆活塞式液压缸活塞直径 $D = 100$ mm，活塞杆直径 $d = 50$ mm，进、回油管直径 $d_0 = 20$ mm，进油管输入流量 $q = 100$ L/min，求活塞运动速度 v 及进、回油管液体流速。

解　进油管流速为

$$v_1 = \frac{q_{\text{进}}}{A_{\text{进}}} = \frac{q_{\text{进}}}{\frac{1}{4}\pi d_0^2} = \frac{4 \times 100 \times 10^{-3}/60}{\pi \times 0.02^2} = 5.3\ \text{m/s}$$

活塞的运动速度等于液压缸进油腔流速，故

$$v = \frac{q_{\text{进}}}{\frac{1}{4}\pi D^2} = \frac{4 \times 100 \times 10^{-3}/60}{\pi \times 0.1^2} = 0.212\ \text{m/s}$$

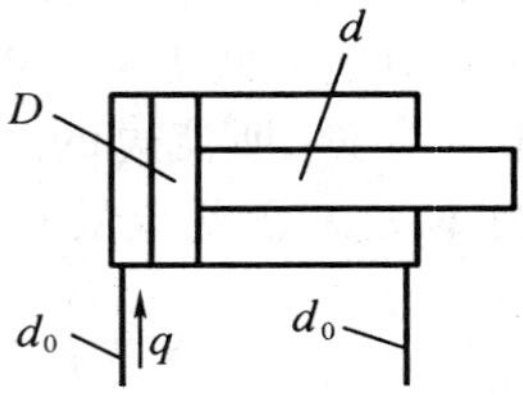

图 2－6　流速计算实例

液压缸回油腔的流速等于活塞的运动速度，所以液压缸回油流量 $q_{\text{回}} = \pi(D^2 - d^2)v/4$，故回油管流速为

$$v_2 = \frac{q_{\text{回}}}{A_{\text{回}}} = \frac{\frac{1}{4}\pi(D^2 - d^2)v}{\frac{1}{4}\pi d_0^2} = \frac{(D^2 - d^2)v}{d_0^2} = \frac{100^2 - 50^2}{20^2} \times 0.212 = 3.975\ \text{m/s}$$

三、伯努利方程

伯努利方程是能量守恒定律在流体力学中的一种表达形式，是液体动力学第二方程。

1.理想液体伯努利方程

理想液体在管内作稳定流动时没有能量损失。液体在流动过程中，具有一定的速度，因此除了具有位置势能和压力能以外，还具有动能。如图 2－7 所示，取该管上的任意两截面 1－1，2－2，假定截面面积分别为 A_1，A_2，两截面上的液体压力分别为 p_1，p_2，速度分别为 v_1，

v_2，两截面至水平参考面的距离分别为 h_1，h_2。根据能量守恒定律，重力作用下的理想液体在通道内稳定流动时的伯努利方程为

$$p_1 + \frac{1}{2}\rho v_1^2 + \rho g h_1 = p_2 + \frac{1}{2}\rho v_2^2 + \rho g h_2 \tag{2-14}$$

或

$$p + \frac{1}{2}\rho v_2 + \rho g h = 常数 \tag{2-15}$$

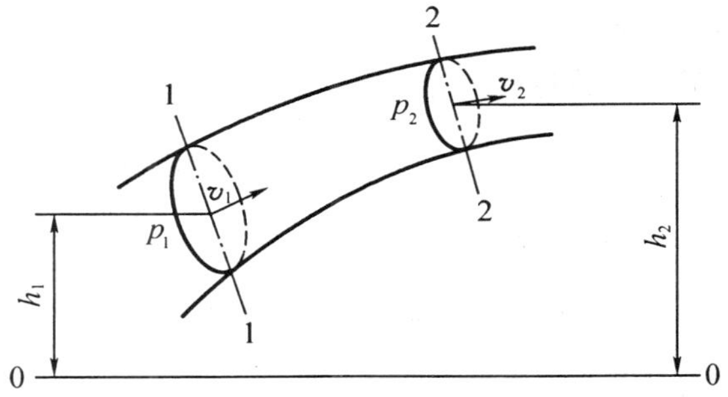

图 2-7　伯努利方程示意图

式(2-15)即为理想液体的伯努利方程，它表明了流动液体各质点的位置、压力和速度之间的关系。其物理意义是：在管道内作稳定流动的理想液体具有压力能、动能和势能，它们之间可以相互转换，但其总和是一定的。

从上式中可以看出，压力、速度、高度三者之间可以相互转换，因而也就不难解释“人不能在靠近漩涡的地方游泳”的道理了。

在液压系统的压力油路中，上式中各项的大小有很大的悬殊，所对应的液体压力能远远大于动能和势能。所以人们认为，液压传动以压力能为主，动能、势能很小，忽略不计。

例 2-3　用油管将压力油从地面输送到高 10 m 处，若已知地面处管内压力为 10 MPa，流速为 3 m/s，在高 10 m 处由于管道截面变细，流速增加到 5 m/s。当不计摩擦损失时，试求高 10 m 处管内压力为多少？（取 $\rho = 900\ \mathrm{kg/m^3}$）

解　设地面处为截面 1，高 10 m 处为截面 2，地面处为测量基准。则 $p_1 = 10\ \mathrm{MPa}$，$v_1 = 3\ \mathrm{m/s}$，$h_1 = 0$，$v_2 = 5\ \mathrm{m/s}$，$h_2 = 10\ \mathrm{m}$。

根据伯努利方程可得

$$10 \times 10^6 + \frac{1}{2} \times 900 \times 3^2 + 0 = p_2 + \frac{1}{2} \times 900 \times 5^2 + 900 \times 9.8 \times 10$$

故

$$p_2 = 10\ 004\ 050 - 99\ 450 = 9\ 904\ 600\ \mathrm{Pa} = 9.905\ \mathrm{MPa} \approx p_1 = 10\ \mathrm{MPa}$$

由此例可知，当不计油液流动中的摩擦损失时，油管位置高度和油液流速的变化对压力影响很小。

2.实际液体伯努利方程

实际液体在管道内流动时，由于液体存在黏性，会产生内摩擦力，消耗能量。同时，管道局部形状和尺寸的骤然变化，使液流产生扰动，亦消耗能量。因此，实际液体流动时有一定的能量损失，设单位体积液体在两截面间流动的能量损失为 Δp_w。

另外，由于实际液体在管道通流截面上的流速分布是不均匀的，所以在用平均流速代替实际流速计算动能时，必然会产生误差，需引入动能修正系数 α。

因此，经对式(2-14)修正后，实际液体单位体积伯努利方程变为

$$p_1 + \frac{1}{2}\rho \alpha_1 v_1^2 + \rho g h_1 = p_2 + \frac{1}{2}\rho \alpha_2 v_2^2 + \rho g h_2 + \Delta p_w \tag{2-16}$$

式中：α_1，α_2 为动能修正系数，层流时取 2，紊流时取 1。（层流、紊流概念在第四节介绍）

例 2-4 如图 2-8 所示，已知泵的吸油口比油箱液面高 H，油箱液面通大气，求泵吸油口的真空度。

解 设油箱液面为基准截面 1-1，泵的吸油口截面为 2-2，列出伯努利方程为

$$p_1 + \frac{1}{2}\rho\alpha_1 v_1^2 + \rho g h_1 = p_2 + \frac{1}{2}\rho\alpha_2 v_2^2 + \rho g h_2 + \Delta p_w$$

式中 $p_1 = 0, h_1 = 0, v_1 = 0, h_2 = H$，代入后可写成

$$p_2 = -\left(\rho g H + \frac{1}{2}\rho\alpha_2 v_2^2 + \Delta p_w\right)$$

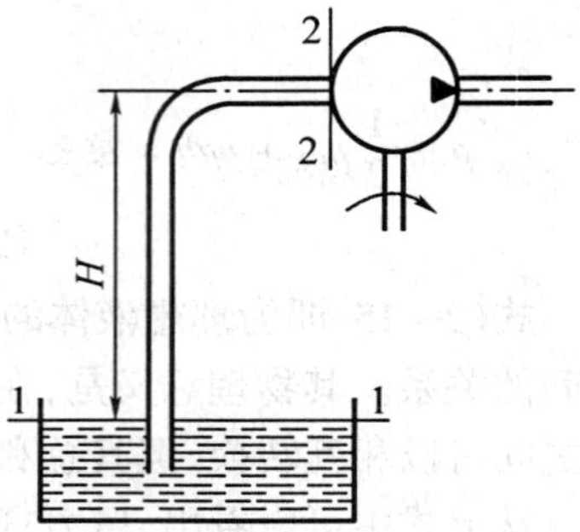

图 2-8 液压泵吸油过程示意图

泵吸油口的真空度与相对压力 p_2 互为相反数，故吸油口真空度为

$$p_{真} = -p_2 = \rho g H + \frac{1}{2}\rho\alpha_2 v_2^2 + \Delta p_w$$

由上式可知，泵吸油口处的真空度由三部分组成。当泵安装于液面之上时，三部分均为正值，吸油口存在真空，这时液体的吸入实际上是靠液面上的大气压压进去的；当泵安装于液面之下时，$H < 0$，在 $|\rho g H| > \rho\alpha_2 v_2^2 + \Delta p_w$ 的情况下，$p_{真} < 0$，泵吸油口处不能形成真空，油自行灌入泵内。

由上述情况分析可知，泵内吸油高度 H 值越小，泵越易吸油。在一般情况下，为便于安装维修，泵应安装在油箱油面以上，依靠进口处形成的真空度来吸油。但工作时的真空度也不能太大，否则极易产生气穴现象，油液流动的连续性就受到破坏，并产生振动和噪音，影响泵和系统的正常工作，H 值一般不大于 0.5 m。

四、动量方程

动量方程是动量定律在流体力学中的具体应用。在液压传动时，要计算液流作用在固体表面上的力时，应用动量方程求解比较方便。

刚体力学动量定律指出，作用在物体上的总作用力等于物体在单位时间内的动量变化量，即

$$\sum F = \frac{1}{\Delta t}(mv_2 - mv_1) \tag{2-17}$$

对于作稳定流动的液体，若忽略其压缩性，可将 $m = \rho q \Delta t$ 代入上式，并考虑以平均流速代替实际流速产生的误差，因而引入动量修正系数 β，则动量方程可写出如下形式

$$\sum F = \rho q(\beta_2 v_2 - \beta_1 v_1) \tag{2-18}$$

式中 $\sum F$——作用在液体上所有外力的矢量和；

v_1, v_2——液流在前、后两个通流截面上的平均流速矢量；

β_1, β_2——动量修正系数，紊流时 $\beta = 1$，层流时 $\beta = 1.33$。为简化计算，通常均取 $\beta = 1$；

ρ, q——液体的密度和流量。

式(2-18)为矢量方程，使用时应根据具体情况将式中各个矢量分解为指定方向的投影值，再列出该方向上的动量方程。例如在 x 指定方向上的动量方程可写成如下形式

$$\sum F_x = \rho q(\beta_2 v_{2x} - \beta_1 v_{1x}) \tag{2-19}$$

工程问题中往往要求求解液流对固体的作用力，即动量方程中 $\sum F$ 的反作用力 $\sum F'$，故在 x 指定方向上液压作用力计算公式为

$$\sum F'_x = \rho q(\beta_1 v_{1x} - \beta_2 v_{2x}) \tag{2-20}$$

例 2-5 如图 2-9 所示，圆柱滑阀是液压阀中一种常见的结构，液体流入阀口的速度为 v_1，方向角为 θ，流量为 q，液体流出阀口的流速为 v_2。试计算液流通过滑阀时，液流对阀芯的轴向作用力。

解 取阀进出口之间的液体为控制体积，设液流作稳定流动，动量修正系数 $\beta_1 = 1$，$\beta_2 = 1$，则滑阀轴向的动量方程为

$$F = \rho q(v_2 - v_1) = \rho q(v_2\cos 90° - v_1\cos\theta)$$
$$= \rho q(0 - v_1\cos\theta) = -\rho q v_1\cos\theta$$

式中，F 为阀芯对控制液流的轴向作用力，负号表示该力的方向与速度的投影方向相反，即该力方向向左。

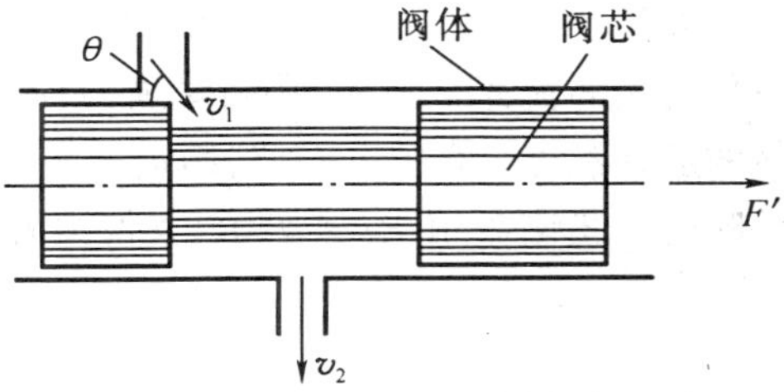

图 2-9 液流对阀芯的轴向作用力

液流对阀芯的轴向作用力 F' 与力 F 大小相等、方向相反（即 F 的方向向右），即

$$F' = -F = \rho q v_1\cos\theta$$

可见，F 是一个使滑阀阀口关闭的力。

第四节 液体流动时的压力损失

实际液体具有黏性，流动时会有阻力产生。为了克服阻力，液体流动时必然会损耗一部分能量。液体能量主要为压力能，因而这种能量损失主要为压力能的损失，而压力能的损失则体现在压力的损失上，即随着油液的流动，液体内的压力会逐渐降低。

在液压系统中，压力损失不仅表明系统损耗了能量，而且由于压力能转变为热能，将导致系统的温度升高，因此要尽量减少压力能损失。

一、液体的流动状态

液体在管路中流动时的压力损失与液体的流动状态有关。

英国物理学家雷诺通过大量的实验发现，液体在管路中流动时有层流和紊流两种流动状态，其实验装置如图 2-10 所示。水箱 4 由进水管 2 不断供水，多余的水由隔板 1 上部流出，以使实验过程中水位保持恒定。在水箱下部装有玻璃管 6 和开关 7，在玻璃管进口处放置小导管 5，小导管与装有同密度着色水的水箱 3 相连。

实验时，首先将开关 7 打开，然后打开着色水导管的开关，并用开关 7 来调节玻璃管 6 中水的流速。当流速较低时，着色水的流动是一条与管轴平行的清晰的线状流，和大玻璃管中的清水互不混杂，这说明液体质点沿管路作直线运动，呈互不混杂的有层次流动，这种流动状态称为层流，如图 2-10(a)所示。逐渐开大开关 7，当玻璃管中的流速增大至某一值时，着色水水流便开始抖动而呈波纹状态，如图 2-10(b)所示，这表明层流开始被破坏。再进一步增大水的流速，着色水便和清水完全掺混在一起，液体质点呈紊乱、混杂状态的流动，

这种流动状态称为紊流，如图 2-10(c)所示。

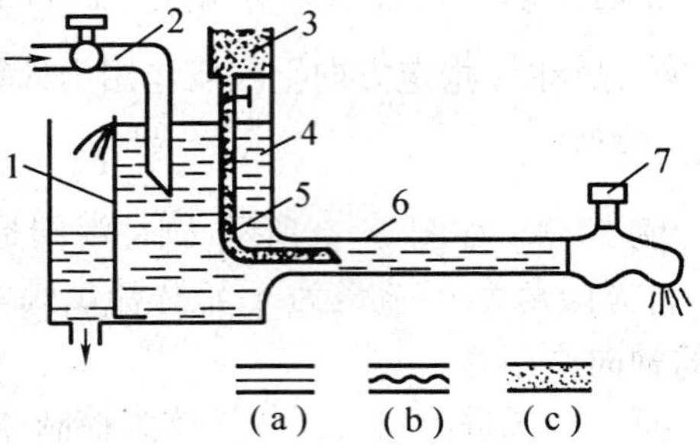

图 2-10 液体流态实验

如果将开关 7 逐渐关小，则玻璃管中的流动状态便又从紊流向层流转变，只是其临界流速值并不相同。由层流过渡到紊流的液体速度称为上临界速度，由紊流过渡到层流的液体速度称为下临界速度。在上、下临界速度之间，液流处于过渡阶段，称为变流。变流是一种不稳定的流动状态，一般按紊流处理。

实践证明，液体在管道内流动时的流动状态不仅与液体流速 v 有关，还与管道内径 d 及液体的运动黏度 ν 有关。因此，判定液体的流动状态则是用上述三个参数所组成的雷诺数来反映的。雷诺数用 Re 来表示，其值为无量纲，即

$$Re = \frac{vd}{\nu} \tag{2-21}$$

对于非圆形截面的管道，上式中的 d 用水力直径 d_H 来代替。水力直径的计算式为

$$d_H = \frac{4A}{\chi} \tag{2-22}$$

式中 A——通流截面的有效面积；

χ——湿周，通流截面上与液体相接触的管壁的周长。

水力直径的大小对通流能力的影响很大。水力直径大，意味着液流和管壁的接触周长相对较短，管壁对液流的阻力较小，通流能力较大，不易堵塞。在通流截面面积相同但形状各异的所有流道中，圆形截面管道的水力直径最大。

实验表明，当 Re 较小时，黏性力起主导作用，液体质点受黏性的约束，不能随意运动，只能沿着流层作层次分明的轴向运动而呈层流；当 Re 较大时，惯性力起主导作用，液体高速流动时液体质点间的黏性不能再约束质点，液体质点具有速度脉动，能冲出流层呈紊流状态。液体由层流转为紊流时的雷诺数和由紊流转为层流时的雷诺数是不相等的。前者称为上临界雷诺数 $Re_{上}$，后者称为下临界雷诺数 $Re_{下}$，$Re_{上} > Re_{下}$。一般都以后者 $Re_{下}$ 作为判别液流状态的依据，并以 Re_c 来表示。

当实际雷诺数 Re 小于临界雷诺 Re_c 时，液体呈层流状态；反之，为紊流状态。临界雷诺数由实验求得。光滑金属圆管中的 Re_c 为 2 000～2 320，橡胶软管中的 Re_c 为 1 600～2 000，其他通道中的 Re_c 可查有关资料确定。

显然，液体紊流时液流阻力、能量损失要比层流时大得多，因此，应尽可能地使液流呈层流状态流动。

二、沿程压力损失

液体在等径管路中流动时产生的压力损失，称为沿程压力损失。这种压力损失是由于液体内部、液体和管壁间的摩擦力以及紊流流动时质点间的相互碰撞所引起的。

沿程压力损失 Δp_λ 可用下式来计算

$$\Delta p_\lambda = \lambda \frac{l}{d} \frac{1}{2} \rho v^2 \tag{2-23}$$

式中，λ 为沿程阻力系数，其值与雷诺数 Re 及管壁的粗糙度 Δ 有关，尤其与油液的黏度有关。

λ 的计算方法要视液体的流动状态而定。对于等径圆管，若液体流动状态为层流，$\lambda = 64/Re$。但在实际计算中要考虑温度变化不均匀等因素，光滑金属圆管常采用 $\lambda = 75/Re$，橡胶软管常采用 $\lambda = (80 \sim 108)/Re$，较大的值对应于曲率较大的软管；若液体流动状态为紊流，先按表 2－3 查出绝对粗糙度 Δ 值，然后根据 Re 及 Δ/d 值按表 2－4 查出 λ 值，也可从有关液压手册的线图中查出。

表 2－3　不同材料管子的内壁绝对粗糙度 Δ

材料	钢管	铸铁	铜管	铝管	塑料管	带加强钢的丝橡胶管
绝对粗糙度 Δ	0.04	0.25	0.001 5～0.01	0.001 5～0.06	0.001 5～0.01	0.3～0.4

注：表中管子均为新管。

表 2－4　圆管紊流时沿程阻力系数 λ

Re	λ 的计算公式
$4\,000 < Re \leqslant 10^5$	$\lambda = 0.316\,4\,Re^{-0.25}$
$10^5 < Re < 10^6$	$\lambda = 0.032 + 0.221\,Re^{-0.237}$
$Re > 900\Delta/d$	$\lambda = (2\lg(\Delta/d) + 1.74)^{-2}$

从沿程压力损失的公式中可以看出，当流速（或流量）为零时，压力损失也为零。因此可以说，液体没有流动，就没有压力损失，压力就处处相等。液体流速（或流量）越大，压力损失就越大。

在液压系统中，沿程压力损失一般都非常小，甚至可忽略不计。

三、局部压力损失

当液体流经局部障碍（如弯头、突然扩大或缩小的管路断面以及各种控制阀等）时产生的压力损失，称为局部压力损失。这种压力损失是由于液流被迫改变流速大小、方向，从而使液流发生撞击、分离、脱流、漩涡等引起的。液体在流过这些局部障碍时，流动状况极为复杂，影响因素较多。局部压力损失值除少数能从理论上进行分析、计算外，一般都依靠实验方法先求得各种类型的局部阻力系数，然后再来计算局部压力损失值。

局部压力损失可用下式来计算

$$\Delta p_\xi = \xi \cdot \rho v^2 \tag{2-24}$$

式中　ξ——局部阻力系数，各种局部装置的 ξ 值可从有关技术手册中查得。

显然，局部压力损失远比沿程压力损失大得多。

液体流经液压系统中各种控制阀的局部压力损失，也可按下式进行计算，即

$$\Delta p_\xi = \Delta p_s (q/q_s)^2$$

式中　q——阀的实际流量；

q_s——阀的额定流量，可从产品目录或手册中查得；

Δp_s——阀的额定流量 q_s 下的压力损失，可从产品目录或手册中查得。

四、管路系统的总压力损失

实际管路中通常包含若干段等径管路和若干个局部装置，因此，管路系统的总压力损失应为所有等径管路中的沿程压力损失和所有局部装置中的局部压力损失之和，即

$$\Delta p = \Sigma\Delta p_\lambda + \Sigma\Delta p_\xi \tag{2-25}$$

在液压系统中，由于压力损失的存在，自泵的出口开始，随着油液的流动，压力会逐渐降低。另外，任一点的压力是由其后的负载决定的，而负载是指油液流动过程中所受的一切阻力，不应理解为外载荷才是负载。

在液压系统中，压力损失会造成能量大量损失，油温上升，泄漏增大，效率降低，以致影响系统正常工作，因此应尽可能减少压力损失。从压力损失的计算公式中不难看出，要减少压力损失，可采取缩短管道长度，增大管径，降低流速、流量和油液黏度，减少局部装置数量，提高元件内表面质量等方法。但也应注意，管道长度不能过短，应使管道长度 $l \geqslant (10\sim20)d$。这是因为当液流经过一个局部装置之后，要在管中流经一段距离后才能稳定下来。否则，在液流不稳定的情况下又经过第二个局部装置，就会使流动状态更加复杂，有时阻力系数会比正常情况下大2~3倍。因此在考虑管路布置时，两个局部装置之间的距离不能过短。同时还应注意：增大管径，不应使相连的元件规格有明显的增大；降低流速或流量，应满足外载荷对运动速度的要求；降低油液的黏度，不应使泄漏有明显的增加。

第五节　液体流经缝隙和小孔时的流量

液压传动常利用液体流经阀的缝隙和小孔来控制流量和压力，以达到调速和调压的目的。另外，液压元件的泄漏也属于缝隙流动。因而研究液体在缝隙和小孔中流动的流量，了解其影响因素，对于正确分析液压元件和系统的工作性能是很有必要的。

一、缝隙流量

1.平行平板缝隙

(1)流过固定平行平板缝隙的流量

图2-11所示为油液流过固定平行平板缝隙时的情况。设缝隙厚度为 δ，宽度为 b，长度为 l，两端的压力为 p_1 和 p_2，油液动力黏度为 μ。液流在压力差的作用下，自左向右流动，通过该缝隙时的流量计算公式为

$$q = \frac{b\delta^3}{12\mu l}\Delta p \tag{2-26}$$

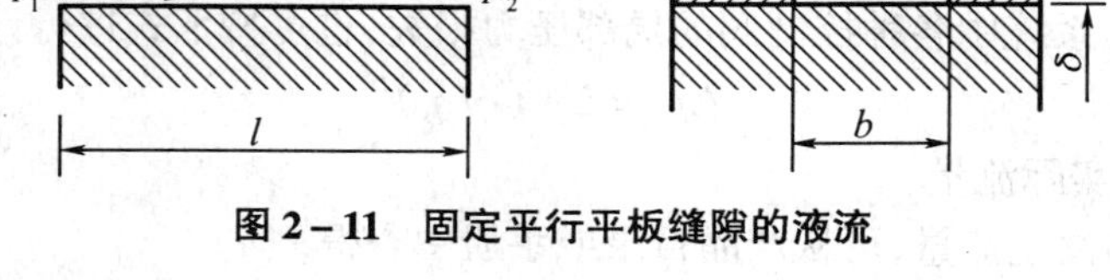

图2-11　固定平行平板缝隙的液流

从式(2-26)可以看出，在压差作用下，流过固定平行平板缝隙的流量与缝隙厚度 δ 的

三次方成正比，与黏度 μ 成反比。所以，在要求密封的地方应尽可能减小缝隙厚度，适当提高油液的黏度，以减少泄漏量。

(2)流过相对运动平行平板缝隙的流量

由图 2-1 可知，当一平板固定，另一平板以速度 u_0 作相对运动时，由于液体存在黏性，两板之间各层液体呈线性分布，即液体作剪切流动。流过相对运动平行平板缝隙的流量计算公式为

$$q=\frac{b\delta^3}{12\mu l}\Delta p\pm\frac{u_0}{2}b\delta \tag{2-27}$$

式中"±"号的确定方法为：当长平板相对于短平板移动的方向与压差方向相同时取"+"号，方向相反时取"-"号。

2.同心圆环缝隙

图 2-12 所示为同心圆环缝隙的流动。其圆柱体直径为 d，缝隙厚度为 δ，缝隙长度为 l。如果将圆环缝隙沿圆周方向展开，就相当于一个平行平板缝隙。因此，只要用 πd 替代式(2-26)中的 b，就可得到内外表面之间无相对运动的同心圆环缝隙的流量计算公式

$$q=\frac{\pi d\delta^3}{12\mu l}\Delta p \tag{2-28}$$

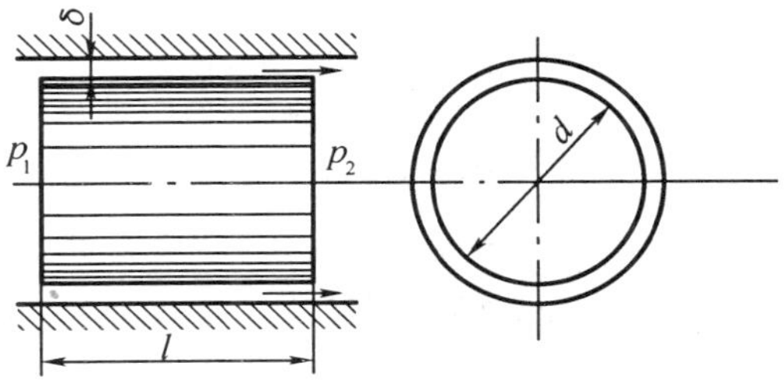

图 2-12 同心环状缝隙的液流

3.偏心圆环缝隙

若圆环的内外圆不同心，偏心距为 e（见图 2-13），则形成偏心圆环缝隙。其流量计算公式为

$$q=\frac{\pi d\delta^3}{12\mu l}\Delta p(1+1.5\varepsilon^2) \tag{2-29}$$

式中 δ——内外圆同心时的缝隙厚度；

ε——相对偏心率，$\varepsilon=e/\delta$。

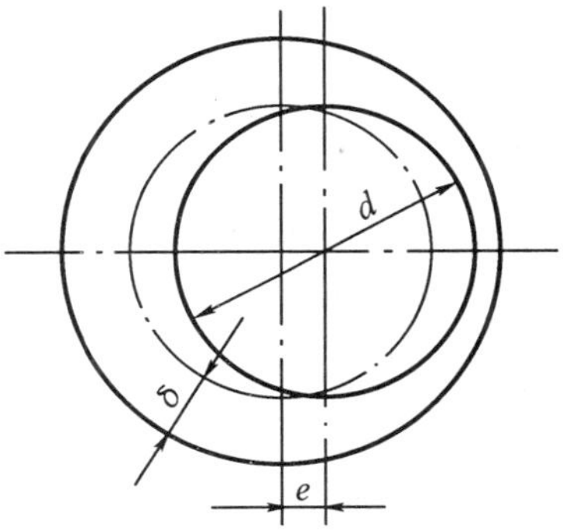

图 2-13 偏心环状缝隙的液流

二、小孔流量

小孔主要分为两种：当小孔的长径比 $l/d\leqslant 0.5$ 时，称为薄壁小孔；当 $l/d>4$ 时，称为细长小孔。

1.薄壁小孔

图2-14 所示为典型薄壁孔口。由于惯性作用，液流通过小孔时要发生收缩现象，在靠近孔口的后方出现收缩最大的过流断面。液流通过薄壁小孔的流量计算公式为

$$q=C_qA\sqrt{\frac{2}{\rho}\Delta p} \tag{2-30}$$

式中 C_q——流量系数；

A——小孔通流截面面积。

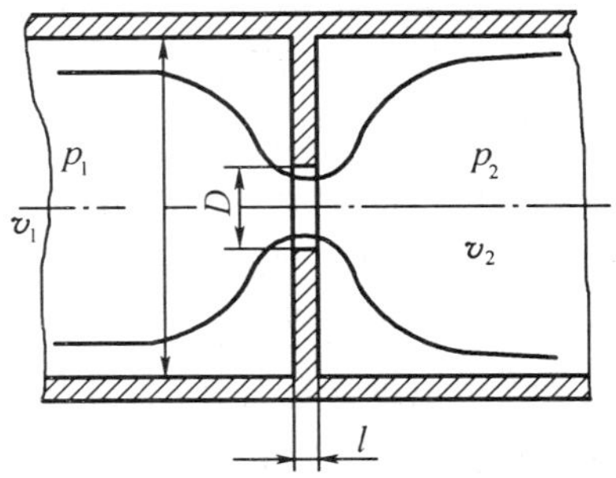

图 2-14 薄壁小孔的液流

薄壁小孔由于流程很短，流量对油温的变化不

敏感，所以流量稳定，宜作节流器使用，缺点是加工较困难，通流面积不大好调。

2.细长小孔

流经细长小孔的液流，由于黏性而流动不畅，故多为层流。其流量计算公式为

$$q=\frac{\pi d^4}{128\mu l}\Delta p \tag{2-31}$$

三、流量特性公式

观察上面的各流量公式，可以归纳出一个液体流经缝隙和小孔等节流阀口的流量通用公式，即

$$q=kA\Delta p^m \tag{2-32}$$

式中 k——流量系数，与节流阀口形状、油液黏度等有关；

A——节流阀口的通流面积；

Δp——节流阀口前后的压差；

m——压差指数，由节流阀口的形状决定，一般为 $0.5\leqslant m\leqslant 1$。当节流阀口形状接近薄壁小孔时，$m$ 取0.5；形状接近细长小孔时，m 取1。

式(2-32)称为流量特性公式，常作分析流量特性用。

第六节 液压冲击和气穴现象

在液压传动中，液压冲击和气穴现象会给系统的正常工作带来不利影响，因此需要了解这些现象产生的原因，并采取措施加以防治。

一、液压冲击

在液压系统中，常常由于某些原因而使液体压力突然急剧上升，形成很高的压力峰值，这种现象称为液压冲击。

1.液压冲击产生的原因

液压冲击的产生有如下几个原因。

(1)阀门突然关闭或开启，液流惯性引起液压冲击。当液流在管道内流动时，如果阀门突然关闭，液体流速骤然降低到零，在这一瞬间液体的动能转化为压力能，使液体压力突然升高，并形成压力冲击波。反之，当阀门突然开启时，则会出现压力下降。

(2)运动部件的惯性力引起液压冲击。高速运动的液压执行元件及工作机构的惯性力也会引起系统中的液压冲击。例如，工业机械手、液压挖掘机的回转马达在制动和换向时，因排油管突然关闭，而回转机构由于惯性还在运转，将会引起压力急剧升高的液压冲击。

(3)液压元件反应动作不灵敏引起液压冲击。如限压式变量液压泵，当压力升高时不能及时减小排量而造成液压冲击，溢流阀不能迅速开启而造成压力过大超调等。

上述的三种类型液压冲击，前两种较为常见。

2.液压冲击的危害性

系统中出现液压冲击时，液体瞬时压力峰值可以比正常工作压力大好几倍。液压冲击会损坏密封装置、管道和液压元件，降低元件的使用寿命，还会引起设备振动，产生很大噪音。有时液压冲击会使某些液压元件如压力继电器、顺序阀等产生误动作，影响系统正常工

作，甚至造成人身及设备事故。

3.减小液压冲击的措施

通过有关理论分析可知，液压冲击时的管路瞬时压力峰值与许多因素有关，其值与液体流速、流速减小值，压力波在管道中的传播速度，压力波在管道中往复一次的时间，以及运动部件质量等因素成正比，与阀门关闭时间及运动部件制动换向时间成反比。因此，减小液压冲击可采取以下措施。

(1)延长阀门关闭和运动部件制动换向时间。实践证明，运动部件制动换向时间若能大于 0.2 s，液压冲击就大为减轻；在液压系统中采用换向时间可调的换向阀就可做到这一点。

(2)限制管道流速及运动部件速度。例如在机床液压系统中，通常将管道的流速限制在 4.5 m/s 以下；液压缸驱动的运动部件速度一般不宜超过 10 m/min。

(3)适当加大管道直径，缩短管道长度。加大管道直径不仅可以降低流速，而且可以减小压力波冲击速度；缩短管道长度的目的是为了减小压力波的传播时间。

(4)在冲击区附近安装蓄能器或溢流阀，以放油减压。

(5)采用软管，以增加系统的弹性，吸收、消耗冲击能量。

二、气穴

在常温和大气压下，矿物油可溶解有一定比例的空气。在液压系统中，如果某处的压力低于空气分离压时，原先溶解在液体中的空气就会分离出来，导致液体中出现大量气泡，这种现象称为气穴。如果液体中的压力进一步降低到饱和蒸气压时，液体将迅速汽化，产生大量蒸气泡，这时的气穴现象将会愈加严重。

当液压系统产生气穴现象时，大量的气泡破坏了液流的连续性，造成流量和压力脉动。气穴随液流进入高压区时又急剧破灭，引起局部液压冲击，产生振动、噪音和气蚀现象。气蚀现象是指附着在金属表面的气泡破灭时，所产生的局部高温和高压以及油液逸出气体的氧化作用使金属表面剥落，或出现海绵状的小洞穴。气蚀会使液压元件的工作性能变坏，并使元件寿命大大缩短。

气穴多发生在阀口和液压泵的进口处。由于阀口的通道狭窄，液流速度增大，压力大幅度下降，以致产生气穴；当泵的安装高度过高，吸油管直径太小，使吸油阻力太大，或泵的转速过高，造成进口处真空度过大时，亦会产生气穴。通常采取下列措施减少气穴和气蚀的危害。

(1)减小孔口或缝隙前后的压力降。一般希望孔口或缝隙前后的压力比 $p_1/p_2<3.5$。

(2)尽量减少吸油阻力，如降低泵吸油高度，适当加大吸油管直径，吸油管口安装粗滤器(不安装精滤器)，及时清洗过滤器或更换滤芯等。对于自吸能力差的泵要安装辅助泵供油。

(3)管路要有良好的密封装置，吸、回油管均应沉入油箱油面以下，以防止空气进入。

(4)提高零件的抗气蚀能力，采用抗腐蚀能力强的金属材料(如青铜)，增强零件的机械强度，提高零件表面质量。

思考题与习题

2-1　什么是液体的黏性，常用的黏度表示方法有哪几种，分别说明其黏度单位。

2-2　油温变化对液压系统有什么影响?

2-3 液压油有哪些主要品种,牌号是什么含义,如何选用?

2-4 液压油的污染有什么危害,如何控制污染?

2-5 什么是压力,压力有哪几种表示方法?

2-6 若液压泵吸油口的真空度为0.4个大气压,压油口的相对压力为100个大气压,则油箱油面和泵的吸、压油口的绝对压力、相对压力、真空度分别是多少?

2-7 流速和通流截面面积是什么关系?液压缸有效面积一定时,其活塞运动速度由什么来决定?

2-8 伯努利方程的物理意义是什么?

2-9 阐述层流与紊流的物理现象及其判断方法。

2-10 管路中的压力损失有哪两种,各受哪些因素的影响,如何减少压力损失?

2-11 在液压系统中,压力是由什么来决定的,流量是由什么来决定的?

2-12 在什么样的条件下,可以说管路内的"压力处处相等"、"流量处处相等"?

2-13 正确写出液体流经缝隙和小孔时的流量特性公式,并指出式中各参数的含义。

2-14 液压冲击和气穴现象是怎样产生的,有何危害,如何防止?

2-15 正确写出液体压力、流量、流速、连续性方程、雷诺数、沿程压力损失、局部压力损失的计算式,并写出液体压力、流量的常用单位以及单位间的换算关系。

2-16 液体在管中的流速 $v=4$ m/s,管道内径 $d=60$ mm,油液的运动黏度 $\nu=30\times10^{-6}$ m^2/s,试确定油液的流动状态。若要保证其为层流,其流速应为多少?

2-17 单杆活塞式液压缸有杆腔进油,无杆腔回油,活塞直径 $D=100$ mm,活塞杆直径 $d=60$ mm,进、回油管直径 $d_0=20$ mm,回油管输入流量 $q=60$ L/min,求活塞运动速度 v 及进、回油管液体流速 v_1,v_2。

2-18 已知单杆活塞式液压缸有杆腔进油,无杆腔回油,活塞直径为 D,活塞杆直径为 d,进、回油管直径为 d_0,回油管液体流速为 v_2。求:活塞运动速度 v;进油管液体流速 v_1。

2-19 已知单杆活塞式液压缸有杆腔进油,无杆腔回油,活塞直径 $D=100$ mm,活塞杆直径 $d=80$ mm,外载阻力 $F=37\ 000$ N,缸筒与活塞间的摩擦阻力 $f_1=1\ 000$ N,缸盖与活塞杆间的摩擦阻力 $f_2=2\ 000$ N,回油腔压力 $p_0=1$ MPa,求液压缸进油腔压力 p。

第三章 液压泵和液压马达

第一节 液压泵概述

液压泵是液压系统的动力元件，它在原动机的驱动下，从油箱吸油，向系统输出压力油。从能量观点看，它把原动机（电动机或发动机）输出的机械能转换成输出液体的压力能。

一、液压泵的基本原理

虽然液压泵的种类有很多，但都是利用密封工作空间的容积变化来吸、压油的。常用的液压泵为容积式。

图3－1是一个简化的单柱塞液压泵的工作原理图。柱塞2安装在泵体3内，柱塞在弹簧4的弹簧力作用下和偏心轮1相接触。当偏心轮在原动机的驱动下旋转时，柱塞作往复运动。柱塞向右运动时，柱塞顶端和泵体所形成的密封工作空间容积增大，形成局部真空，密封工作空间内的绝对压力低于1个大气压，而油箱油面的绝对压力为1个大气压。在压力差的作用下，油箱中的油液通过单向阀6进入密封工作空间内，填充增大的容积空间，液压泵吸油。这时单向阀5封住出油口，防止系统油液回流。当柱塞向左运动时，密封工作空间容积减小，油液受到挤压，压力升高，于是吸入泵体的油液经单向阀5压入系统，液压泵压油。这时单向阀6封住吸油口，避免油液流回油箱。若偏心轮不停地转动，泵就不停地吸油和压油。

从图3－1可以看出，液压泵是依靠密封工作空间的容积变化来实现吸油和压油的，其排油量的大小取决于密封工作空间的容积变化程度，故这类泵又称为容积式泵。构成容积式泵有两个必要条件。

（1）有能形成容积变化的密封工作空间。容积由小变大时吸油，由大变小时压油。

（2）有与容积变化相协调的配流装置。配流装置保证密封容积由小变大时只与吸油管相通，由大变小时只与压油管相通。上述单柱塞泵中的两个单向阀5和6就是起配流作用的。配流装置在结构中一般是以配流盘或配流轴的形式出现的。

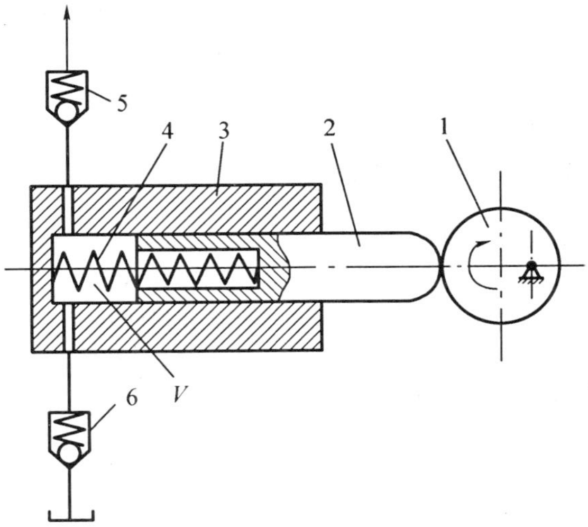

图3－1 单柱塞液压泵的工作原理

1—偏心轮；2—柱塞；3—泵体；4—弹簧；5，6—单向阀

二、液压泵的分类

依据分类形式的不同，液压泵有如下四种分类方法。

(1)按照结构形式分，液压泵有齿轮泵、叶片泵、柱塞泵等。

(2)按照两油口能否反接、泵轴能否反转分，液压泵有双向泵和单向泵两种。判定液压泵能否作双向泵使用，则要看其内部结构是否完全对称。内部结构完全对称为双向泵。反之，为单向泵。常用的液压泵一般为单向泵，这是因为液压泵为保证有良好的吸、压油性能，在内部的某些部位不得不采取了一些特殊的结构措施。

(3)按照泵轴每旋转一圈所通过的油液体积(即排量)能否可调分，液压泵有变量泵和定量泵两种。

按照上述分类，液压泵相应有单向定量泵、单向变量泵、双向定量泵和双向变量泵四种，符号如表 3－1 所示。

表 3－1　常用液压泵的图形符号

液压马达类型	单向定量	双向定量	单向变量	双向变量
图形符号	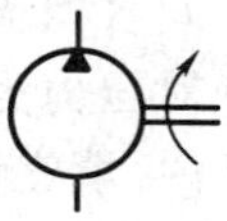	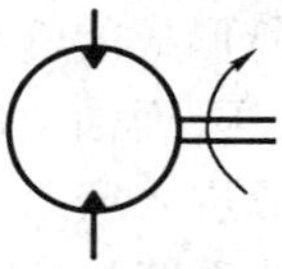	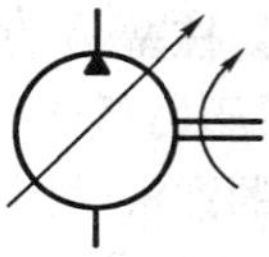	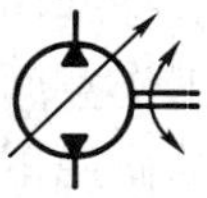

(4)按照额定压力分，液压泵有低压泵、中压泵、中高压泵、高压泵和超高压泵五种。

泵的额定压力是指泵在正常工作条件下连续运转所允许的最高压力，用 p_n 表示。泵的额定压力是一种安全指标，大小受泵本身的泄漏及结构强度所制约。

额定压力等级的划分标准为：低压泵($p_n \leqslant 2.5$ MPa)、中压泵($p_n > 2.5$ MPa)、中高压泵($p_n > 8$ MPa)、高压泵($p_n > 16$ MPa)和超高压泵($p_n > 32$ MPa)。对于不同结构、规格的液压泵，额定压力值有很大的区别。

三、基本性能参数

1.液压泵的工作压力

泵的工作压力是指实际工作中泵的出口产生的压力。泵的工作压力取决于负载，负载不仅仅是指外载荷，而是指油液流动过程中所受的一切阻力。负载增大，泵的工作压力也随之增大。工作时，泵的工作压力与泵的种类、型号基本无关。通常，整个液压系统中压力最大的地方就是泵的出口。

泵的工作压力用压力表测量后才能知道，而泵的额定压力则标注在标牌上和产品说明书上。泵的工作压力必须小于其额定压力，否则就会超载，泵将无法保证容积效率和使用寿命。例如，某液压泵额定压力为 15 MPa，实际工作时用压力表在泵的压油口测量出的工作压力有可能低于 15 MPa，也可能高于 15 MPa。若低于 15 MPa，则属正常现象；但若高于 15 MPa，则说明系统超载。

2.液压泵的排量和流量

(1)排量

排量指泵每转一圈所通过的油液体积，由泵在工作时密封空间几何尺寸变化计算而得。在图 3-1 中，排量为柱塞左、右行程之间的体积。排量用 V 表示，常用单位为 mL/r。

泵的排量一般标注在泵的标牌上，其数值大小未考虑泵的泄漏因素，只与泵的结构尺寸有关。体积较大的泵，其排量一般也较大。

(2)流量

泵的理论输出流量 q_t 等于排量和转速的乘积，即

$$q_t = Vn \tag{3-1}$$

泵的理论输出流量是在不考虑泄漏的情况下由计算所得的量，其值与泵工作压力无关。

由于存在泄漏，泵的实际输出流量都小于理论输出流量。

泵的实际输出流量 q 与理论输出流量 q_t 的比值称为容积效率，用 η_v 表示。因此，泵的实际输出流量为

$$q = q_t\eta_v = Vn\eta_v \tag{3-2}$$

泵的实际输出流量与工作压力有一定的关系。载荷增大，泵的工作压力增加，泵的泄漏量也随之增加，容积效率下降，使实际输出流量减小。当泵的工作压力小于额定压力时，泵的泄漏量受工作压力的影响较小，不致影响其正常工作。但如果工作压力大于额定压力，泄漏量会明显增加，液压泵将无法正常工作。泵的实际输出流量随工作压力而变化的关系曲线如图 3-2 所示。

3.液压泵的功率

(1)输入功率

液压泵的能量由原动机提供，液压泵获得了原动机的旋转机械能。设液压泵实际输入转矩为 T，泵轴转速为 n，则液压泵输入功率 P_i 为

$$P_i = 2\pi nT \tag{3-3}$$

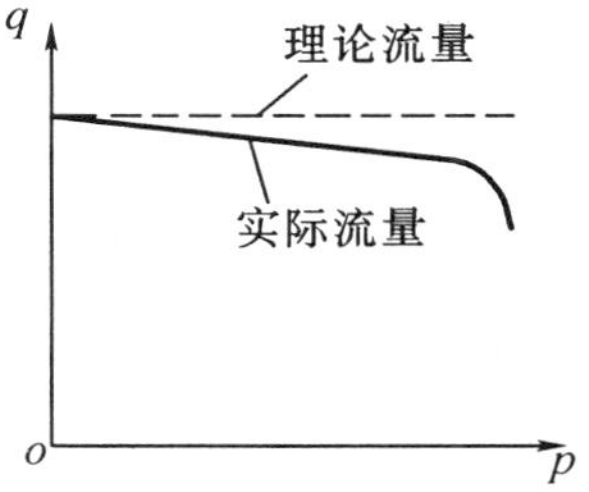

图 3-2 泵的实际输出流量与工作压力的关系

(2)输出功率

液压泵输出的是具有一定压力和流量的压力能。由物理学知识可知，功率等于力 F 和速度 v 的乘积，因为 $F = pA$，$v = q/A$，所以液压泵的输出功率 P_o 为

$$P_o = Fv = pA \cdot q/A = pq \tag{3-4}$$

式中 p——泵的工作压力；

q——泵的实际输出流量。

4.液压泵的效率

液压泵工作时，由于存在泄漏和摩擦，自身会有一定的能量损失，故其输出功率小于输入功率，两者的差值为功率损失。功率损失可分为容积损失和机械损失两部分，功率损失的大小可用效率来表示。因此，泵的总效率为泵的输出功率与输入功率的比值，也是容积效率和机械效率的乘积，即

$$\eta = P_o/P_i = \eta_v\eta_m \tag{3-5}$$

式中 η_m 为泵的机械效率，它是泵的理论转矩 T_t 与实际输入转矩 T 的比值。液压泵工作时存在着相对运动零件之间的机械摩擦及液体的黏性摩擦，必然会消耗一定的能量，驱动泵所需的实际输入转矩必然大于理论转矩。

例 3-1 某液压泵的工作压力为 10 MPa,转速为 1 450 r/min,排量为 46.2 mL/r,容积效率为 0.95,总效率为 0.9。求液压泵的输出功率及驱动泵的电动机功率各为多少?

解 (1)求液压泵的输出功率

液压泵的实际输出流量为

$$q = q_t\eta_v = Vn\eta_v = 46.2\times10^{-6}\times(1\ 450\div60)\times0.95 = 1.06\times10^{-3}\ \text{m}^3/\text{s}$$

液压泵的输出功率为

$$P_o = pq = 10\times10^6\times1.06\times10^{-3} = 10.6\ \text{kW}$$

(2)求电动机的功率

电动机的功率就是泵的输入功率,即

$$P_i = P_o/\eta = 10.6/0.9 = 11.77\ \text{kW}$$

第二节 齿 轮 泵

齿轮泵是一种常用的液压泵。它具有结构简单、体积小、质量轻、制造方便、成本低、工作可靠、抗污染能力强等优点,但容积效率低,流量和压力脉动大,噪声大,排量不可调。齿轮泵被广泛地应用在各类设备中。

齿轮泵按照其啮合形式的不同,有外啮合和内啮合两种,其中外啮合齿轮泵应用最广。

一、外啮合齿轮泵

(一)外啮合齿轮泵的工作原理

如图 3-3 所示,在齿轮泵泵体内有一对齿数、模数相同的外啮合渐开线齿轮。齿轮的两个侧面由泵盖密封(图中未画出)。泵体、泵盖和齿轮之间形成了密封工作空间,并由两个齿轮的齿面接触线将左右两腔隔开,形成了吸、压油腔。当齿轮在原动机的驱动下按图示方向旋转时,左侧吸油腔的轮齿相继脱离啮合并将油液带走,使密封空间容积增大,形成局部真空。油箱中的油液在大气压力的作用下通过吸油管进入吸油腔,并被旋转的轮齿带至右侧。右侧压油腔的轮齿则不断啮合,使密封空间容积减小,油液被挤出,通过压油口压油。当齿轮连续旋转时,齿轮泵就不断地进行吸油和压油。

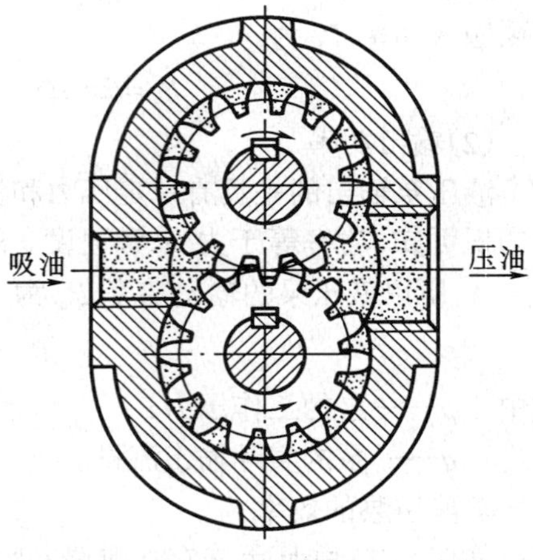

图 3-3 齿轮泵的工作原理

(二)外啮合齿轮泵的结构分析

1.困油问题

为了保证齿轮泵平稳地工作,齿轮的重叠系数必须大于 1,以保证在任何时刻均有两对轮齿同时啮合。这样,两对啮合的轮齿之间就形成一封闭的空间,称为“困油区”。随着齿轮的旋转,困油区的容积大小发生变化,如图 3-4 所示,容积先逐渐减小,而后又逐渐增大。容积变小(由图(a)过渡到图(b))时,困油区的油液受到挤压而产生高压,从缝隙中强行挤出一部分油液,使齿轮、轴承承受很大的附加载荷,影响其寿命,并产生功率损失,油温升高。

容积增大(由图(b)过渡到图(c))时,困油区形成局部真空,易产生气穴、气蚀现象,引起振动和噪音。

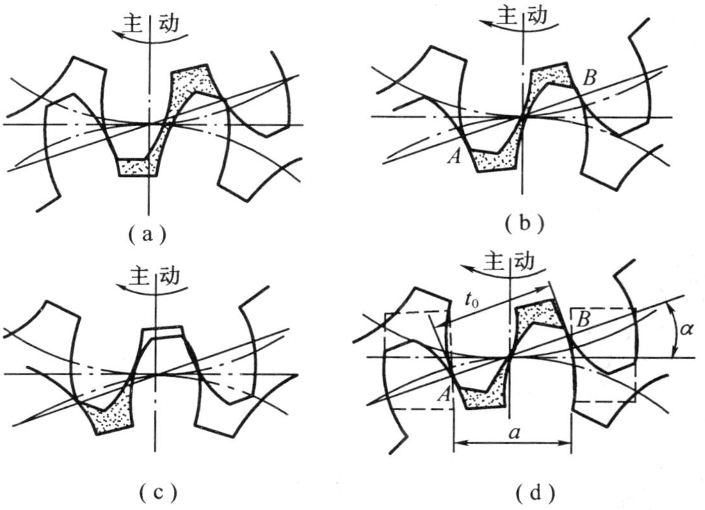

图 3-4 齿轮泵的困油现象及其消除措施

为消除困油,通常在两个泵盖的侧面均开两个卸荷槽(图 3-4(d)中的虚线),使困油区容积减小时通过右边的卸荷槽与压油腔相通,将油液排出;容积增大时通过左边的卸荷槽与吸油腔相通,以补充油液。两卸荷槽的间距不能过小,以避免吸、压油腔通过困油区相通,影响泵的容积效率。在大多数齿轮泵中,两卸荷槽并不对称于齿轮中心线分布,而是偏向吸油腔一侧,以取得更好的放油减压效果。

2.径向力不平衡问题

齿轮泵工作时,齿轮承受着径向液压力的作用。从吸油腔到压油腔,压力沿齿轮旋转方向逐齿递增,因此齿轮和轴受到径向不平衡力作用。工作压力越高,径向不平衡力越大。径向不平衡力很大时能使泵轴弯曲,加速轴承磨损,导致齿顶接触泵体,产生“擦壳”现象。为了减少径向不平衡力的影响,通常采取两种方法:一是缩小压油口,使压油腔的压力油仅作用在一至两个齿的范围内;二是适当加大径向间隙,如 CB-B 型泵的径向间隙加大到 0.12 mm~0.15 mm,使齿轮齿顶不致与泵体接触。

3.间隙泄漏问题

为了保证齿轮泵内齿轮的正常旋转,在齿轮端面与泵盖间(齿轮轴向)、齿轮齿顶与泵体内孔间(齿轮径向)、两齿轮的齿面啮合区都存在着一定的间隙。这些间隙的存在,使液压泵在工作时,油液总会从压油腔向吸油腔泄漏。如果内泄漏量过大,容积效率就会降得很低,压力也无法升高。在三类间隙中,以齿轮端面与泵盖间的轴向间隙泄漏量最大,约占总泄漏量的 75% ~80% 。轴向泄漏量与轴向间隙的三次方成正比。若轴向间隙增大 0.1 mm,泵的容积效率就下降 20% 。因此,控制轴向间隙已成为解决齿轮泵间隙泄漏问题的关键。

CB-B 型齿轮泵是一种使用较为广泛的齿轮泵,其结构如图 3-5 所示。由于该泵采用了泵体3 及前、后泵盖 5 和 1 组成的三片式结构,故其轴向间隙直接由齿轮厚度和泵体厚度的公差来决定,即轴向间隙由加工工艺保证。小流量泵轴向间隙为 0.025 mm~0.04 mm,大流量泵为0.04 mm~0.06 mm。另外，流经轴向间隙的泄漏油会产生推开泵盖的轴向力，使工作时的轴向间隙加大。CB－B型齿轮泵在泵体两侧均开有环形油槽 b，环形油槽与吸油口相通，可将泵体与泵盖间的少量泄漏油及时排出，减少泄漏油对泵盖的轴向作用面积，以防间隙的继续增加。CB－B型齿轮泵工作压力越高，泄漏量越大，因此只能作低压泵使用，额定压力一般为2.5 MPa。

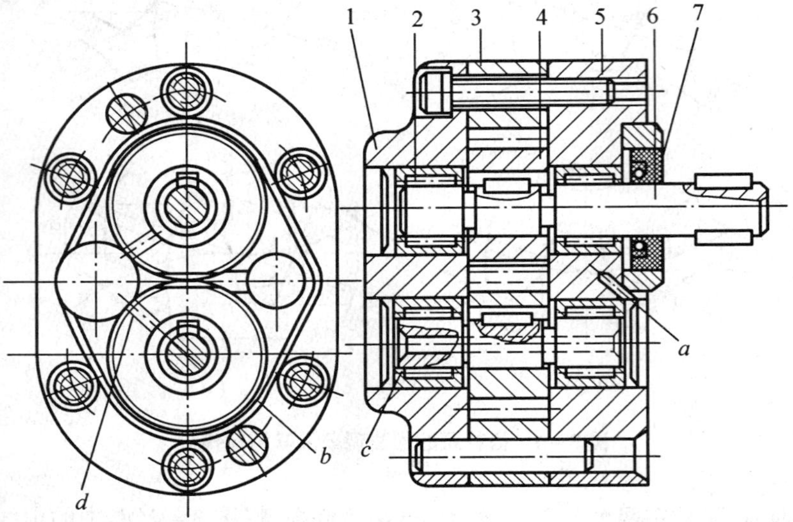

图3－5　CB－B型齿轮泵

1—后泵盖；2—滚针轴承；3—泵体；4—齿轮；5—前泵盖；6—传动轴；7—防尘圈

为了使齿轮泵能在较高压力下工作，并具有较高的容积效率，需要在结构上对轴向间隙进行自动补偿。通常采用的轴向间隙自动补偿装置有浮动轴套式和浮动侧板式两种。

图3－6为采用浮动轴套的CB型齿轮泵。图中：浮动轴套1和2浮动安装在齿轮的侧面，浮动轴套左侧的空腔与压油口相通，压力与压油口相同；浮动轴套的右侧则有泄漏油液的作用。这样，在浮动轴套的左侧作用有减小轴向间隙的压紧力，右侧作用有增大轴向间隙的反推力。由于压紧力和反推力随工作压力的提高而同步等值增加，而且能始终保证压紧力稍大于反推力，故浮动轴套轻轻地贴在齿轮端面，基本消除了轴向间隙，使齿轮泵轴向间隙泄漏量很小，工作压力得以提高。CB型齿轮泵额定压力可达10 MPa，容积效率不低于0.9。

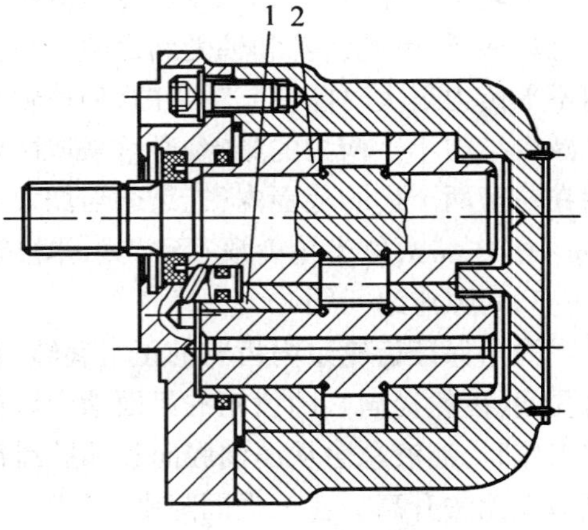

图3－6　CB型齿轮泵

CB－F型、CB－L型齿轮泵采用的是浮动侧板式轴向间隙自动补偿方式，其工作原理与CB型相似，其额定压力分别可达20 MPa和16 MPa。

(三)外啮合齿轮泵的排量和流量

齿轮泵的排量是指齿轮旋转一周,两个齿轮的齿间槽将油液从吸油腔带至压油腔的容积,即等于两齿轮齿间槽有效容积的总和。精确计算齿间槽容积比较麻烦,为简化计算可近似认为齿间槽容积等于轮齿体积,即排量等于一个齿轮的齿间槽容积和齿轮轮齿体积之和。设齿轮齿数为 z,模数为 m,齿宽为 B,分度圆直径为 $d(d=mz)$,齿高为 $h(h$ 取 $2m)$,则齿轮泵的排量为

$$V=\pi dhB=2\pi zm^2B$$

实际上,齿间槽容积比轮齿体积稍大一些,所以通常取

$$V=6.66zm^2B \tag{3-6}$$

由上式可见,齿轮泵的排量无法调节,故齿轮泵为定量泵。

齿轮泵的实际输出流量为

$$q=6.66zm^2Bn\eta_v \tag{3-7}$$

式(3-7)中的 q 是齿轮泵的平均流量。实际上,由于齿轮啮合过程中压油腔的容积变化是不均匀的,所以齿轮泵的瞬时流量是脉动的,齿数越少,脉动率越大。流量脉动引起压力脉动,随之产生振动和噪音,所以高精度设备不宜采用齿轮泵。

二、内啮合齿轮泵

1.渐开线齿形内啮合齿轮泵

如图 3-7(a)所示,渐开线齿形内啮合齿轮泵由小齿轮、内齿环、月牙隔板等组成,月牙隔板固定不动,小齿轮与内齿环的齿数不等且有偏心,小齿轮与原动机相连。当小齿轮带动内齿环绕各自的中心作同方向旋转时,左半部轮齿分离,容积增大,形成局部真空,进行吸油。进入齿间槽的油液被带到压油腔,右半部轮齿进入啮合,容积减小,油液受到挤压,从压油口压油。月牙隔板安装在内齿环与小齿轮之间,将吸、压油腔隔开。此类泵容积效率和总效率都很高,额定压力可达 30 MPa,某些车辆上所使用的液压泵就是采用这样的结构。

2.摆线齿形内啮合齿轮泵

摆线齿形内啮合齿轮泵简称为摆线泵,又称摆线转子泵,其结构如图 3-7(b)所示,其主要零件是一对内啮合的齿轮,即内、外转子。外转子齿数比内转子多一个,两转子之间有偏心距。内转子在原动机的驱动下带动外转子同向转动,所有内转子的轮齿都进入啮合,形成了几个独立的密封腔,密封腔的个数与外转子齿数相同。随着内、外转子的啮合旋转,各密封腔的容积发生变化,从而进行吸油和压油。BB-B 型摆线齿轮泵即属于此类泵,其额定压力仅为 2.5 MPa。摆线齿轮泵如要高压化,则需采用端面间隙补偿结构,其额定压力可达 16 MPa。

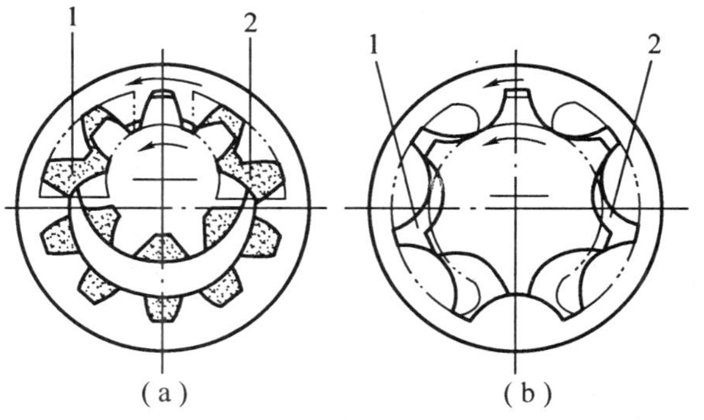

图 3-7 内啮合齿轮泵

(a)渐开线齿形;(b)摆线齿形

1—吸油腔;2—压油腔

内啮合齿轮泵结构紧凑、尺寸小、质量轻、运转平稳、噪声低,在高转速工况下工作时有

较高的容积效率。但齿形复杂，加工困难，价格较贵。在低速高压工况下工作时，压力脉动大。在闭式系统中，常用这种泵作为补油泵。

三、螺杆泵

螺杆泵由于从螺杆横截面看像特殊齿形的齿轮啮合，所以一般将其列入齿轮泵一类。螺杆泵根据泵内的螺杆数目划分，螺杆泵有单螺杆式、双螺杆式、三螺杆式和五螺杆式等。

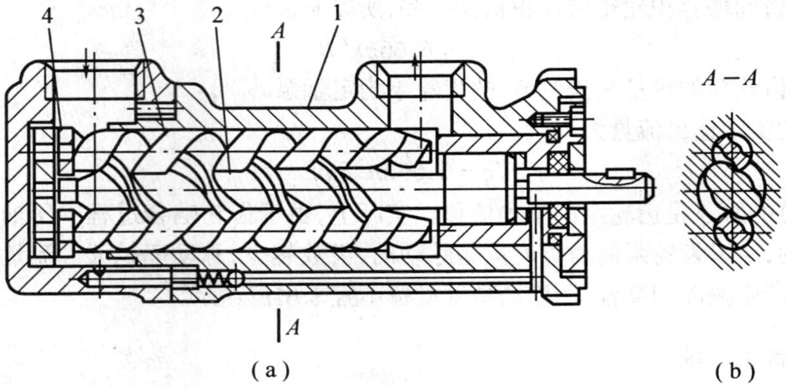

图 3－8　螺杆泵

1—泵体；2—主动螺杆；3—从动螺杆；4—轴承

图 3－8 所示是三螺杆泵的结构原理图。三个相互啮合的螺杆装在泵体内，主动螺杆 2 为凸螺杆，两个从动螺杆 3 为凹螺杆，三个螺杆的外圆与壳体的对应弧面保持着良好的配合。在横截面内，它们的齿廓由几对摆线共轭曲线组成。螺杆的啮合线把主动螺杆和从动螺杆的螺旋槽分割成多个相互隔离的密封工作腔。随着螺杆的旋转，这些密封工作腔一个接一个地在左端形成，不断从左向右移动，并在右端消失。密封工作腔形成以后，它的容积逐渐增大，进行吸油；消失时容积逐渐缩小，将油压出。螺杆泵的螺杆直径越大，螺旋槽越深，排量越大；螺杆越长，吸油口与压油口之间的密封层次越多，密封就越好，泵的额定压力就越高。

螺杆泵结构简单、紧凑，体积小，质量轻，运转平稳，输油均匀，噪音小，容许高转速运行，容积效率达 90% ~95%，对油液污染不敏感，因此它在一些精密机床液压系统中得到应用。螺杆泵的主要缺点是螺杆形状复杂，加工较困难，不易保证精度。

四、齿轮泵常见故障分析

齿轮泵常见故障的原因与排除方法见表 3－2。

表 3-2 齿轮泵常见故障的原因与排除方法

故 障	原 因	排除方法
液压泵吸空	(1)吸油管路漏油 (2)吸油管径过小 (3)吸油管浸入油面太低 (4)吸油管高度过高 (5)过滤器堵塞或通流面积小 (6)油箱不透气 (7)油液黏度过大	(1)用灌油法或涂黄油法找到漏气处,并予以排除 (2)更换管道 (3)吸油口应浸入油面以下 2/3 处 (4)吸油高度应不小于 500 mm (5)清除脏物,使过滤器畅通或改用合适的过滤器 (6)油箱应与大气相通 (7)选用合适黏度的液压油
流量不足或压力提不高	(1)轴向间隙过大 (2)径向间隙过大	(1)修配轴向间隙在规定的范围内 (2)修复或更换泵体和齿轮
液压泵咬死	(1)油液严重污染 (2)泵与输入联轴节不同心	(1)换油、修理或换新泵 (2)调整同轴度在 0.1 mm 以内
装配后旋转时,时紧时松	(1)泵盖与轴不垂直 (2)螺钉孔位置不正 (3)齿轮有毛刺	检查调整,重新装配
噪音及压力不稳定	(1)泵体与泵盖间密封不严 (2)卸荷槽尺寸小,位置不当 (3)齿轮精度低	(1)修磨泵体、泵盖或更换纸垫 (2)调整泵盖,修理卸荷槽,对研齿轮,使齿轮在全齿轮接触 (3)更换齿轮

第三节 叶 片 泵

叶片泵具有结构紧凑、体积小、流量均匀、运动平稳、噪音小、使用寿命较长、容积效率较高等优点,但它也存在着结构复杂、吸油性能差、对油液污染比较敏感等缺点。叶片泵广泛应用于完成各种中等负荷的工作。

叶片泵按工作原理可分为双作用式和单作用式两类。双作用式叶片泵不是变量泵,但径向力是平衡的,应用较广。单作用式叶片泵一般为变量泵,但主要零件在工作时要受到径向不平衡力作用,工作条件较差。

一、双作用叶片泵

(一)双作用叶片泵的工作原理

双作用叶片泵的工作原理可用图 3-9 所示的简图来说明。该泵主要由定子 4、转子 3、叶片 5 及安装在它们两侧的配流盘组成,定子与转子的中心重合,定子内表面近似椭圆形。转子上沿圆周均布的若干个叶片槽内分别安放有叶片,这些叶片可沿叶片槽作近似径向滑动。在两侧的配流盘上,对应于定子四段过渡曲线的位置开有四个腰形配油窗口,其中两个窗口与泵的吸油口相通,为吸油窗口;另两个窗口与泵的压油口连通,为压油窗口。当转子由原动机带动按图示方向旋转时,叶片在离心力的作用下外伸,压向定子内表面,并随定子内表面曲线的变化在叶片槽内往复滑动。于是,相邻叶片间的密封容积随转子的转动而发生变化。经过吸油窗口处时容积增大,产生真空度,通过吸油窗口从油箱中吸油;经过压油窗口处时容积缩小,通过压油窗口向系统压油。因此,该泵是依靠相邻叶片间的容积变化实现吸、压油的。转子每转一周,每个密封空间完成两次吸、压油,故这种泵称为双作用叶片泵。因吸、压油区域对称布置,故转子和轴承所受的径向液压作用力相平衡。这种泵的排量不可调,为定量泵。

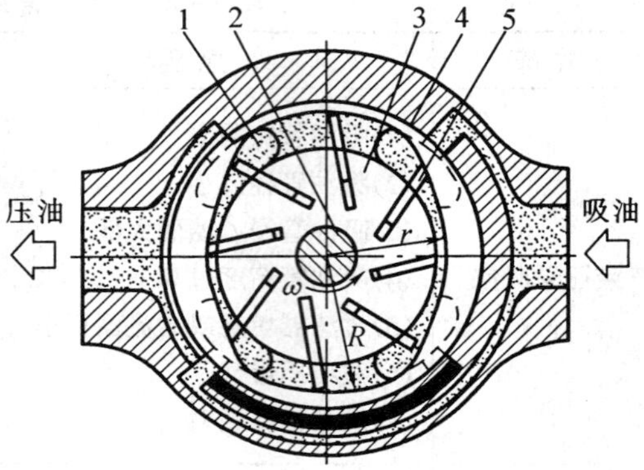

图 3-9 双作用叶片泵的工作原理

1—配流盘上的窗口;2—轴;3—转子;4—定子;5—叶片

(二)双作用叶片泵的排量和流量

由图 3-9 可知,当叶片每伸缩一次时,相邻叶片间油液的输出量等于长径圆弧段的容积与短径圆弧段的容积之差。若叶片数为 z,则双作用叶片泵的排量等于上述容积差的 $2z$ 倍。当忽略叶片本身所占的体积时,双作用叶片泵的排量为环形体容积的 2 倍,即

$$V = 2\pi(R^2 - r^2)b \tag{3-8}$$

由上式可以看出,双作用叶片泵的排量无法调节,故为定量泵。

泵的实际输出流量则为

$$q = Vn\eta_v = 2\pi(R^2 - r^2)bn\eta_v \tag{3-9}$$

从上式可以看出,如不考虑叶片对泵排量的影响,则理论上双作用叶片泵流量无脉动。实际上,叶片有一定的厚度,根部又连通压油腔,泵的生产过程中存在各种误差,这些原因均会造成输出流量有微小的脉动,但其脉动量是除螺杆泵以外最小的。

(三)YB_1 型叶片泵

1.总体结构

YB_1 型叶片泵是在 YB 型叶片泵基础上改进设计而成的双作用叶片泵。YB_1 型叶片泵的结构如图 3-10 所示,它由泵体 1 和 7、定子 4、转子 3、叶片 5 和配流盘 2 和 6 等组成。为了方便装配和使用,两个配流盘与定子、转子和叶片等可组装成一个部件,两个长螺钉为组件的紧固螺钉,螺钉的头部作为定位销插入左泵体 1 的定位孔内,以保证配流盘上吸、压油窗口的位置能与定子内表面的过渡曲线相对应。转子 3 上开有 12 条叶片槽(小排量泵为 10 条),叶片 5 安装在槽内,并可以在槽内自由滑动。转子通过内花键与传动轴相配合,传动轴用两个滚动轴承支撑。骨架式密封圈安装在泵盖 8 内,用来防止油液泄漏和粉尘混入。

2.油液流动路线

在图 3-10 的结构中,油液从吸油口到压油口的吸、压油是从左到右、从下到上,其泵内有如下流动路线。

吸油路:吸油口→左泵体 1 内腔→左配流盘 2 的两个吸油窗口→定子与转子间的两个容积增大区域→

压油路:定子与转子间的两个容积减小区域→右配流盘 6 的两个压油窗口→右泵体 7 内腔→压油口→

3.结构分析

(1)定子过渡曲线

定子内表面的曲线是由两段长径圆弧、两段短径圆弧和四段过渡曲线所组成(见图 3-9)。理想的过渡曲线不仅应使叶片在槽中滑动时的径向速度和径向加速度变化均匀,而且应使叶片转到交接点处的加速度突变不大,以减少冲击和噪声。目前双作用叶片泵一般都使用综合性能较好的等加速等减速曲线作为过渡曲线。

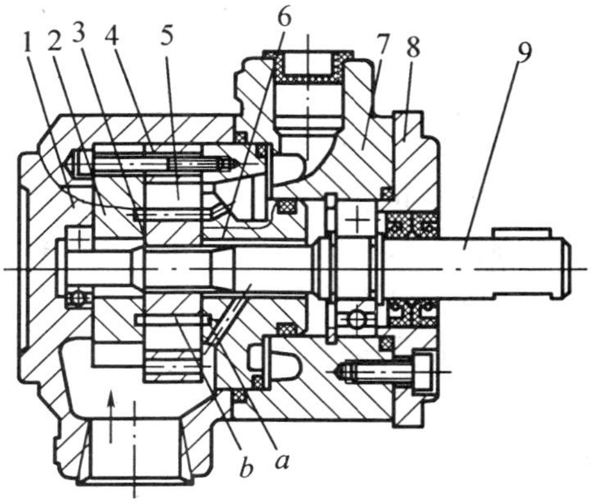

图 3-10 YB_1 型叶片泵的结构

1—左泵体;2—左配流盘;3—转子;4—定子;5—叶片;6—右配流盘;7—右泵体;8—泵盖;9—传动轴

(2)轴向间隙的控制

为保证叶片泵能正常运动,既避免摩擦,又能控制泄漏,配流盘与转子、叶片之间应保持适当的微小的轴向间隙。轴向间隙主要由定子、转子、叶片的宽度尺寸确定。YB_1 型叶片泵的叶片宽度比转子宽度小 0.01 mm,转子宽度比定子宽度小 0.02 mm~0.04 mm。因此,当两侧配流盘在螺钉的作用下压紧定子端面时,转子和配流盘之间就有 0.02~0.04 mm 的总间隙,叶片和配流盘之间就有 0.03 mm~0.05 mm的总间隙。

叶片泵工作时,转子与右配流盘左侧之间的泄漏油液对右配流盘产生增加轴向间隙的轴向反推力。右配流盘右侧与压油腔相通,对配流盘产生减小轴向间隙的压紧力。当工作压力增加时,反推力和压紧力同步增加,轴向间隙不会增加,实现了轴向间隙的自动补偿。

(3)叶片外伸力和额定压力

液压泵工作时,叶片应贴在定子内表面,以保证能形成产生容积变化的密封工作空间。当叶片处于压油区位置时,由于叶片顶部有倒角,作用在叶片倒角面上的液压作用力对叶片产生使叶片缩回的内缩力。当工作压力较高时,内缩力大于叶片因转动而产生的离心力,叶片会脱离定子内表面而使泵无法工作。为解决这个问题,YB_1 型双作用叶片泵在左、右配流盘上均开有环形油槽,通入来自于压油口的压力油,而环形油槽的直径与转子上的叶片槽根部直径相同。这样,叶片根部就通入与压油口压力相等的压力油,使作用在叶片顶部、根部的液压作用力相互抵消,从而保证剩下的离心力使叶片贴在定子内表面。

当叶片转到吸油区时,叶片顶部倒角面无液压作用力作用,叶片离心力和叶片根部的液压作用力使叶片对定子内表面的作用力过大,叶片与定子间又会产生较大的摩擦磨损。为了控制摩擦磨损,YB_1 型双作用叶片泵不得不限制泵的工作压力,故该泵只能作中压泵使用,其额定压力为 6.3 MPa。

(4)叶片前倾和倒角

叶片在压油区工作时,受到定子内表面推力的作用不断缩回槽内。若叶片径向布置,定子内表面对叶片作用力的切向分力较大,则叶片在槽内所受的摩擦力也较大,使叶片滑动困难,甚至被卡死或折断。为了解决这一问题,该泵将叶片不作径向布置,而是朝转子旋转方向前倾一个角度 θ,另外,为减少叶片与定子内表面之间的滑动摩擦,叶片顶部必须倒角。倒角面要背向转子旋转方向,否则会增大定子对叶片作用力的切向分力。

对于叶片前倾布置的液压泵,转子只能按规定方向旋转,且对叶片顶部的倒角方向也有要求,因此双作用叶片泵只能作单向泵使用。

上述的叶片布置形式不是绝对的。实践表明,目前有些双作用叶片泵的叶片作径向布置仍能正常工作。

(四)复合叶片泵

YB_1 型双作用叶片泵由于排量小、额定压力不高,其应用受到了一定的限制。将两个双作用叶片泵并联或串联,就可达到提高排量或提高额定压力的目的。为了使结构紧凑,减少成本,可将经并联、串联后的两个双作用叶片泵安装在同一个泵体内,用同一根轴驱动,这种经组合而成的泵称为双联泵和双级泵。

1.双联叶片泵

双联叶片泵是将两个排量不等的双作用叶片泵相互并联,安装在同一泵体内,同轴驱动,以提高泵的排量和输出流量。如图 3-11 所示,双联叶片泵内两个小泵合用一个吸油口,有两个各自独立的压油口,两小泵的输出流量可以分开使用,也可以合并使用。叉车、装载机、机床等设备常用双联泵向多个执行元件供油。

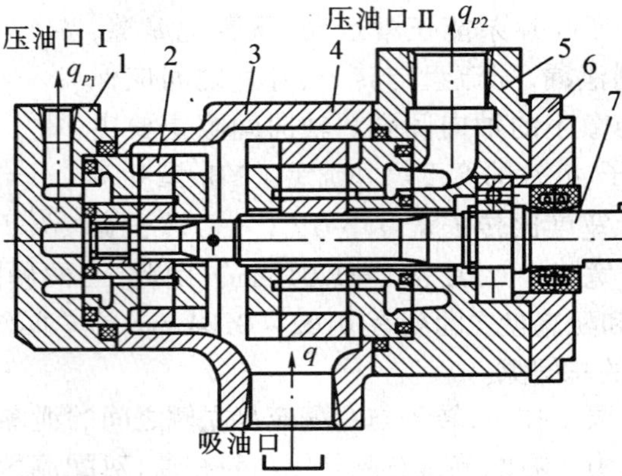

图 3-11 双联叶片泵

1—后泵盖;2—定子;3—泵体;4—转子;
5—前泵体;6—压盖;7—传动轴

2.双级叶片泵

双级叶片泵是将两个排量完全相等的双作用叶片泵相互串联,安装在同一泵体内,同轴驱动,以提高泵的额定压力。

双级叶片泵的工作原理如图 3-12 所示,第一级泵的压油口接第二级泵的进油口,第二级泵压出的油输入系统,其总的额定压力为单级泵的两倍。实际上,两个小泵的排量和效率不可能完全相等,每级泵的压力负荷也就不可能相同。为了解决这一问题,在泵体内装有一个平衡阀。平衡阀阀芯左、右两端面积之比 $A_1:A_2=2:1$,阀芯左端与第一级泵的出口油路相通,压力为 p_1;阀芯右端与第二级泵的出口油路相通,压力为 p_2。平衡阀平衡时,$p_1A_1=p_2A_2$,因而 $p_1:p_2=1:2$,p_1 等于 p_2 的一半,也即第一级泵与第二级泵所受的压力负荷相等。如果第一级泵出口压力过高,$p_1A_1>p_2A_2$,则阀芯右移,左端阀口打开,向第一级泵吸油口放油,p_1 降低;反之,如果 $p_1A_1<p_2A_2$,则阀芯左移,右端阀口打开,第二级泵出口向第一级泵出口压油,p_1 增高。这样,阀芯自动趋于平衡,实现均衡两泵压力负荷的目的。

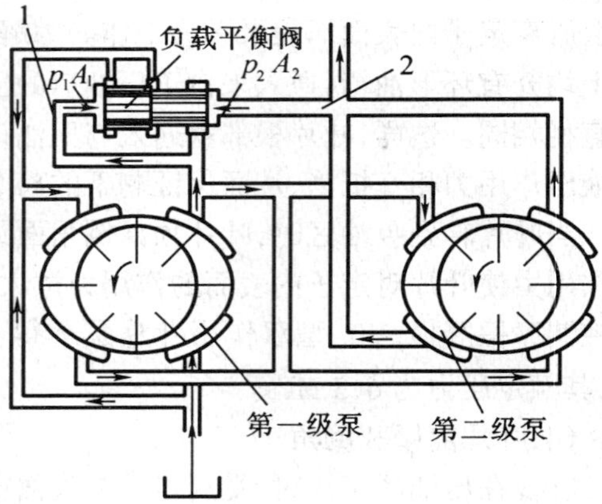

图 3-12 双级叶片泵的工作原理

（五）高压叶片泵

双级叶片泵虽然额定压力较高，但由于结构较复杂，所以应用很少。目前使用的一些双作用高压叶片泵，结构上采取了一些特别的措施，使额定压力大为提高，最高能达到 18 MPa。

YB_1 型双作用叶片泵额定压力之所以不高，是因为叶片根部通入与压油口压力相等的压力油，如果工作压力过高，会使叶片对定子的作用力过大，产生较大的摩擦损耗。高压叶片泵在结构上采取措施，解决了这一矛盾，使叶片在吸油区对定子的作用力减小，额定压力得以提高。高压叶片泵结构上采取的措施有多种，常用的有双叶片结构和子母叶片结构。

1.双叶片结构

如图 3－13 所示，在转子 2 的每个叶片槽内装有两片叶片 1，两叶片间可以相对滑动。叶片顶端倒角面相对布置，构成了与叶片外侧隔绝的 V 形油室。此油室通过叶片间的小孔与叶片根部相通，而叶片根部通过配流盘与泵的压油口相通。这样，无论叶片是处于吸油区还是压油区，叶片上、下油压均相等。合理设计叶片顶部棱边的宽度，使叶片顶部的承压面积略小于根部的承压面积，从而保证液压泵工作压力即使较高，叶片也既能与定子紧密接触，又不致于产生过大的压紧力。为了保证叶片间运动灵活，该泵对零件的制造精度有较高的要求。

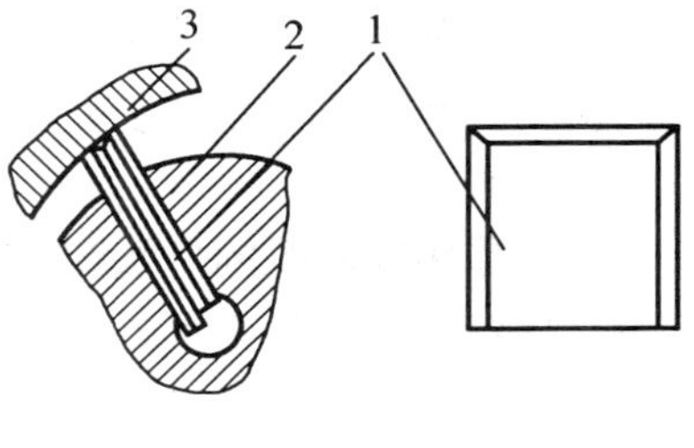

图 3－13 双叶片结构

1—叶片；2—转子；3—定子

2.子母叶片结构

子母叶片结构又称复合叶片结构，如图 3－14 所示。叶片分为母叶片 1 和子叶片 4 两部分。通过 *K* 槽使母、子叶片间的小腔 *C* 总是和压力油相通，母叶片根部 *L* 腔经转子 2 上虚线所示的油孔始终和顶部油腔相通。当叶片在吸油区工作时，推动母叶片压向定子 3 的作用力仅为小腔 *C* 的油压作用力，此力不大，但能使叶片与定子接触良好，保证密封。转子和母、子叶片加工复杂。

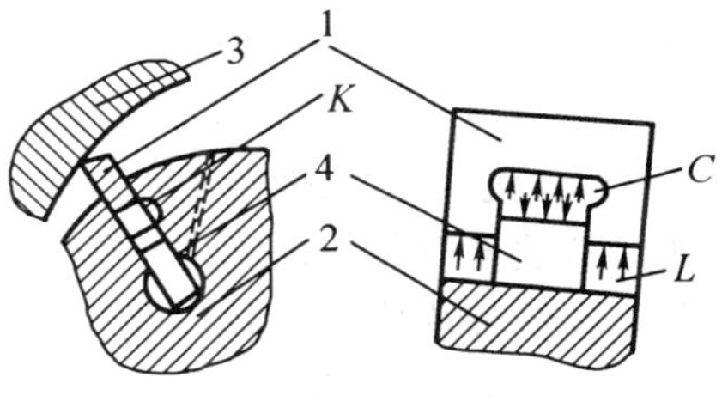

图 3－14 子母叶片结构

1—母叶片；2—转子；3—定子；4—子叶片

高压叶片泵还有弹簧叶片式结构和辅助阀结构等形式。

二、单作用叶片泵

（一）单作用叶片泵的基本原理

图 3－15 所示为单作用叶片泵的工作原理图。与双作用叶片泵显著不同之处是，单作用叶片泵的定子内表面是一个圆形，转子与定子间有一偏心距 e，配流盘上只开有一个吸油窗口和一个压油窗口，叶片后倾。单作用叶片泵的基本原理与双作用叶片泵相同，也是利用转子旋转时相邻叶片间的容积变化实现吸压油的。

当转子旋转一周时，每一叶片在叶片槽内往复移动一次，相邻叶片间的密封工作空间容积发生一次增大和缩小的变化，容积增大时通过吸油窗口吸油，容积缩小时则通过压油窗口将油压出。这种泵在转子每转一周过程中，吸油、压油各一次，故称单作用叶片泵。又因这种泵的转子受到来自压油区的不平衡径向力作用，故又称非平衡式叶片泵。由于轴和轴承上的不平衡负荷较大，因而使这种泵工作压力的提高受到了限制。

单作用叶片泵依靠定子和转子间偏心距 e 的变化，来改变泵的排量和输出流量，因此单作用叶片泵为变量泵。偏心距 e 的改变，可以自动调节，也可以人工调节。根据自动调节后泵的压力流量特性的不同，单作用叶片泵又可分为限压式、恒流量式（其输出流量基本不随压力的高低而变化）和恒压式（其调定压力基本不受输出流量的变化而变化），其中限压式应用较多。

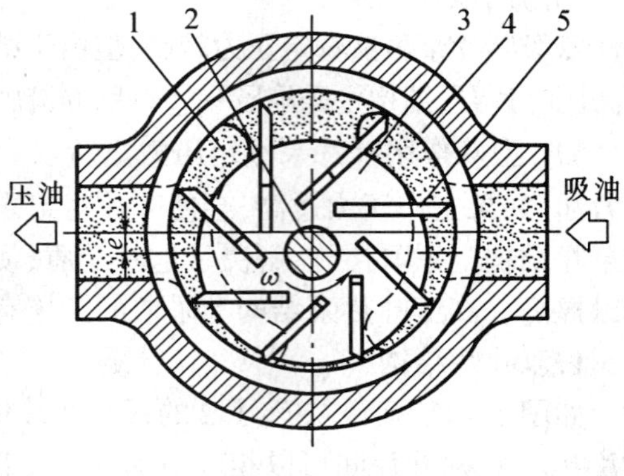

图 3-15 单作用叶片泵的工作原理图

1—配流盘；2—轴；3—转子；4—定子；5—叶片

（二）单作用叶片泵的排量和流量

单作用叶片泵的排量可近似表达为

$$V = 2\pi beD \tag{3-10}$$

式中 b——叶片宽度；

e——定子与转子之间的偏心距；

D——定子内径。

单作用叶片泵的实际输出流量为

$$q = Vn\eta_v = 2\pi beDn\eta_v \tag{3-11}$$

单作用叶片泵的定子内表面和转子外表面都为圆，由于偏心安置，容积变化是不均匀的，存在流量脉动。理论分析表明，叶片数为奇数时脉动率较小，故叶片数一般为 13 或 15。

（三）外反馈限压式变量叶片泵的变量原理

限压式变量叶片泵是利用泵的出口压力的反馈作用来实现变量的，它有内反馈和外反馈两种。实际使用中，应用最为广泛的是外反馈限压式变量叶片泵。

图 3-16 为 YBX 型外反馈限压式变量叶片泵的工作原理图。转子 2 的中心 O_1 是固定的，定子 3 可以左右移动。调节调压螺钉 4，定子在调压弹簧 5 的作用下，被推向左端，与反馈液压缸 6 内的活塞靠牢，这时定子中心 O_2 和转子中心 O_1 之间有一初始偏心量 e_0，它决定泵的最大流量，e_0 的大小可用流量调节螺钉 1 调节。泵的出口压力 p 经泵体内通道作用于活塞上，使活塞对定子产生一个朝右的作用力 pA，它与右侧的调压弹簧的预紧力 kx_0（k 为弹簧刚度，x_0 为弹簧的预压缩量）相抗衡。

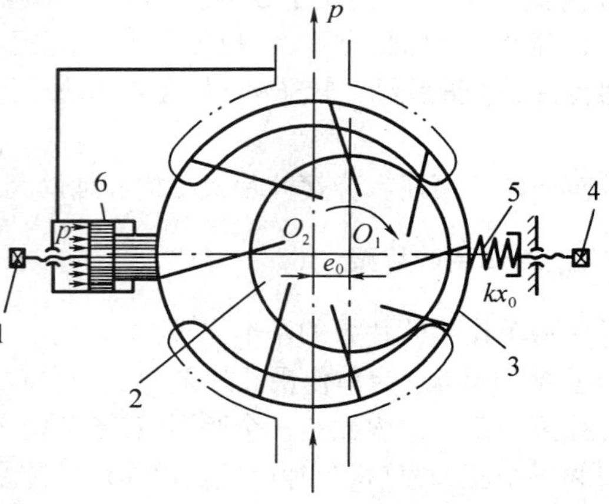

图 3-16 外反馈限压式变量叶片泵

1—流量调节螺钉；2—转子；3—定子；4—调压螺钉；5—调压弹簧；6—反馈液压缸

限压式变量叶片泵的流量压力特性曲线如图 3-17 所示，曲线表示该泵工作时输出流量和工作压力的关系。

当泵的工作压力较低时，$pA \leqslant kx_0$。在此阶段，压力如有变化，定子并不作移动，调压弹簧的压缩量不变，偏心距处于最大状态，流量处于最大状态而且基本保持不变，不可实现自动变量，如图 3-17 中的 AB 线所示。但由于液压泵的泄漏量随着工作压力的增加也会有一定程度的增加，使实际输出流量稍有减少，所以 AB 线并非水平线。在此阶段，不可进行自动变量，但仍可以进行人工变量。调节流量调节螺钉 1，可使 AB 线上下平移。若旋进螺钉 1，泵的偏心距减小，使最大输出流量减少，AB 线下移。

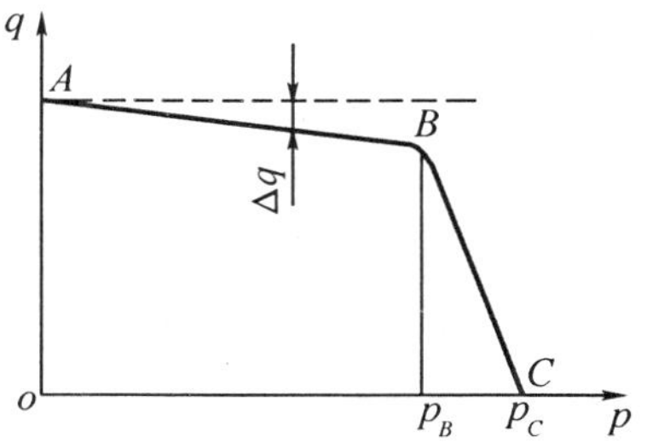

图 3-17 限压式变量叶片泵的特性曲线

当泵的工作压力较高时，$pA > kx_0$，定子右移，这时调压弹簧被压缩，偏心量减小，泵的排量和输出流量也减少。泵的工作压力愈高，偏心量愈小，泵的输出流量也愈小，泵的输出流量随工作压力的增加而自动地减小，如图 3-17 中的 BC 线所示。因此，单作用叶片泵只有在工作压力较高时才可实现自动变量。工作压力达到接近极限值 p_C（极限工作压力）时，限压弹簧被压缩到最短，定子移动到最右端位置，偏心量减至最小，泵的输出流量很小，这时泵输出的少量流量仅用来补偿泄漏。

当 $pA = kx_0$，即 $p = kx_0/A$ 时所对应的压力称为泵的限定压力，也即图 3-16 中的 p_B，它是实现自动变量的起始压力。由式 $p_B = kx_0/A$ 可知，限定压力可由弹簧预压缩量 x_0 来调节，也即大小可通过调节调压螺钉 4 来实现。若旋进调压螺钉，则调压弹簧预压缩量 x_0 增大，使限定压力 p_B 增大，B 点右移，自动变量的范围减小。

为了减小叶片与定子间的磨损，单作用叶片泵叶片根部采取在压油区通压油腔、在吸油区通吸油腔的结构形式。这样，不论是在吸油区还是在压油区，叶片根部和顶部所受的液压作用力都是平衡的，叶片的向外运动主要靠旋转时所产生的离心力。

根据力学分析可知，若叶片后倾，叶片在吸油区时与定子之间的摩擦力能够帮助叶片向外伸出。反之，叶片则有可能被缩回。因此，单作用叶片泵叶片后倾一定的角度，使该泵只能作单向泵使用。

限压式变量叶片泵的转子及轴承上承受着不平衡径向力的作用，这限制了泵工作压力的提高，故 YBX 型外反馈限压式变量叶片泵的额定压力一般仅为 6.3 MPa。

限压式变量泵与双作用叶片泵（定量泵）相比，具有结构复杂、噪声大、效率低等缺点。但它可根据负载压力自动调节输出流量，功率使用合理可减少油液发热。限压式变量叶片泵在要求有快速、慢速运动和保压的机床液压系统中应用最为广泛。

三、叶片泵常见故障的原因与排除方法

叶片泵在工作时，抗油液污染的能力较差，叶片与转子槽间的配合精度也较高，因此故障较多。叶片泵常见故障的原因与排除方法见表 3-3。

表 3-3 叶片泵常见故障的原因与排除方法

故 障	原 因	排除方法
油液吸不上，压力没有	(1)泵的转向错误或电动机接反 (2)油面过低,油液吸不上 (3)叶片在转子槽内配合过紧 (4)油液黏度过大,使叶片移动不灵活 (5)泵体有砂眼,高、低压油互通 (6)配流盘在压力油作用下变形,配油盘与壳体接触不良	(1)按规定换向安装或纠正电动机接线 (2)定期检查油箱油液,并加至规定油面高度 (3)单配叶片,使各叶片在所处的转子槽内移动灵活 (4)更换合适黏度的油液 (5)更换新泵体 (6)修整配流盘的接触面
流量不足，压力提不高	(1)各连接处密封不严,吸入空气 (2)个别叶片移动不灵活 (3)轴向间隙及径向间隙过大 (4)叶片和转子装反 (5)定子内表面曲面磨损,致使接触不良 (6)配流盘内孔磨损 (7)叶片和叶片槽配合间隙过大 (8)吸油不通畅	(1)检查吸油口各连接处是否泄漏,紧固各连接处 (2)不灵活的应单槽研配 (3)修复或更换有关零件 (4)修正叶片和转子方向 (5)修磨定子内表面曲面 (6)严重损坏时需更换 (7)根据叶片槽单配叶片 (8)清洗过滤器,定期更换液压油
噪音严重	(1)定子内表面拉伤 (2)配流盘端面与孔不垂直或叶片本身垂直不好 (3)叶片倒角太小,叶片运动时作用力有突变 (4)叶片高度尺寸不一致 (5)吸油管密封不严,空气侵入泵体 (6)联轴节安装不同心或松动 (7)电动机转速高于泵的额定转速	(1)抛光定子内表面 (2)修磨配流盘端面或叶片侧面 (3)将原叶片一侧 0.5×45°的倒角改为 1×45°或加工成圆弧形 (4)同一组叶片高度差不超过 0.01 mm (5)排除泵内空气并改变密封 (6)修配联轴节,调整同轴度 (7)选配合适转速的电机

第四节 柱 塞 泵

柱塞泵是依靠柱塞在缸体柱塞孔中作往复运动时柱塞底部密封工作空间的容积变化实现吸、压油的。柱塞泵与其他液压泵相比,具有如下几方面的特点。

(1)额定压力高。因柱塞和柱塞孔加工容易,尺寸精度和表面质量可以达到很高的要求,因而配合精度高,油液泄漏少,容积效率高,额定压力一般为 31.5 MPa ~ 35 MPa,最高可达 100 MPa。

(2)流量范围大。只要适当地加大柱塞直径,增加柱塞数目或柱塞行程,就可获得较大的流量。

(3)变量泵。通过改变柱塞的行程可改变泵的排量和流量。

(4)柱塞泵主要零件均受压,使材料强度性能得以充分利用,寿命长,单位功率质量小。

由上述内容可知,柱塞泵为高压、大流量、大功率的变量泵。但其结构复杂,材料及加工工艺要求高,价格较高。柱塞泵常用于高压大流量和流量需要调节的液压系统,如液压机、起重机械等设备的液压系统。

柱塞泵按柱塞排列方向的不同,可分为轴向柱塞泵和径向柱塞泵。轴向柱塞泵按其结构特点又分为斜盘式和斜轴式两种。本书中主要分析常用的斜盘式轴向柱塞泵。

一、斜盘式轴向柱塞泵

(一)斜盘式轴向柱塞泵的工作原理

斜盘式轴向柱塞泵的工作原理如图 3 - 18 所示。原动机驱动传动轴 2 并通过键 3 与缸体 4 相连,缸体沿圆周均匀分布有柱塞孔(一般为 7 个),柱塞 7 轴向安装在柱塞孔内。缸体底部安装有配流盘 1,工作时配流盘固定。斜盘 11 与缸体间有一定夹角,工作时柱塞头部滑履 10 贴在斜盘表面。当传动轴带动缸体旋转时,由于斜盘和回程弹簧 6 的作用,迫使柱塞在与缸体作定轴转动的同时,又在柱塞孔内作轴向往复直线运动。当柱塞处于从下向上旋转半周内($\pi \to 2\pi$)时,柱塞向外伸出,柱塞底部密封工作空间容积增大,产生局部真空,油液便经配流盘上的吸油窗口吸油;当柱塞处于另半周时,柱塞向内缩回,柱塞底部密封工作空间容积减小,油液受到挤压,经配流盘上的压油窗口压出。传动轴每旋转一周,每个柱塞完成一次吸油和压油。如果通过变量机构改变斜盘倾角 γ 就能改变柱塞行程,调节泵的排量和流量。如果能改变斜盘倾斜方向,就能改变吸、压油方向,实现换向,使该泵成为双向变量泵。

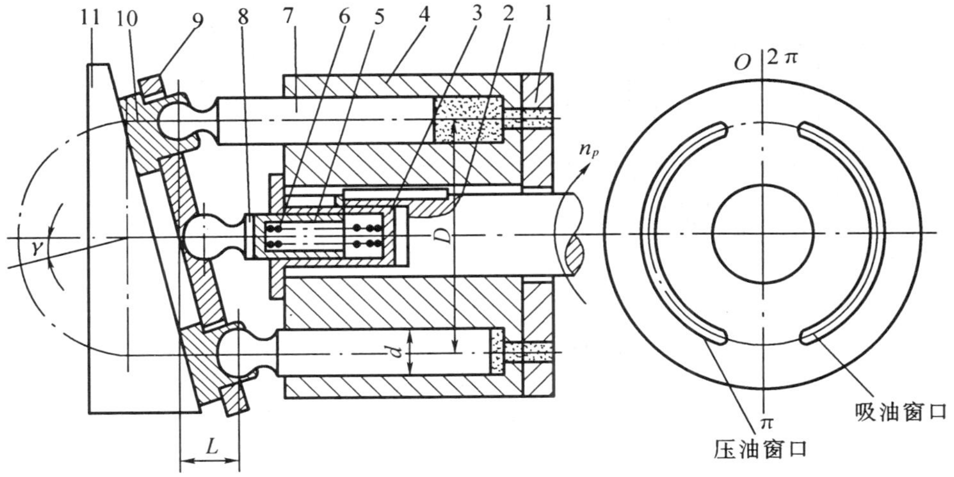

图 3 - 18 斜盘式轴向柱塞泵

1—配流盘;2—传动轴;3—键;4—缸体;5—外套;6—回程弹簧;
7—柱塞;8—内套;9—回程盘;10—滑履;11—斜盘

(二)斜盘式轴向柱塞泵的排量和流量

如图 3 - 18 所示,若柱塞数目为 z,柱塞直径为 d,柱塞孔的分布圆直径为 D,斜盘倾角为 γ,则斜盘式轴向柱塞泵的排量为

$$V = \frac{1}{4}\pi d^2 D(\tan\gamma)z \tag{3-12}$$

由上式可以看出，如果斜盘倾角 γ 越大，则泵的排量越大。

斜盘式轴向柱塞泵的实际输出流量为

$$q = Vn\eta_v = \frac{1}{4}\pi d^2 D(\tan\gamma)zn\eta_v \tag{3-13}$$

单个柱塞的瞬时流量是按正弦规律变化的，整个泵的瞬时流量是处于压油区几个柱塞瞬时流量的总和，也是脉动的。

不同柱塞数的柱塞泵，其输出流量的脉动率是不同的。当柱塞数较多并为奇数时，脉动率较小，故柱塞泵的柱塞数一般都为奇数。从结构和工艺性考虑，常取 $z=7$ 或 $z=9$。此时，其脉动率远小于外啮合齿轮泵。

(三)斜盘式轴向柱塞泵的典型结构

1. CY14－1B 型斜盘式轴向柱塞泵

CY14－1B 型斜盘式轴向柱塞泵是使用比较广泛的一种液压泵，额定压力达 31.5 MPa，其结构如图 3－19 所示。

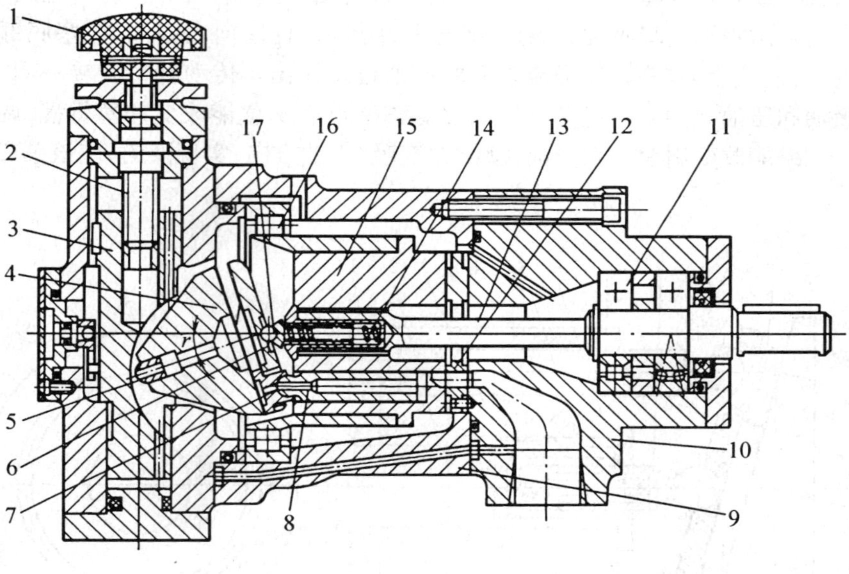

图 3－19 CY14－1B 型轴向柱塞泵

1—手轮；2—螺杆；3—变量活塞；4—斜盘；5—销轴；6—回程盘；7—滑履；8—柱塞；9—中间泵体；10—前泵体；11—前轴承；12—配流盘；13—传动轴；14—回程弹簧；15—缸体；16—大轴承；17—钢球

缸体 15 安装在中间泵体 9 内，由传动轴 13 通过花键带动旋转。在缸体内的七个轴向柱塞孔中装有柱塞 8，柱塞的球形头部与滑履 7 铰接。当缸体由传动轴 13 带动旋转时，柱塞相对缸体作往复运动，于是柱塞底部容积发生变化，油液通过缸体底部腰形通油孔、配流盘 12 上的油口完成吸、压油工作。

回程弹簧 14 安装在传动轴轴端的内孔中，其作用非常重要。当柱塞泵安装好之后，回程弹簧被压缩，存在一定的弹簧力。通过内套、钢球 17 和回程盘 6，回程弹簧的弹簧力将滑履拉向斜盘 4,使柱塞在吸油区时能够外伸,因而泵具有自吸能力;同时,回程弹簧还通过外套将缸体推向配流盘,消除缸体与配流盘间的间隙,使密封可靠,当缸体与配流盘间磨损后也能得到自动补偿。由于回程弹簧的弹力有限,因而其对斜盘、缸体的作用力并不大。

柱塞头部若因球形头部直接接触斜盘而滑动,则由于理论上为点接触,当柱塞位于压油区时,接触应力很大,极易磨损。CY14-1B 型柱塞泵在柱塞头部铰接一滑履 2,按静压原理设计,如图 3-20 所示。柱塞底部的压力油经柱塞球头中间小孔 f 和滑履小孔 g 流入滑履油室 3,使滑履和斜盘间形成液体油膜润滑层,并使反推力 F 和压紧力 N 大致相等,改善了柱塞和斜盘的接触情况,有利于液压泵在高压下工作。

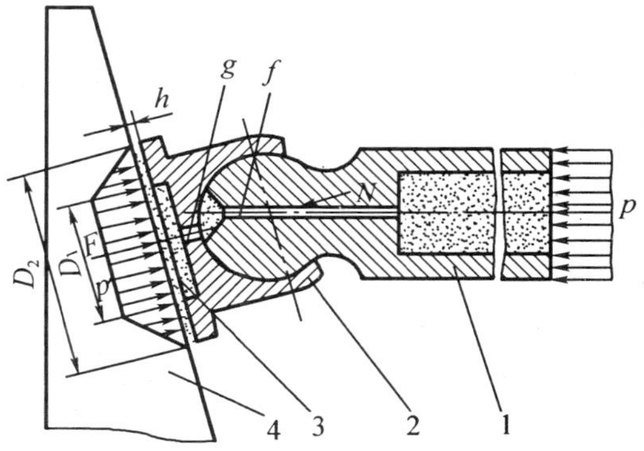

图 3-20 滑履的静压支承

1—柱塞;2—滑履;3—油室;4—斜盘

柱塞头部若以球形头部直接接触斜盘而滑动,则由于理论上为点接触,当柱塞位于压油区时,接触应力很大,极易磨损。CY14-1B 型柱塞泵在柱塞头部铰接一滑履,按静压原理设计,很好地解决了摩擦问题。如图 3-20 所示,柱塞底部的压力油经柱塞球头小孔 f、滑履小孔 g 流入滑履油室 3,使滑履与斜盘间形成液体油膜润滑层,并使反推力 F 和压紧力 N 大致相等,改善了柱塞与斜盘的接触情况,有利于液压泵在高压下工作。

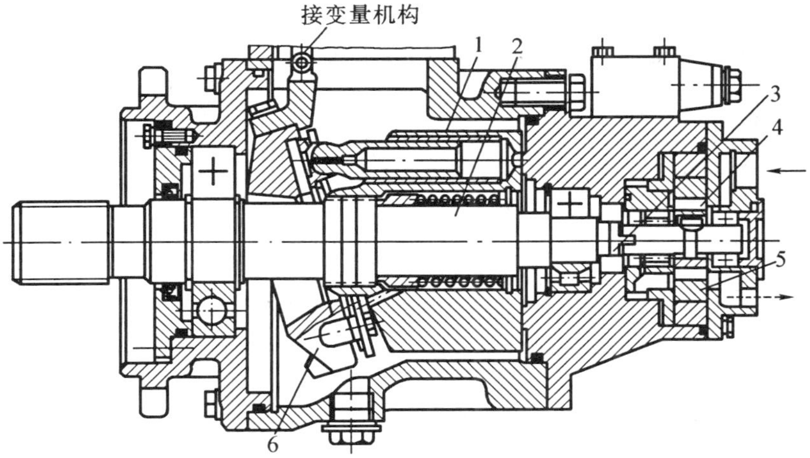

图 3-21 通轴型轴向柱塞泵

1—缸体;2—传动轴;3—联轴器;4,5—辅助泵内、外转子;6—斜盘

2.通轴泵

图 3-21 所示为通轴型轴向柱塞泵,简称通轴泵。普通的非通轴型泵的主要缺点之一是要采用大型滚柱轴承(图 3-19 中的 16)来承受斜盘施加给缸体的径向力,其受力状况不佳,轴承寿命较低,且噪声大,成本高。通轴泵的不同之处在于:主轴采用了两端轴承直接支

撑,斜盘通过柱塞作用在缸体上的径向力可以由主轴承受,因而取消了缸体外缘的大轴承。通轴泵无单独的配流盘,而是通过缸体和后泵盖端面直接配油。通轴泵在泵的外伸端可以安装一个小型辅油泵(图中为内齿轮泵),供闭式系统补油用,因而可以简化油路系统和管路连接,有利于液压系统的集成化,这是近年来通轴泵发展较快的原因之一。

(四)变量机构

变量机构用来改变斜盘的倾角,调节柱塞行程,从而调节泵的排量和输出流量。变量方式有手动变量(S)、伺服变量(C)、恒功率变量(Y)、恒压变量(P)等多种。CY14－1B型轴向柱塞泵主体部分是通用部件,只要换上不同的变量机构,就可组成不同的变量泵。

图3－19所示液压泵为手动变量。若转动手轮1使螺杆2转动,便可带动变量活塞3作轴向移动。变量活塞通过销轴5使支撑在变量壳体上的斜盘4绕钢球17的中心转动,从而改变斜盘的倾角,也就改变了泵的排量和流量。手动变量机构结构简单,但人手操纵费力,通常只能在停机或泵压较低的情况下才能实现变量。

二、斜轴式轴向柱塞泵

图3－22为斜轴式轴向柱塞泵的工作原理图。传动轴1相对于缸体4有一倾角γ,柱塞3与传动轴圆盘之间用相互铰接的连杆2相连。当传动轴沿图示方向旋转时,连杆就带动柱塞连同缸体一起转动,柱塞同时也在孔内作往复运动,使柱塞孔底部的密封腔容积不断发生增大和缩小的变化,通过配流盘5上的窗口a和b实现吸油和压油。

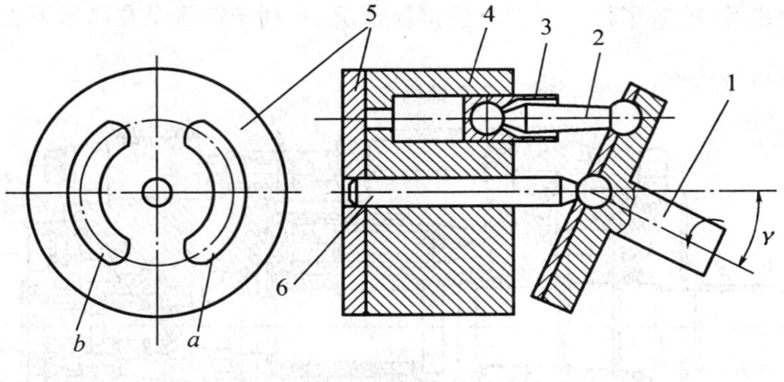

图3－22 斜轴式轴向柱塞泵的工作原理图

1—传动轴;2—连杆;3—柱塞;4—缸体;5—配流盘;6—中心轴

与斜盘式柱塞泵相比较,斜轴式柱塞泵由于柱塞及缸体所受的径向力较小,故结构强度较高。由于倾角最大可达40°,故变量范围较广。斜轴式泵是靠摆动缸体改变倾角而实现变量的,因而体积较大。

三、径向柱塞泵

图3－23为径向柱塞泵的工作原理图。转子2上沿径向均匀分布柱塞3,并套装在配流轴4上,配流轴是固定不动的。转子连同柱塞由原动机带动一起旋转,柱塞靠离心力紧贴在定子1的内表面。由于定子和转子间有一偏心距e,所以当转子按图示方向旋转时,柱塞在上半周内向外伸出,柱塞底部的密封容积逐渐增大,产生局部真空,通过配流轴上的吸油窗

口吸油。当柱塞处于下半周时,柱塞底部的密封容积减小,通过配流轴上的压油窗口压油。转子每转一周,每个密封容积吸、压油一次。若改变定子和转子间的偏心距,排量也就相应改变。若改变偏心距的方向,则可改变吸、压油的方向。因此,径向柱塞泵可制成单向或双向变量泵。

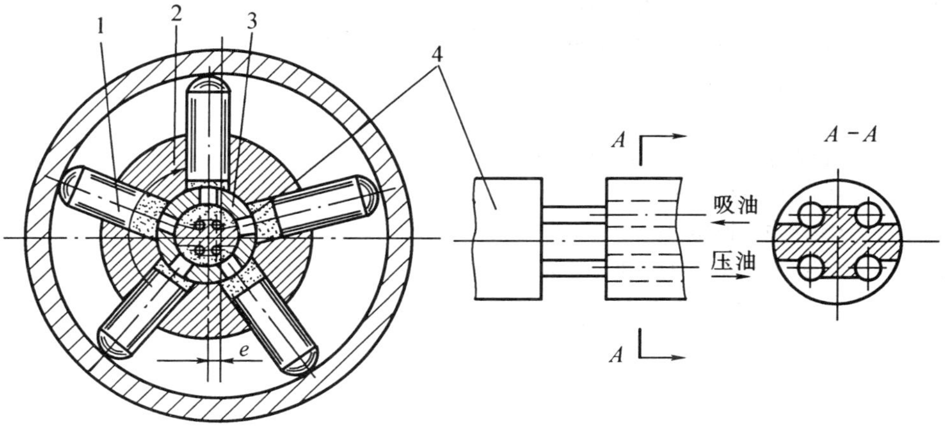

图 3-23 径向柱塞泵

1—定子;2—转子;3—柱塞;4—配流轴

径向柱塞泵性能稳定,耐冲击性能好,工作可靠,轴向尺寸小,便于制成多排柱塞的形式。但径向尺寸大,结构复杂,自吸性能差,且配流轴受到径向不平衡力作用,易于磨损,泄漏间隙不能补偿,故不如轴向柱塞泵应用得那么广泛。

四、斜盘式轴向柱塞泵的常见故障及排除方法

斜盘式轴向柱塞泵的常见故障及排除方法见表 3-4。

表 3-4 斜盘式轴向柱塞泵常见故障的原因与排除方法

故 障	原 因	排除方法
流量不够	(1)吸油管阻力较大,阀门阻力太大,油面太低,吸油管漏气 (2)泵的回程弹簧折断,使柱塞不能回程,缸体和配流盘密封不好 (3)壳体未充满油液,留有空气,工作时从配流盘端面吸入空气 (4)泵连接不当使泵轴受轴向力,引起缸体和配流盘产生间隙,高、低油腔串通 (5)油液不清洁,配流盘和缸体磨损,漏油太多 (6)变量泵的变量角太小 (7)油温太高	(1)减小管道阻力,增高油面,排除漏气现象 (2)更换回程弹簧 (3)从回油口注满油或把系统中回油管通道以支管接入回油口 (4)改变连接方法,消除轴向力 (5)检修配流盘和缸体,更换液压油 (6)调大变量角 (7)降低油温

表 3-4(续)

故障	原因	排除方法
压力脉动、压力表针不稳	(1)液压系统中压力阀不正常 (2)系统中有空气,管道不合适 (3)吸油管堵塞,阻力大、漏气 (4)配流盘磨损漏油较大,变量泵变量机构漏油控制不稳	(1)检修各阀 (2)排除空气,更换管道 (3)疏通吸油管,清洗吸油口过滤器,紧固吸油管段的连接螺钉 (4)检修配流盘,调整变量机构
泵建立不起压力	(1)泵打不出油或流量不够 (2)液压系统有漏油 (3)压力表损坏或堵塞 (4)缸体和配流盘磨损 (5)变量泵变量角太小 (6)溢流阀压力调整太低	(1)见故障1 (2)检修各漏油处 (3)检修压力表 (4)检修缸体和配流盘 (5)调大变量角 (6)调整溢流阀压力
泵的噪音过大	(1)吸油管直径太小,或弯头太多,使阻力过大引起吸油不足 (2)吸油管道接头漏气 (3)泵体内漏气 (4)泵安装不同心,使泵轴受径向力 (5)油箱油面过低,使泵吸入油面上的泡沫 (6)油液黏度太大	(1)增大吸油管径,减少弯头 (2)查出漏气处后重新拧紧接头 (3)将油灌满泵体或将液压系统回油管道的油液充人泵壳内 (4)调整泵输入轴的安装同轴度 (5)加足油液,增大油液冷却速度,减少泡沫 (6)降低油液黏度
油温过高	(1)油液黏度太大 (2)油箱容积太小,散热面不够大 (3)泵的内部漏损过大	(1)换用合适黏度的油液 (2)增大油箱容积或在液压系统中增设冷却装置 (3)检修液压泵
泵漏油严重	(1)泵的回油管漏损严重 (2)结合面漏油,轴端漏油 (3)变量活塞或伺服活塞磨损	(1)解体泵,检查主要零件是否损坏或严重磨损 (2)检查结合面密封和轴端密封是否损坏,视情况修复或更换 (3)严重时更换
变量机构失灵	(1)控制油道上的单向阀弹簧折断 (2)斜盘与变量壳体磨损 (3)伺服活塞、变量活塞、弹簧心轴卡死 (4)个别通油道堵塞	(1)更换弹簧 (2)修括研配两者的圆弧配合表面 (3)机械卡死时,用研磨的方法使各运动件灵活 (4)疏通油道

第五节　液压泵的选用

在选用液压泵时，应根据液压设备的工作情况和系统所要求的工作压力、流量和工作性能等来确定泵的种类和型号，同时还应考虑能量的合理利用和系统发热等问题。

一般负载小、功率小的液压设备，可选用齿轮泵、双作用叶片泵；精度较高的设备（如磨床等）可选用双作用叶片泵；负载大、功率大的设备（如工程机械、压力机等）可选用柱塞泵；有快速和慢速工作行程的设备（如机床等）可选用限压式变量叶片泵和双联叶片泵；机械设备的辅助装置如送料、夹紧等不重要的场合，可选用价格低廉的齿轮泵；对于野外作业或工作环境较差的系统可考虑选择齿轮泵或柱塞泵。

表 3－5 为常用液压泵的一般性能比较及应用。

表 3－5　常用液压泵的性能比较及应用

项　目	外啮合齿轮泵	双作用叶片泵	限压式变量叶片泵	径向柱塞泵	轴向柱塞泵
输出压力	低压	中压	中压	高压	高压
流量调节	不能	不能	能	能	能
效率	低	较高	较高	高	高
流量脉动	很大	很小	一般	一般	一般
自吸特性	好	较差	较差	差	差
对油的污染敏感性	不敏感	较敏感	较敏感	很敏感	很敏感
噪声	大	小	较大	大	大
功率质量比	中等	中等	小	小	大
寿命	较短	较长	较短	长	长
单位功率造价	最低	中等	较高	高	高
应用范围	机床、工程、机械、农机、航空、船舶、一般机械	机床、注塑机、液压机、超重运输机械、工程机械、飞机	机床、注塑机	机床、液压机、船舶机械	工程机械、锻压机械、起重运输机械、矿山机械、冶金机械、船舶、飞机

第六节　液压马达

液压马达是液压系统的执行元件，它将液体的压力能转换成旋转的机械能，向外输出转矩和转速。

从能量转换的观点来看，液压泵与液压马达是可逆工作的液压元件。向任何一种液压泵输入工作液体，都可以使其变成液压马达工况；反之，当液压马达的旋转轴由外力驱动旋转时，也可以变成液压泵工况。因为它们具有同样的基本结构要素——密封而又可以周期变化的容积和相应的配流装置。

事实上，由于两者的使用目的不一样，同类型的液压泵和液压马达之间仍存在许多区别。例如，绝大多数液压马达通常与工作机构或外载直接相连，需要能正、反转，所以在内部结构上应具有对称性，其进、回油口大小相等，为双向马达；液压泵与原动机相连，通常为单方向旋转，因而一般没有这方面要求；液压马达的转速范围需要足够大，特别对它的最低稳定转速有一定的要求，因此一般采用滚动轴承或静压滑动轴承；液压马达在输入液压油的条件下工作，因而不必具备自吸能力，但需要有一定的初始密封性，以便能提供必要的启动转矩。由于存在着这些差别，液压马达和液压泵在结构上比较相似，但一般不能可逆工作。

液压马达按其结构分，有齿轮马达、叶片马达和柱塞马达等；按额定转速分，有高速马达和低速马达两大类。额定转速高于500 r/min的属于高速液压马达，低于500 r/min的属于低速液压马达。齿轮马达、叶片马达和轴向柱塞马达一般属于高速马达。高速液压马达的主要特点是转速较高，转动惯量小，便于启动和制动，调速和换向灵敏度高。通常高速液压马达输出转矩不大，仅有几十牛顿米到几百牛顿米，所以又称为高速小转矩液压马达。低速液压马达的基本结构是径向柱塞马达，但在齿轮马达、叶片马达和轴向柱塞马达中也有低速的结构形式。低速液压马达的主要特点是排量大、体积大、转速低，有时可达每分钟几转甚至零点几转，因此可直接与工作机构连接，不需要减速装置，使传动机构大为简化。通常低速液压马达输出转矩较大，可达几千牛顿米到几万牛顿米，所以又称为低速大转矩液压马达。

另外，液压马达也分单向马达与双向马达、定量马达与变量马达，其符号如表3-6所示。

表3-6　液压马达的图形符号

液压马达类型	单向定量	双向定量	单向变量	双向变量
图形符号	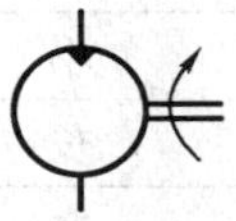	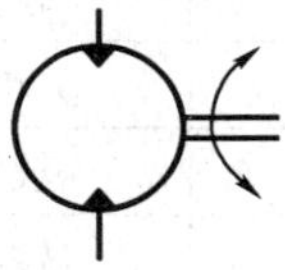	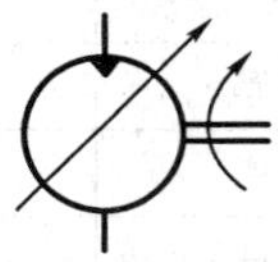	

一、主要性能参数

在液压马达的各项性能参数中，压力、排量、流量等参数与液压泵同类参数有相似的意义，其原则差别在于，在泵中它们是输出参数，在液压马达中则是输入参数。

(一)液压马达的输出转速

由于液压马达存在泄漏，实际输入流量 q 必然大于理论输入流量 q_t，故液压马达的容积效率为

$$\eta_v = \frac{q_t}{q} \tag{3-14}$$

将 $q_t = Vn$ 代入式(3-14)，可得液压马达的输出转速公式为

$$n = \frac{q}{V}\eta_v \tag{3-15}$$

(二)液压马达的输出转矩

由于液压马达内部存在摩擦，它的实际输出转矩 T 必然小于理论输出转矩 T_t，故液压马达的机械效率为

$$\eta_m = \frac{T}{T_t} \tag{3-16}$$

设液压马达进、出口间的工作压差为 Δp，则输入功率为

$$P_i = \Delta p q \tag{3-17}$$

液压马达的输出功率为

$$P_o = 2\pi nT \tag{3-18}$$

因为 $P_o = P_i\eta$，$\eta = \eta_v\eta_m$，故经整理可知，液压马达的实际输出转矩公式为

$$T = 0.159\Delta pV\eta_m \tag{3-19}$$

液压马达用来驱动作连续旋转运动的各种工作机构，因此最重要的工作参数是输出转速和转矩。从式(3-15)和式(3-18)可以看出，对于定量马达，排量 V 为定值，在输入流量和工作压差不变的情况下，输出转速 n 和转矩 T 皆不可变；对于变量马达，V 的大小可以调节，因而其输出转速 n 和转矩 T 是可以改变的，但影响是不同的，若将排量 V 增大，则转速 n 减小，转矩 T 增大。

二、液压马达的工作原理及结构

液压马达的结构与同类型的液压泵相似。下面就对常用液压马达的工作原理及结构作简单介绍。

(一)叶片马达

叶片马达的结构与双作用叶片泵相似，图 3-24 为叶片马达的工作原理图。当压力油经进油窗口通入进油腔后，在叶片 1,3,5,7 的一侧作用有压力油，另一侧是与油箱相通的低压油。由于叶片 1,5 伸出的面积大于叶片 3,7 伸出的面积，因此作用于叶片 1,5 上的油液作用力大于作用于叶片 3,7 上的油液作用力，使叶片带动转子作顺时针方向旋转，继而通过输出轴驱动外载旋转。而叶片 2,6 两侧及叶片 4,8 两侧受等值油液作用力作用，受力平衡，对转子不产生转矩。

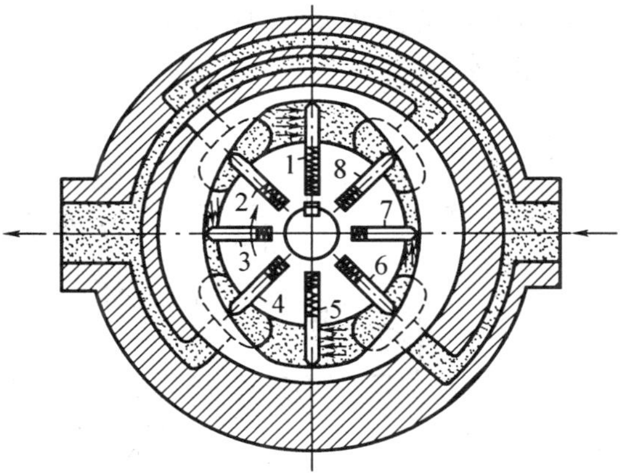

图 3-24 叶片马达的工作原理

由于液压马达一般都要求能正反转，所以叶片马达的叶片径向布置，进、回油口通径一样大。因此，通过改变压力油的输入方向，可使马达反向旋转，作双向马达使用。另外，叶片根部也与压力油相通，使叶片与定子内表面紧密接触。为保证接触良好，在通入叶片根部的压力油路上装有单向阀(图中未画出)，并在叶片根部安装有预紧弹簧。

叶片马达体积小，转动惯量小，转速高，动作灵敏，易启动和制动，便于调速和换向；缺点是启动转矩较低，泄漏量大，低速稳定性差，排量不可调。叶片马达适用于换向频繁、高转

速、低转矩、动作要求灵敏的场合。

(二)轴向柱塞马达

轴向柱塞马达的工作原理如图 3-25 所示。斜盘 1 和配流盘 4 固定不动,缸体 2 和传动轴相连并一起转动。斜盘 1 的中心线与缸体的轴线相交成一个倾角 γ。在半个圆周内,压力油经配流盘的进油窗口输入到缸体的柱塞孔,柱塞受力外伸,并紧贴在斜盘的表面,柱塞对斜盘产生作用力,斜盘对柱塞产生反作用力 F,其方向是垂直于斜盘表面的。该反作用力可分解为两个分力:水平分力 F_x 和垂直分力 F_y。垂直分力与柱塞轴向垂直,对缸体轴向产生转矩,驱动缸体带动外载旋转;水平分力与作用在柱塞上的液压推力相平衡。通过改变输油方向,缸体反向旋转,因此该液压马达为双向马达。斜盘倾角越大,则排量越大,产生的转矩越大,转速越低。

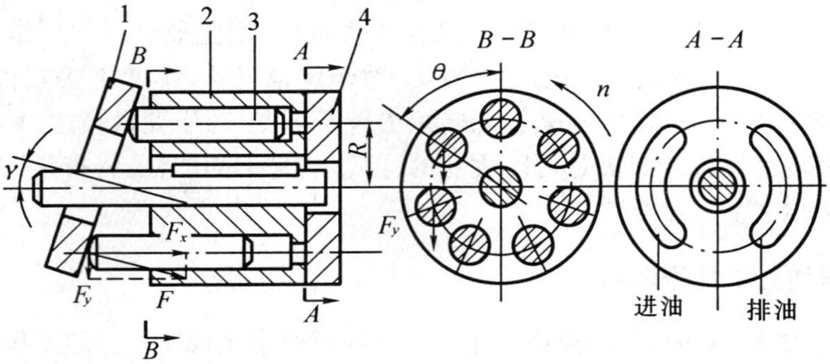

图 3-25　轴向柱塞马达的工作原理图

1—斜盘;2—缸体;3—柱塞;4—配流盘

图 3-26 为点接触式轴向柱塞马达的结构,它与一般的斜盘式轴向柱塞泵在结构上有以下主要区别。

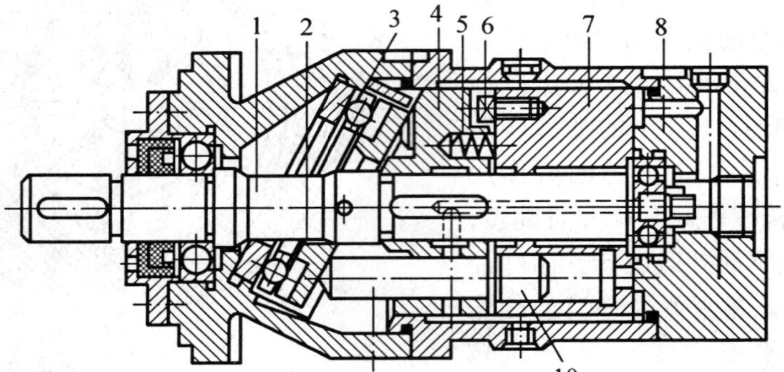

图 3-26　点接触式轴向柱塞马达的结构

1—传动轴;2—斜盘;3—轴承;4—鼓轮;5—弹簧;6—传动销;
7—缸体;8—配流盘;9—推杆;10—柱塞

(1)缸体分成两段,左半段称为鼓轮 4,右半段仍称缸体 7。鼓轮与传动轴 1 通过键相连,传递转矩,而缸体与传动轴空套,并由鼓轮上的传动销 6 拨动它与轴一起转动,不传递转矩。因此斜盘对推杆 9 的反作用力所造成的颠覆力矩不会作用在缸体表面上。由于缸体只受轴向力作用以及三只弹簧 5 的均布作用，使得缸体与配流盘表面贴合良好，既保证了密封性能，又能自动补偿磨损。

(2)柱塞被分成两段，鼓轮内一段称为推杆 9，缸体内一段仍称为柱塞 10。由于传动销 6 的作用，推杆和柱塞仍能很好地对中。推杆头部直接用球面与斜盘接触，由于该马达为小转矩马达，因而接触应力并不很大。柱塞只受轴向力作用，因此可使柱塞与柱塞孔间的磨损保持均匀。

(3)斜盘由推力轴承 3 支撑，与推杆一起旋转，目的是为了减少推杆端部与斜盘端面的磨损，提高机械效率。

(4)配流盘直接加工在后泵盖上，以使结构简化。

点接触式轴向柱塞马达特点有：该马达结构对称，进、回油口可以换接，为双向马达；斜盘倾角不作改变，为定量马达；没有自吸能力，不能作液压泵使用。

(三)内曲线多作用式径向柱塞马达

内曲线多作用式径向柱塞液压马达，简称内曲线马达，它具有排量大、径向力平衡、转矩脉动小、传动效率高、能在极低转速下平稳工作等优点。

图 3－27 为内曲线多作用式马达的工作原理图。该马达由定子 1、缸体 2、柱塞组(柱塞 3、横梁 4、滚轮 5)、配流轴 6 等组成。定子的内表面为 x 段(图中为 6 段，通常取偶数)形状相同的作用曲面，每段曲面的凹部的顶点把曲面分成对称的两半，一半为进油区段，另一半为回油区段。缸体上有 z 个(图中为 8 个)沿径向均匀分布的径向柱塞孔，孔内安装能作径向移动的柱塞。柱塞头部与横梁接触，横梁可在缸体的径向槽中滑动，安装在横梁两端轴颈上的滚轮可沿定子内曲面滚动。缸体的中心孔与配流轴滑动配合。配流轴固定不动，其圆周上均匀交替分布有 x 个进油窗口 A 和 x 个回油窗口 B，分别与马达的进、回油口相通。进、回油窗口与定子内曲面的进、回油区段位置一一对应。

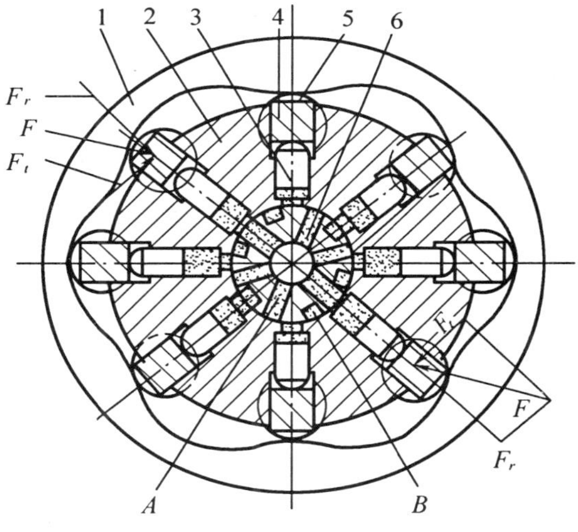

图 3－27 内曲线多作用式马达工作原理图

1—定子；2—缸体；3—柱塞；4—横梁；5—滚轮；6—配流轴

当柱塞处于定子进油区段时，柱塞底部与配流轴进油窗口相通，柱塞受力外伸，通过横梁使滚轮顶紧在定子内表面上。定子对滚轮的法向反力 F 可分解成两个方向的分力，其中径向分力 F_r 与作用在柱塞底部的液压作用力相平衡，切向分力 F_t 通过横梁对缸体产生转矩，推动缸体及所连接的工作机构旋转。缸体每旋转一周，每个柱塞往复运动 x 次。由于内曲面数与柱塞数不等，所以任一瞬间总有一部分柱塞处于进油区段，使缸体旋转。

当柱塞处于定子回油区段时，柱塞底部与配流轴回油窗口相通，定子使滚轮、横梁和柱塞内缩，油液被排入油箱，此时不产生使缸体旋转的切向分力。

应当提出的是，为了保证滚轮在回油区段时不脱离定子内曲面，防止滚轮由回油区段转入进油区段时产生冲击或被砸坏，通常应使马达的出口保持一定的压力（依靠在回油路中设置的背压阀），称为回油背压。因此，处于回油区段的柱塞实际上产生一个阻止缸体旋转的反转矩，使马达的实际输出转矩稍有减小。

由于内曲线多作用式马达作用次数多，且可制成双排、三排柱塞结构，所以排量大、转速低、转矩大。其排量的计算式为

$$V=\frac{1}{4}\pi d^2 hxz \tag{3-20}$$

式中　d——柱塞直径；

h——柱塞工作行程；

x——定子内曲面数；

z——柱塞总数。

内曲线马达多为定量马达。对于具有多排柱塞的马达，可通过液压变速阀改变各排柱塞之间的相互组合，实现有级变量。

内曲线马达结构对称，当马达的进、回油口换接时，马达将反转。

图 3－28 所示为应用最为广泛的横梁传力式内曲线马达的结构。

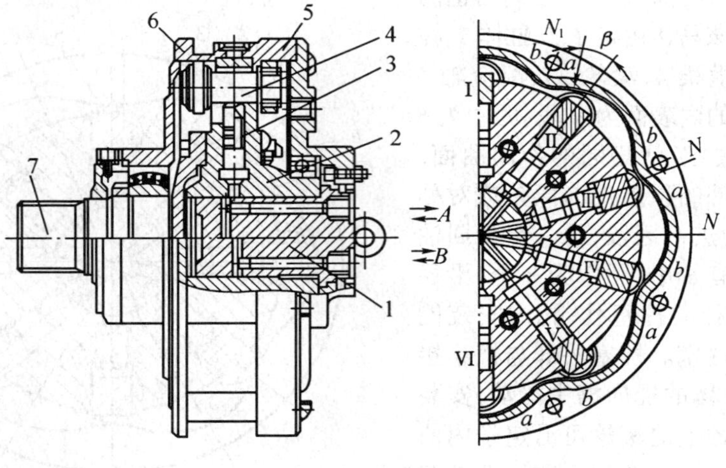

图 3－28　内曲线马达的结构

1—配流轴；2—缸体；3—柱塞组；4—横梁；5—滚轮；6—定子；7—输出轴

由图中可见，缸体 2 与输出轴 7 固接，并用轴承支撑在前、后端盖中。缸体在径向布置有十个柱塞孔，用以安装柱塞组。柱塞头部球面顶着横梁 4，横梁两端装有带滚针轴承的滚轮，滚轮在定子 6 的导轨曲面上滚动。横梁的方身以很小的间隙安装在缸体的方槽中，并在其中滑动。在压力油的作用下，柱塞头部顶紧横梁底面，由定子内曲面作用所产生的切向分力直接由横梁传到缸体上驱动缸体转动。柱塞不受侧向力，所以磨损情况大为改善。虽然横梁侧面与缸体方槽间有些磨损，但并不影响柱塞的密封，故这种马达的容积效率较高。

思考题与习题

3-1 从能量观点看,液压泵与液压马达有什么区别和联系?

3-2 液压泵完成吸、压油必须具备什么条件?

3-3 什么是双向泵、变量泵?

3-4 液压泵的工作压力取决于什么?泵的工作压力与额定压力有何区别?工作压力对输出流量有何影响?

3-5 液压泵的排量、流量各决定于哪些因素?流量的理论值和实际值有什么区别?

3-6 如何计算液压泵的输出功率和输入功率?液压泵在工作过程中会产生哪两方面的能量损失?

3-7 外啮合齿轮泵有哪三个技术问题,对其工作有何影响,如何解决?

3-8 限压式变量叶片泵是如何实现变量的?

3-9 双作用叶片泵和单作用叶片泵有何区别?

3-10 限压式变量叶片泵的限定压力和最大流量如何调节?调节时,泵的流量压力特性曲线将如何变化?

3-11 CB-B型、YB_1型、YB_X型、CY14-1B型液压泵额定压力分别属于哪种压力等级,为什么?

3-12 CB-B型、YB_1型、YB_X型、CY14-1B型液压泵能否换向和变量,为什么?

3-13 正确写出液压马达输入功率、输出功率、效率、实际输出转速、实际输出转矩的计算式,并写出实际输出转矩的推导过程。

3-14 轴向柱塞马达和内曲线多作用式径向柱塞马达的工作原理是什么?

3-15 正确画出液压泵、液压马达的符号。

3-16 某液压泵的输出功率为9 kW,输出压力为 $p=10$ MPa,转速 $n=1\ 450$ r/min,排量 $V=100$ mL/r,总效率 $\eta=0.81$,求泵的容积效率和电动机的驱动功率。

3-17 液压马达的排量 $V=100$ mL/r,进口压力 $p_1=10$ MPa,出口压力 $p_2=0.5$ MPa,容积效率 $\eta_v=0.95$,机械效率 $\eta_m=0.85$,输入流量 $q=50$ L/min。求液压马达的输出转速、输出转矩、输出功率和输入功率。

3-18 某液压泵的排量为 V,泄漏量 $\Delta q=kp$(k 为泄漏系数,p 为工作压力),此泵可兼作马达使用。当泵和马达的转速相同时,其容积效率是否相同?

第四章 液 压 缸

液压缸和前述的液压马达都属于液压传动系统的执行元件。从能量转换的角度来看，它们都是将油液的压力能转换成机械能的液压元件。液压马达是用来实现连续旋转运动的执行元件，而液压缸则是用来实现往复直线运动或小于一周的周期性摆动的执行元件。

液压缸具有结构简单、制造容易、维修方便，工作可靠等特点，且传力大、运动惯性小、可作频繁换向，易于实现远程控制和自动控制。在各类液压设备中，广泛地利用液压缸来完成工作机构的各种动作。

第一节 液压缸的类型和特点

液压缸按结构形式分，有活塞式、柱塞式和摆动式三类；按液压油的作用方向分，有单作用式、双作用式两类；按固定方式分又有缸筒固定、杆固定两类。

一、活塞式液压缸

活塞式液压缸缸筒内有一与缸筒内表面相配合的活塞。活塞把缸筒分成两个腔并沿缸筒内表面作往复运动。活塞杆一端与活塞相连，另一端与工作机构相接。

(一)双杆活塞式液压缸

双杆活塞式液压缸的活塞两端都有活塞杆，如图 4－1 所示。这种液压缸的最大特点是，两端的活塞杆直径通常是相等的，因而左右两腔油液的有效作用面积相等。当分别向左、右两腔输入流量相同，则两个方向的运动速度 v 相等，可方便地实现等速往复运动，其计算式为(略去油液泄漏的影响)

$$V=\frac{q}{A}=\frac{4q}{\pi(D^2-d^2)} \qquad (4-1)$$

若两个方向的进、回油压力相同，则两个方向油液对活塞产生的推力也相等，其计算式为

$$F=(p_1-p_2)A=\frac{\pi}{4}(D^2-d^2)(p_1-p_2) \qquad (4-2)$$

式中 A——液压缸的有效作用面积；

D,d——活塞、活塞杆直径；

q——输入液压缸的流量；

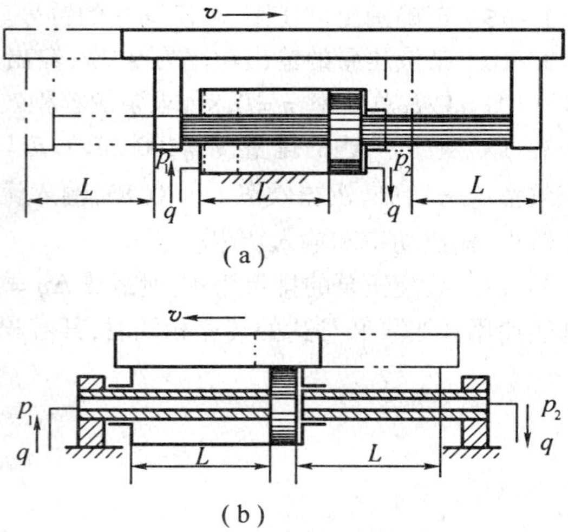

图 4－1 双杆活塞式液压缸

(a)缸筒固定；(b)活塞杆固定

F——运行阻力；

p_1, p_2——液压缸的进油、回油压力。

这里需要特别说明的是，液压油对活塞产生的推力等于液压缸的运行阻力 Σf，而运行阻力既包括外载阻力，也包括活塞、活塞杆运动时产生的摩擦阻力，这些阻力均与运动方向相反，其和与推力相平衡，即

$$F = \Sigma f \tag{4-3}$$

液压缸有两种不同的固定形式，图 4－1(a)所示为缸筒固定，图 4－1(b)所示为活塞杆固定。当液压缸采用缸筒固定时，油口布置在固定不动的缸筒上，对油管种类没有特别的要求，活塞杆通常也采用实心的。但液压缸的轴向工作范围近似等于液压缸有效行程 L 的 3 倍，占地范围大，一般用于中、小型设备，如平面磨床工作台液压缸；当液压缸采用活塞杆固定时，油口如果布置在运动的缸筒上，则油管只能采用软管。因此，为了便于采用硬管相连接，这类固定形式的液压缸通常将进、回油口布置在固定不动的活塞杆两端，油液通过空心活塞杆与两油腔相通。但液压缸的轴向工作范围近似等于液压缸有效行程 L 的 2 倍，占地范围小，常应用于大、中型设备，如外圆磨床工作台液压缸。

(二)单杆活塞式液压缸

单杆活塞式液压缸只有一侧连接有活塞杆，它也有缸筒固定和活塞杆固定两种形式，图 4－2 均为缸筒固定形式。这种液压缸由于左、右两腔的有效面积 A_1 和 A_2 不相等，所以在图(a)和图(b)中，当两个方向的输入流量皆为 q 时，前进的速度 v_1 与后退的速度 v_2 并不相等，其计算式分别为(略去油液泄漏的影响)

$$V_1 = \frac{q}{A_1} = \frac{4q}{\pi D^2} \tag{4-4}$$

$$V_2 = \frac{q}{A_2} = \frac{4q}{\pi(D^2 - d^2)} \tag{4-5}$$

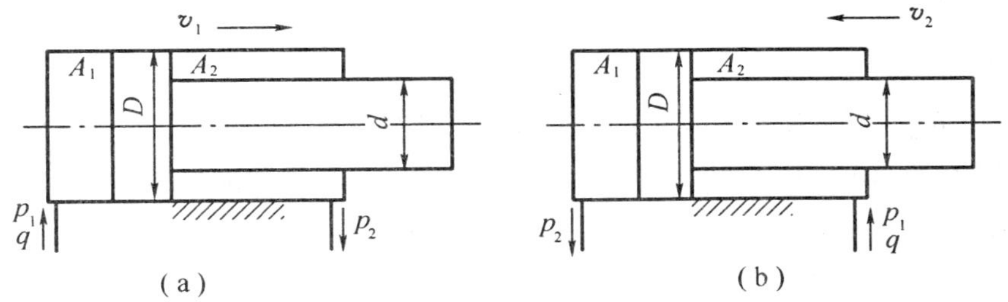

图 4－2 单杆活塞式液压缸

(a)无杆腔进油；(b)有杆腔进油

式中 A_1, A_2——无杆腔、有杆腔的有效面积。

分析式(4－4)和式(4－5)可知，在输入流量相同的情况下，v_1 小于 v_2，也即前进是慢进(或称工进)，后退是快退，两个方向无法获得相等的运动速度。

液压缸往复运动的速度比为

$$\lambda_v = \frac{v_2}{v_1} = \frac{D^2}{D^2 - d^2} \tag{4-6}$$

上式表明，液压缸可以通过改变活塞与活塞杆直径的比值来满足两个方向的不同速度要求。

若两个方向的进、回油压力相同，则两个方向油液对活塞产生的推力 F_1，F_2 分别为

$$F_1 = p_1A_1 - p_2A_2 = \frac{1}{4}\pi D^2 p_1 - \frac{1}{4}\pi(D^2 - d^2)p_2 = \frac{1}{4}\pi D^2(p_1 - p_2) + \frac{1}{4}\pi D^2 p_2 \quad (4-7)$$

$$F_2 = p_1A_2 - p_2A_1 = \frac{1}{4}\pi(D^2 - d^2)p_1 - \frac{1}{4}\pi D^2 p_2 = \frac{1}{4}\pi D^2(p_1 - p_2) + \frac{1}{4}\pi d^2 p_2 \quad (4-8)$$

式中　p_1，p_2——液压缸的进油、回油压力。

分析式(4-7)和式(4-8)可知 $F_1 > F_2$，也即在相同的进、回油压力前提下，前进时产生的推力较大。但无论是前进还是后退，推力总是等于运行阻力。

单杆活塞式液压缸还有一种非常重要的连接方式，即液压缸的两腔油路相接，均与液压泵相通，如图4-3所示，这就连成了所谓的差动连接，或称为 P 形连接。

差动连接时，在忽略两腔连通油路压力损失的情况下，液压缸两腔的油液压力相等。但由于无杆腔的受力面积大于有杆腔的受力面积，故活塞向右的作用力大于向左的作用力，活塞向右运动，有杆腔排油并流进无杆腔。也即无杆腔不但得到了来自液压泵的流量 q，而且还得到了有杆腔的排油流量 q'，从而加快了活塞的运动速度。差动连接运动速度 v_3 的计算式为(略去油液泄漏的影响)

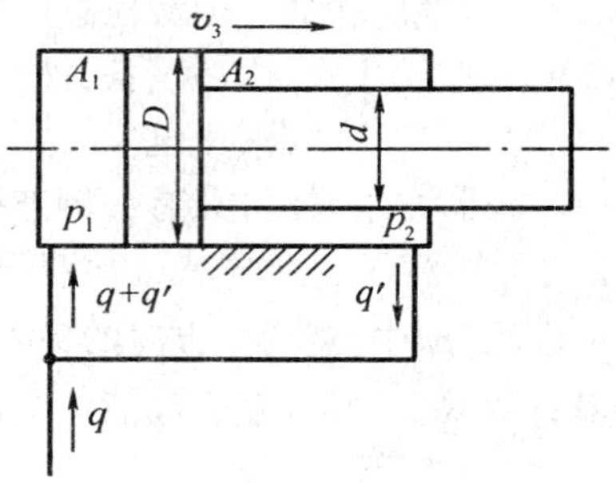

图4-3　液压缸差动连接

$$v_3 = (q + q')/A_1 = \frac{q + \frac{1}{4}\pi(D^2 - d^2)v_3}{\frac{1}{4}\pi D^2}$$

整理后得

$$v_3 = q/A' = \frac{q}{\frac{1}{4}\pi d^2} \quad (4-9)$$

式中　A'——活塞杆面积，或为两腔有效作用面积之差。

显然，由上式可以看出，由于 A' 较小，v_3 较大，采用差动连接能够增加前进时的运动速度，实现快进。差动连接是在不增加液压泵流量的前提下实现液压缸快速运动的有效办法，它广泛应用于各种液压系统中。

分析式(4-5)和式(4-9)可知，如果要求快退与快进速度相等，即要求 $v_2 = v_3$，则有

$$4q/\pi(D^2 - d^2) = 4q/\pi d^2$$

这时，活塞直径 D 与活塞杆直径 d 之间有 $D = \sqrt{2}d$，或 $d \approx 0.7D$。

若将 $D = \sqrt{2}d$ 代入式(4-4)，则慢进、快退、快进三种连接的运动速度之比 $v_1 : v_2 : v_3 = 1:2:2$。

实际应用中，液压系统常通过控制阀来改变单杆液压缸的油路连接，使其有不同的工作方式，从而获得快进(差动连接)—工进(无杆腔进油)—快退(有杆腔进油)的工作循环。

差动连接时，若忽略两腔连通油路的压力损失，则有 $p_1 = p_2$，则油液对活塞产生推力为

$$F_3 = p_1A_1 - p_2A_2 = \frac{1}{4}\pi D^2 p_1 - \frac{1}{4}\pi(D^2 - d^2)p_1 = \frac{1}{4}\pi d^2 p_1 \qquad (4-10)$$

由上式可知，差动连接时油液对活塞产生的推力较小。同样，推力也等于运行阻力。

对于差动连接，这里需要特别说明的是，实际使用中，进、回油路存在一定的压力损失，p_1 与 p_2 值并不相等，而且是 p_1 小，p_2 大。这样，当油路压力损失较大时，或活塞杆的直径较小时，很有可能出现差动连接的活塞运动方向不是向前，而是后退，出现运动错乱现象。

以上分析均认为缸筒是固定的。当液压缸改成活塞杆固定时，其运动方向与上述分析的运动方向相反，速度大小相同。

对于上述活塞式液压缸，往复运动均是在液压油的作用下实现的，统称为双作用液压缸。但也有少数小型液压缸，如制动缸、锁紧缸等，为减化结构、节省能量，采用单方向运动依靠液压油推动，回程依靠重力、弹簧力或其他外力，这类缸称为单作用液压缸。

活塞式液压缸内的活塞在缸筒内表面作相对运动，对缸筒内表面的加工精度提出了较高要求。因此，活塞式液压缸难以制成行程较长的大型液压缸。

二、柱塞式液压缸

柱塞式液压缸主要由缸筒、柱塞、压盖等零件组成，如图 4－4 所示。它与活塞式液压缸相比，主要有以下特点：

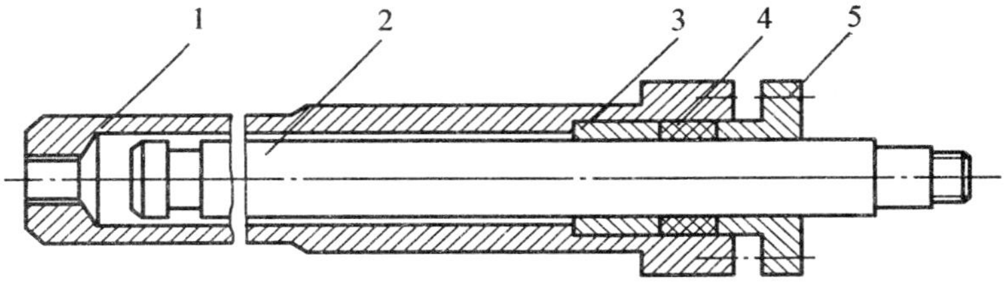

图 4－4　柱塞式液压缸

1—缸筒；2—柱塞；3—导向套；4—密封圈；5—压盖

(1)柱塞与缸筒不直接接触，因此缸筒内表面无需精加工，工艺性好，成本低，可制成行程较长的大型液压缸；

(2)柱塞缸为单作用式，只接一个油口，压力油只能使柱塞朝单方向运动，柱塞回程依靠重力或其他外力作用。因此，柱塞式液压缸能节省能量，但通常需垂直布置或倾斜布置，极易造成加速下行的现象；

(3)缸内只有一个大油腔，因此不存在内泄漏问题，容积效率较高；

(4)工作时，柱塞受载较大且总是受压，因此它必须具有足够的强度和刚度，柱塞直径较粗。为减轻质量，大型柱塞缸的柱塞通常由空心钢管制成。

三、摆动式液压缸

摆动式液压缸作小于 1 周的往复摆动，因此它又称叶片式摆动马达。摆动缸有单叶片式和双叶片式两种，如图 4－5 所示。单叶片式摆动缸定子块 1 固定在缸筒 4 上，叶片 2 和摆动轴 3 连接为一体。当两油口交替通入压力油时，叶片带动摆动轴往复摆动，向外输出转矩。由于有定子块的存在，单叶片式摆动缸摆动角度一般小于 300°。与单叶片式相比，双叶片式摆动缸摆动角度小，一般小于150°，但在同样大小的结构尺寸和进油压力下，转矩增大1倍，且径向力能够平衡。

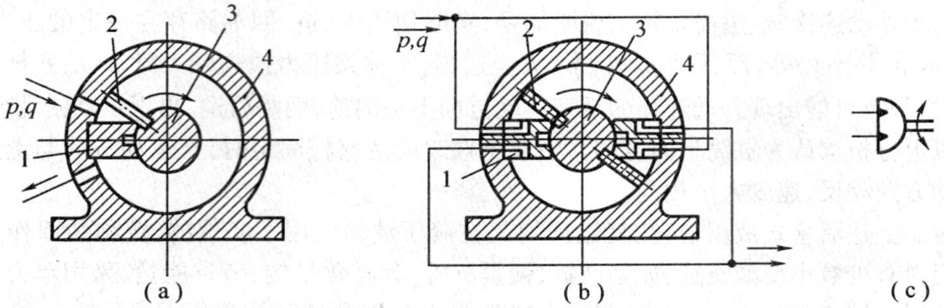

图4-5 摆动式液压缸

(a)单叶片式；(b)双叶片式；(c)图形符号

1—定子块；2—叶片；3—摆动轴；4—缸筒

摆动缸主要用来驱动作间歇回转运动的工作机构，如回转夹具、液压机械手、分度机构等辅助装置。但随着技术的进步，结构、材料、密封的改进，摆动缸的工作压力已达25 MPa，输出转矩达数万 N·m，最低稳定转速达0.001 r/s。

四、其他液压缸

上述液压缸为液压缸的三种基本形式。为了满足某些特定的需要，液压缸还可制成其他特种缸。

(一)伸缩缸

伸缩缸又称多级缸，它由两级或多级活塞缸套装而成，如图4-6所示。前一级活塞缸的活塞杆就是后一级活塞缸的缸筒。伸缩缸逐个伸出时，有效工作面积逐次减小。因此，当输入流量不变时，外伸速度逐次增大；当负载恒定时，液压缸的工作压力逐次提高。缩回的顺序一般是从小活塞到大活塞。由于伸缩缸收缩后总长度较短，结构紧凑，且对液压缸的布置角度无特别要求，故其适用于安装空间受到限制而行程要求很长的场合，如汽车起重机伸缩臂液压缸、自卸汽车举升液压缸等。

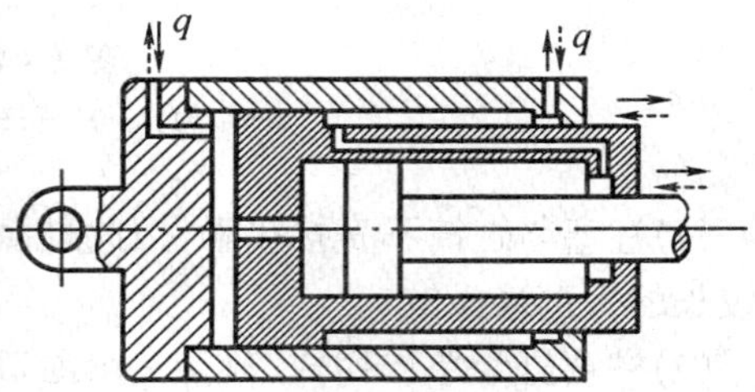

图4-6 伸缩缸

(二)增压缸

增压缸又称增压器，它能将输入的低压油转变为高压油供液压系统中的高压支路使用，如图4-7所示。它由面积不同(A_1 和 A_2)的两个液压缸串接而成，大缸为原动缸，小缸为输出缸。设原动缸的输入压力为 p_1，输出缸的输出压力为 p_2，若不计摩擦力，根据力的平衡关系可有如下等式

$$p_1A_1 = p_2A_2$$

整理得

$$p_2 = \frac{A_2}{A_1} p_1 \tag{4-11}$$

式中，比值 A_2/A_1（或 D_2^2/D_1^2）称为增压比。由式(4-10)可知，若 $D_1 = 2D_2$，则 $A_1 = 4A_2$，$p_2 = 4p_1$，即输出压力为输入压力的4倍。

这里需要说明的有三点。一是从能量的角度看，增压缸输出的并不是机械能，而是压力能，因此其后还必须有一工作缸来驱动工作机构运动，故增压缸并不是真正意义上的“缸”，将其称为阀也许更恰当。二是如果增压缸后面的工作缸处于运动状态，则增压缸的输出压力并不是因为装了增压缸之后而增大的，而是由其后的负载大小决定的。因此，严格意义上说，增压缸的作用是将输出缸缸后的较高压力减压为输入缸缸前的较低压力，使输入油路在较低压力下工作。增压缸如果改称为“减压缸”，也许更能符合它的实际意义。三是如果工作缸的载荷和运动状态一定，在油路中安装增压缸并不能减少泵的输出功率。

（三）齿条活塞缸

齿条活塞缸又称无杆式液压缸，或称活塞式摆动马达，由带有齿条杆的双活塞缸和齿轮齿条组成，如图4-8所示。活塞的往复运动经齿轮齿条机构变成齿轮轴往复转动，转动角度可能超过1圈，它多用于自动生产线、组合机床等设备中。

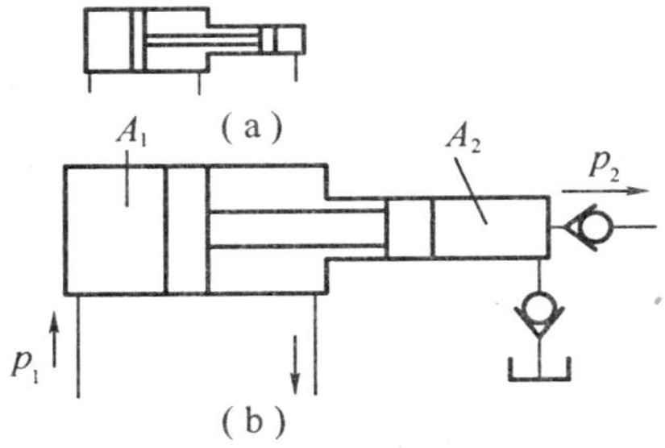

图4-7 增压缸
(a)图形符号；(b)原理图

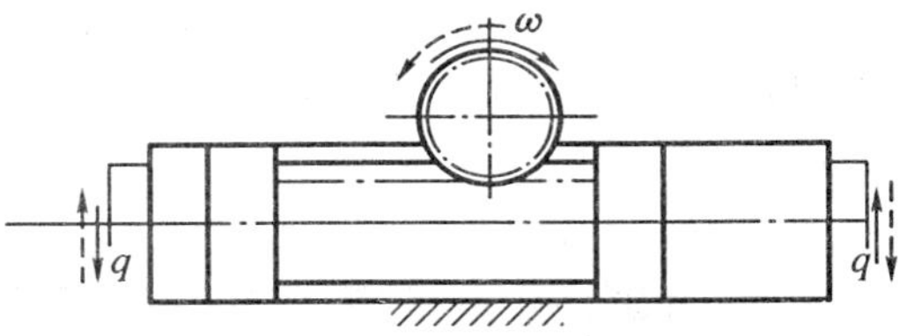

图4-8 齿条活塞缸

第二节 液压缸的结构

一、液压缸的典型结构

（一）双杆活塞式液压缸

图4-9所示为双杆活塞式液压缸的典型结构。该缸活塞杆固定，缸筒运动。压力油由右侧 b 口输入，经活塞杆10的空心内孔，从孔 d 进入缸筒右腔，推动缸筒向右运动，通过托架2带动外载运动。同时，左腔容积减小（图示状态为左腔容积处于最小状态），油液经孔 c、活塞杆1空心内孔、油口 a 流出；反之，若压力油由油口 a 流入、油口 b 流出，缸筒向左移动。

为了防止泄漏，该缸在活塞与缸筒接触处、缸盖与缸筒接触处采用O形密封圈进行密封；在活塞杆与导向套接触处采用V形密封圈9进行密封。由于孔 c，d 与活塞端面保持一定的距离，当缸筒移动到两头时，两孔通流口逐渐减小，起到节流缓冲作用。另外，缸盖 3 上设有排气孔(图中未画出)，以便排出油中空气。

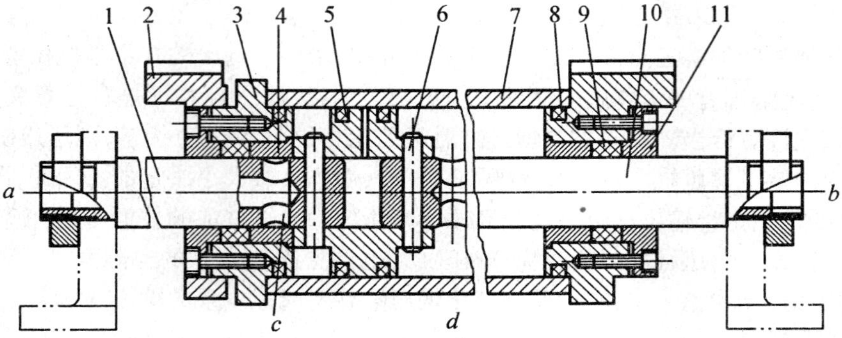

图 4－9　双杆活塞式液压缸的典型结构

1,10—活塞杆；2—托架；3—缸盖；4—导向套；5—活塞；6—销；7—缸筒；8—O 形密封圈；9—V 形密封圈；11—压盖

(二)单杆活塞式液压缸

图 4－10 所示为一单杆活塞式液压缸的典型结构。该缸缸筒固定，活塞杆运动。当液压油从 a 孔或 b 孔进入缸筒内油腔时，可使活塞实现往复运动。该缸利用设在缸两端的缓冲及排气装置 5，以减少冲击和振动。该缸缸筒与缸盖是通过拉杆连接起来的。为了防止泄漏，在缸筒与活塞、活塞杆与导向套以及缸筒与缸盖处均安装有密封圈进行密封。

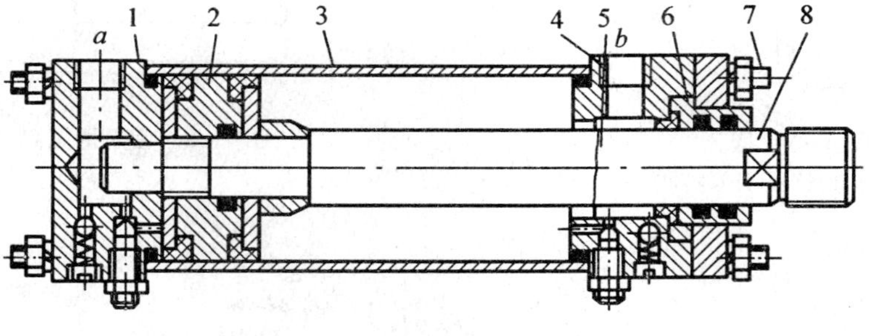

图 4－10　单杆活塞式液压缸的典型结构

1,4—缸盖；2—活塞；3—缸筒；5—缓冲及排气装置；6—导向套；7—拉杆；8—活塞杆

二、液压缸的组成

液压缸由缸筒组件、活塞组件、密封件和连接件等基本部分组成。此外，一般液压缸还设有缓冲装置和排气装置。

(一)缸筒组件

缸筒组件包括缸筒、缸底、缸盖及其连接件等。

缸筒是液压缸的主体，它与缸底、缸盖、活塞等零件构成密闭的容腔，承受油压，因此要有足够的强度和刚性，以抵抗液压力和其他外力的作用。活塞式液压缸缸筒内孔制造精度要求高，以保证活塞、密封件、支撑件能顺利滑动，保证密封效果，减少磨损。

缸底、缸盖位于缸筒两端,同样承受很大的液压力,因此它们及其连接部件既要有足够的强度,又要选择工艺性好的结构形式。

导向套对活塞杆、活塞起导向、支承作用。有些液压缸不设导向套,直接用缸盖孔导向,这种结构简单,但磨损后必须更换缸盖。

缸筒与缸底、缸盖常用的连接形式如图 4-11 所示,各连接形式有如下特点。

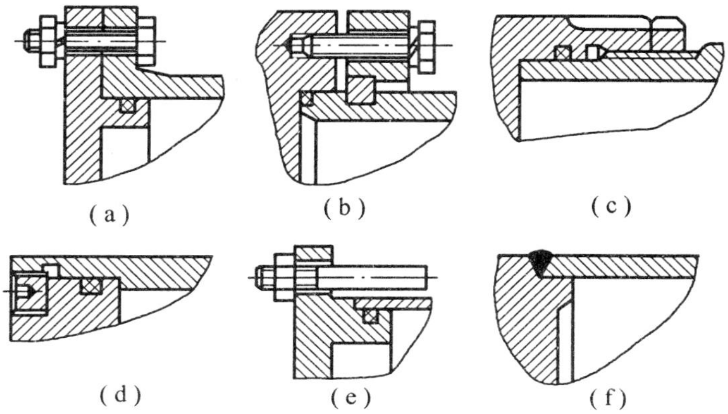

图 4-11　缸筒组件的连接形式

(a)法兰式;(b)半环式;(c)外螺纹式;(d)内螺纹式;(e)拉杆式;(f)焊接式

(1)法兰式连接结构简单,加工和装拆都很方便,连接可靠。缸筒端部一般用铸造、镦粗或焊接方式制成粗大的外径,用以穿装螺柱。其径向尺寸和质量都较大,大、中型液压缸大部分采用此种结构。

(2)半环式连接分外半环连接和内半环连接两种。半环连接工艺性好,连接可靠,结构紧凑,装拆较方便,但半环槽对缸筒强度有所削弱,需加厚缸壁,常用于无缝钢管缸筒与缸盖的连接。

(3)螺纹式连接有外螺纹连接和内螺纹连接两种。其特点是质量轻、外径小、结构紧凑,但结构较复杂,装拆需专用工具,旋缸盖时易损坏密封圈,一般用于小型液压缸。

(4)拉杆式连接结构通用性好,缸筒加工装拆方便,但体积、质量较大,拉杆受力后会拉伸变形,影响端部密封效果,只适用于长度不大的中低压缸。

(5)焊接式连接外形尺寸较小,结构简单,但焊接时易引起缸筒变形,主要应用于柱塞式液压缸。

(二)活塞组件

活塞组件由活塞、活塞杆和连接件等组成。

活塞受油压作用在缸筒内作往复运动,因此,活塞必须具有一定的强度和良好的耐磨性。活塞的结构有整体式和组合式两种。

活塞杆是连接活塞和工作机构的传力部件,它必须具有足够的强度、刚性和稳定性。从受力的角度分析,应尽量使活塞杆受拉而不受压。活塞杆无论是实心的还是空心的,通常都用钢料制造。活塞杆在导向套内往复运动,并且要暴露在空气中,其外圆表面应当耐磨并有防锈能力,故活塞杆外圆表面通常镀铬。

活塞与活塞杆常用的连接形式如图 4-12 所示,各连接形式有如下特点。

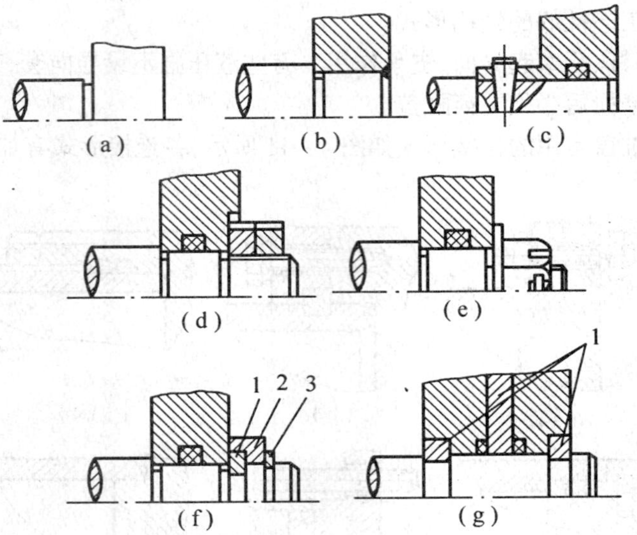

图4-12 活塞与活塞杆的连接形式

(a)整体式;(b)焊接式;(c)锥阀式;(d)、(e)螺纹式;(f)、(g)半环式

1—半环;2—轴套;3—弹簧圈

(1)整体式连接和焊接式连接结构简单,轴向尺寸紧凑,但损坏后需整体更换。

(2)锥销式连接加工容易,装配简单,但承载能力小,且需要必要的防脱落措施。

(3)螺纹式连接结构简单,装拆方便,但一般需要有螺母防松装置。

(4)半环式连接强度高,但结构复杂。

各种连接形式的使用情况为:在轻载情况下可采用锥销式连接;一般使用螺纹连接;高压和振动较大时多用半环式连接;对活塞和活塞杆比值 D/d 较小、行程较短或尺寸不大的液压缸,其活塞和活塞杆可采用整体式或焊接式连接。

(三)缓冲装置

当液压缸驱动质量较大的部件作快速往复运动时,运动部件具有很大的动能。这样,在活塞运动到缸的终端时,会与缸盖、缸底发生机械碰撞,产生很大的冲击和噪声,引起液压缸的损坏。为此,在大型、高速和高精度的液压设备中必须设置缓冲装置,或在液压系统中设置缓冲回路。尽管各种缓冲装置的结构不动,但工作原理相似,都是在活塞接近缸盖时增大液压缸的回油阻力,使回油速度减慢,活塞减速,从而防止活塞撞击缸盖。常见的缓冲装置如图4-13所示。

1.圆柱形环状间隙式(图4-13(a))

当缓冲柱塞1进入缸盖上的内孔时,缸盖和活塞间形成缓冲油腔2。2腔内的油液只能经环状间隙 δ 排出,回油产生阻力,回油速度减慢,从而使活塞减速缓行。这种装置在缓冲开始时产生的缓冲制动力大,使液压冲击较大,加上回油通道的节流面积不变,故缓冲效果并不十分理想。这种装置结构简单,在一般系列化的成品液压缸中采用较多。

2.圆锥形环状间隙式(图4-13(b))

此种装置的缓冲柱塞1为圆锥形,节流面积随缓冲行程的增大而减小,活塞减速较均匀,冲击小,缓冲效果较好。

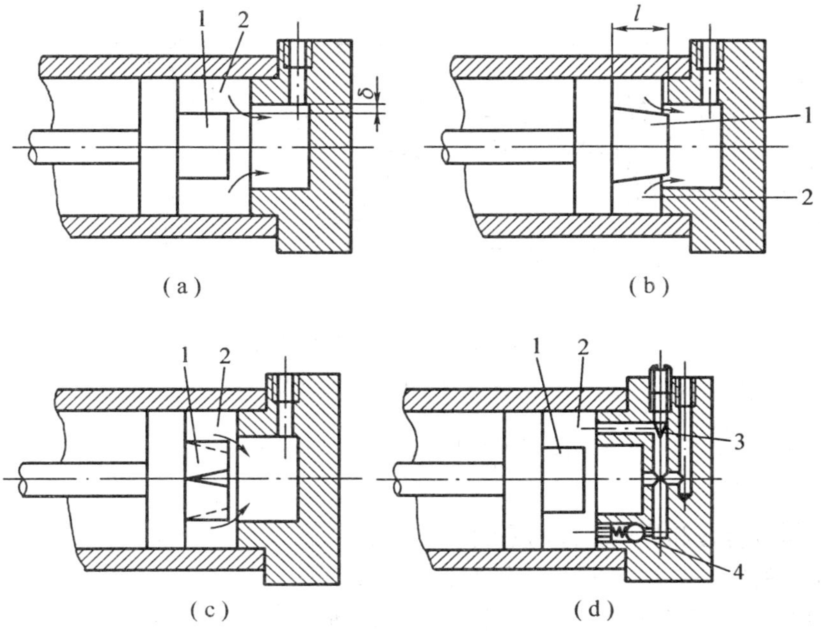

图 4-13 液压缸的缓冲装置

(a)圆柱形环隙式;(b)圆锥形环隙式;(c)可变节流槽式;(d)可调节流孔式

1—缓冲柱塞;2—缓冲油腔;3—节流阀;4—单向阀

3.可变节流槽式(图 4-13(c))

缓冲柱塞 1 与缸盖内孔直径相同,但在缓冲柱塞上开有数道轴向三角槽,缓冲油腔 2 内的油液经轴向三角槽回油,节流面积逐渐减小,冲击压力小,制动位置精度高。

4.可调节流孔式(图 4-13(d))

当缓冲柱塞 1 进入到缸盖内孔时,回油口被柱塞堵住,油液只能通过节流阀 3 回油。调节节流阀的开度,可以控制回油流量,从而控制活塞的回油速度。当活塞反向运行时,由于单向阀这时正向布置,压力油很快通过单向阀及节流阀进入液压缸内,使活塞迅速启动。这种缓冲装置可根据液压缸的负载、速度等情况调整节流阀开度的大小,以获得较理想的缓冲效果,因此适用范围较广。

(四)排气装置

在液压系统首次工作时或停止使用一段时间后重新工作时,必须把液压系统中的空气排除,否则会影响运动的平稳性,造成换向精度下降和低速爬行现象,甚至在开车时产生运动部件突然前冲等状况。

对于要求不高的液压缸往往不设专门的排气装置,而是将油口布置在缸筒两端的最高处(如图 4-14(a)所示),这样也能使空气随油液排往油箱,再从油面逸出;对于速度稳定性要求较高的液压缸或大型液压缸,常在液压缸两侧的最高位置处设置排气塞,或通过长管将两侧最高位置处的排气口与排气塞相连,用排气塞排气。

排气塞结构如图 4-14(b)、(c)所示。排气时,先松开排气塞,让液压缸全行程空载往复运动若干次,带有气泡的油液便从排气塞中逸出。当排出的油中无气泡时,拧紧排气塞,液压缸便可正常工作。

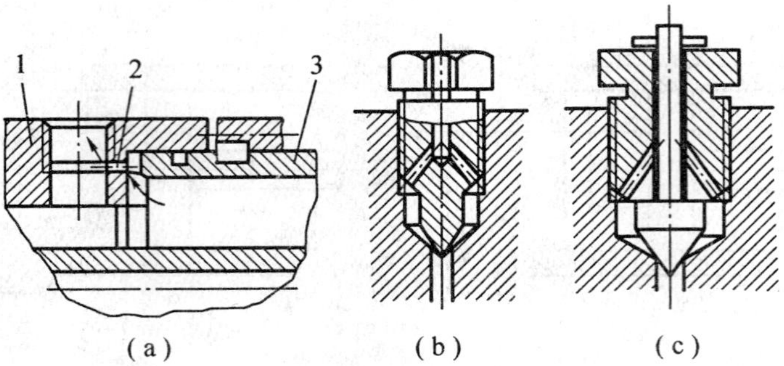

图 4-14 液压缸的排气装置

1—缸盖;2—排气孔;3—缸筒

第三节 液压缸的设计

由于液压缸行程和使用条件的限制,液压缸往往需要自行设计,由专业厂家制造。设计液压缸所需要的原始数据主要有负载大小、运动速度、行程长短、结构形式和安装要求等。因此,设计时必须首先对整个液压系统进行工况分析,编制负载图,选定工作压力,确定液压缸的结构类型、行程和主要尺寸,最后再进行结构设计,确定缸筒壁厚,验算活塞杆强度和稳定性,验算螺栓强度等。

一、液压缸设计中应注意的几个问题

在设计液压缸时,应根据设计内容和设计要求,充分考虑到各种因素的影响,尤其注意以下几个问题:

(1)液压缸的活塞杆为细长杆件,应尽量使其在受拉状态下承受最大负载,在受压状态下具有良好的稳定性。

(2)根据实际使用工况,应考虑液压缸行程终了处的缓冲问题和排气问题。

(3)根据工作机构的工作要求和结构设计要求,正确选择液压缸的安装和固定方式。但考虑到液压缸的热胀冷缩,液压缸只能一端定位。

(4)液压缸各部分的结构需要根据推荐的结构形式和设计标准进行设计,尽可能做到结构简单、紧凑,加工、装配、维修方便。

二、液压缸主要尺寸的计算

液压缸主要尺寸包括液压缸内径 D、活塞杆直径 d 和液压缸缸筒长度 L 等。

(一)液压缸内径 D

液压缸内径 D 根据最大总负荷 F 和选取的工作压力 p 来确定。一般液压缸设计中,常先选取回油压力为零。

对于单活塞杆式液压缸,若无杆腔进油、有杆腔回油,则液压缸内径 D 为

$$D=\sqrt{\frac{4F}{\pi p}} \tag{4-12}$$

对于双活塞杆式液压缸,或单活塞杆式液压缸采取有杆腔进油、无杆腔回油时,则有

$$D=\sqrt{\frac{4F}{\pi p}+d^2} \tag{4-13}$$

式中　d——活塞杆直径，根据经验预估。

计算所得的液压缸内径 D（即活塞直径）应圆整为标准系列值，见表 4－1。但圆整后，液压缸的工作压力应作相应的调整。

表 4－1　液压缸缸筒内径尺寸系列　(mm)

8	10	12	16	20	25	32	40	50
63	80	100	125	160	200	250	320	400

（二）活塞杆直径 d

活塞杆直径 d 可根据工作压力或设备类型选取，见表 4－2 和表 4－3。

表 4－2　液压缸工作压力与活塞杆直径　(mm)

液压缸工作压力 p/ MPa	≤5	5～7	>7
推荐活塞杆直径 d	$(0.5\sim0.55)D$	$(0.6\sim0.7)D$	$0.7D$

表 4－3　设备类型与活塞杆直径　(mm)

设备类型	磨床、珩磨及研磨机	插床、拉床、刨床	钻床、镗床、车床、铣床
活塞杆直径 d	$(0.2\sim0.3)D$	$0.5D$	$0.7D$

当液压缸往复运动速度比 λ_v 有要求时，由下式得

$$d=D\sqrt{\frac{\lambda_v-1}{\lambda_v}} \tag{4-14}$$

选取的液压缸活塞杆直径 d 应圆整为标准系列值，以便于零件互换，见表 4－4。

表 4－4　液压缸活塞杆直径 d 尺寸系列　(mm)

4	5	6	8	10	12	14	16	18
20	22	25	28	32	36	40	45	50
56	63	70	80	90	100	110	125	140
160	180	200	220	250	280	320	360	400

（三）液压缸缸筒长度

液压缸缸筒长度 L 由液压缸最大工作行程、活塞宽度、活塞杆导向套长度、活塞杆密封长度和特殊要求的其他长度确定。其中，活塞长度 $B=(0.6\sim1.0)D$；导向套长度 $C=(0.6\sim1.5)D$。一般液压缸的缸筒长度最好不大于内径的 20～30 倍。

三、液压缸的强度校核

（一）缸筒壁厚的校核

中低压系统中的液压缸，其缸筒壁厚 δ 可根据结构工艺要求来确定，其强度通常不必

校核。但在工作压力较高且缸筒直径较大时，就必须对壁厚进行强度校核，强度校核分薄壁和厚壁两种情况。

当 $D/\delta \geqslant 10$ 时，按薄壁公式进行验算，即有

$$\delta \geqslant \frac{p_y D}{2[\sigma]} \tag{4-15}$$

式中 D——缸筒内径；

p_y——缸筒试验压力，当额定压力 $p_n < 16$ MPa 时，取 $p_y = 1.5p_n$，而当 $p_n \geqslant 16$ MPa 时，取 $p_y = 1.25p_n$；

$[\sigma]$——缸筒材料的许用应力，$[\sigma] = \sigma_b / n$；

σ_b——材料抗拉强度；

n——安全系数，一般取 $n = 5$。

当 $D/\delta < 10$ 时，按厚壁公式进行验算，即有

$$\delta \geqslant \frac{D}{2}\left(\sqrt{\frac{[\sigma]+0.4p_y}{[\sigma]-1.3p_y}}-1\right) \tag{4-16}$$

(二)活塞杆直径 d 的校核

活塞杆主要承受拉、压作用力，其校核公式为

$$d \geqslant \sqrt{\frac{4F}{\pi[\sigma]}} \tag{4-17}$$

式中 F——活塞杆的作用力；

$[\sigma]$——活塞杆材料的许用应力，$[\sigma] = \sigma_b / n$；

σ_b——活塞杆材料的抗拉强度；

n——安全系数，一般取 $n \geqslant 4$。

对于活塞杆受压且计算长度 $l \geqslant 10d$ 的情况，为避免因活塞杆受到的压缩负载力 F 超过某一临界负载值而使活塞杆失去稳定性，要按材料力学中的有关公式进行稳定性验算。

第四节 液压缸的安装、调整、常见故障和排除方法

一、液压缸的安装

液压缸安装合理与否，对系统工作性能有很大影响，因此在液压缸安装时，应注意以下几点：

(1)装配前应清洗零件和去除毛刺。

(2)活塞与活塞杆组装好后，应检测两者的同轴度和活塞杆的直线度。

(3)缸盖装上后，应调整活塞与缸筒内孔、缸盖导孔的同轴度，均匀紧固螺钉，以使活塞在全行程内移动轻重一致。

(4)液压缸装配应符合要求，在设备上安装好后，必须保证液压缸轴线与负载作用轴线同轴，以免因存在侧向力而导致密封件、活塞和缸筒内孔过早磨损。

(5)对于较长液压缸，应考虑热变形和受力变形对液压缸工作性能的影响。

(6)液压缸的密封圈不应调得过紧(特别是 V 形密封圈)。如过紧，活塞运动阻力会增大，同时因密封圈工作面无油润滑也会导致其严重磨损(伸出的活塞杆上能见到油膜，但无

泄漏,即认为密封圈松紧合适)。

总之,在安装液压缸时,必须严格按技术要求进行操作和检测,以保证其工作可靠。

二、液压缸的调整

液压缸安装完毕后,需进行整个液压装置的试运行。在检查液压缸各个部位无泄漏及其他异常之后,应排除液压缸内的空气。有排气塞(阀)的液压缸,先将排气塞(阀)打开。对压力高的液压系统应适当降低压力(一般为 0.5 MPa ~ 1.0 MPa),让液压缸空载全程快速往复运动,使缸内(包括管道内)空气排尽后,再将排气塞(阀)关闭。对于有可调式缓冲装置的液压缸,还需调整起缓冲作用的节流阀,以便获得满意的缓冲效果。调整时,先将节流阀通流面积调至较小,然后慢慢地调大,调整合适后再锁紧。在试运行中,应检查进、回油口配管部位和密封部位有无漏油,以及各连接处是否牢固可靠,以防事故发生。

三、液压缸的常见故障与排除方法

液压缸在试运行时除泄漏现象能发现外,其余故障多在液压系统工作时才能暴露出来。现将液压缸常见故障的原因与排除方法列在表 4 – 5 中。

表 4 – 5　液压缸常见故障的原因与排除方法

故 障	原 因	排除方法
爬行	(1)空气混入 (2)活塞杆的密封圈压得太紧 (3)活塞杆与活塞同轴度过低 (4)活塞杆弯曲变形 (5)安装精度破坏 (6)缸筒内孔圆柱度超差 (7)活塞杆两端螺母太紧,导致活塞与缸筒内孔同轴度降低 (8)采用间隙密封的活塞,其压力平衡槽局部被磨损掉,不能保证活塞与缸筒孔同轴	(1)打开排气塞(阀),使运动部件空载全行程快速往复运动 20 min ~ 30 min (2)调整密封圈,保证活塞杆能用手推、拉动并在试车时无泄漏即可(允许微量渗油,即在活塞杆上能见到油膜) (3)校正活塞、活塞杆组件,保证其同轴度小于 ϕ0.04 mm (4)校正(或更换)活塞杆,保证直线度小于 ϕ0.1 mm (5)检查和调整液压缸轴线对导轨面的平行度及与负载作用线的同轴性 (6)镗磨缸筒内孔,然后配制活塞(或增装 O 形密封圈) (7)活塞杆两端的螺母不宜太紧,一般应保证在液压缸未工作时活塞杆处于自然状态 (8)更换活塞

表 4-5(续)

故障	原因	排除方法
推力不足或速度逐渐下降甚至停止	(1)缸筒内孔和活塞的配合间隙太小,或活塞上装O形密封圈的槽与活塞不同轴 (2)缸筒内孔和活塞配合间隙太大或O形密封圈磨损严重 (3)工作时经常用某一段,造成缸筒内孔圆柱度误差增大 (4)活塞杆弯曲,造成偏心环状间隙 (5)活塞杆的密封圈压得太紧 (6)油温太高,油液黏度降低太大	(1)单配活塞,保证间隙,或修正活塞密封圈槽使之与活塞外圆同轴 (2)单配活塞,保证间隙,或更换O形密封圈 (3)镗磨缸筒内孔,单配活塞 (4)校直(或更换)活塞杆 (5)调整密封圈压紧力,以不漏油为限(允许微量渗油) (6)分析油温太高的原因,消除温升太高的根源

思考题与习题

4-1　双杆活塞式液压缸缸筒固定与活塞杆固定的区别有哪些?

4-2　柱塞式液压缸有哪些特点?

4-3　正确写出单杆活塞式液压缸三种不同连接状态下的速度计算公式,并写出实现往复运动速度相等的条件。

4-4　若将单杆活塞式液压缸的活塞杆直径变小,则慢进、工进、快退的速度会怎样变化?

4-5　正确推导出液压缸差动连接的速度计算公式。

4-6　液压缸为什么要设置缓冲和排气装置?

4-7　图4-15所示的两个液压缸结构相同,相互串联。无杆腔的面积 $A_1 = 100\times10^{-4}$ m^2,有杆腔的面积 $A_2 = 80\times10^{-4}$ m^2,缸1的输入压力 $p_1 = 0.9$ MPa,输入流量 $q_1 = 12$ L/min,不计损失和泄漏,求:

(1)两缸承受相同负载($F_1 = F_2$)时,该负载的数值及两缸的速度。

(2)缸2的输入压力是缸1输入压力的一半($p_2 = 0.5p_1$)时,两缸各承受多少负载?

(3)缸1不承受负载($F_1 = 0$)时,缸2承受多少负载?

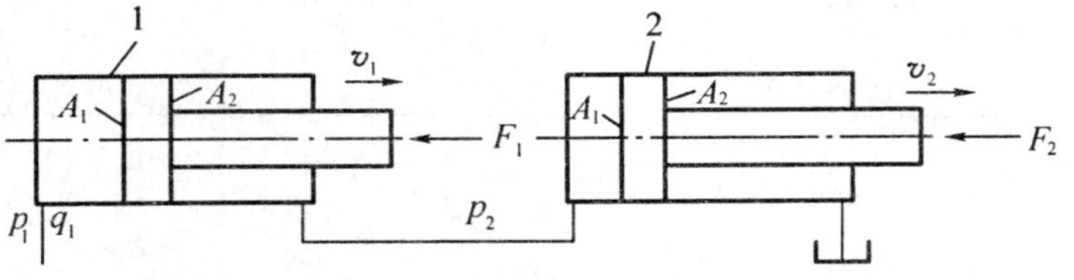

图4-15　习题4-7图

第五章　液压控制阀

液压控制阀是液压系统中用来控制液流方向、压力和流量的元件。借助于这些阀，人们便能对执行元件的启动、停止、运动方向、速度、动作顺序和克服负载的能力进行控制和调节，使各类液压设备都能按要求协调地进行工作。

根据用途和工作特点的不同，液压阀可分为方向控制阀、压力控制阀和流量控制阀。这三类阀还可根据需要组合成为组合阀，使其结构紧凑，连接简便。

根据控制原理的不同，液压阀可分为开关阀、比例阀、伺服阀和数字阀。开关阀调定后只能在调定状态下工作，本章将重点介绍这类使用最为普遍的阀，比例阀和伺服阀能根据输入信号连续地或按比例地控制系统的参数，数字阀则用数字信息直接控制阀的动作。

根据安装连接方式的不同，液压阀可分为以下几种。

(1)管式连接阀。管式连接又称螺纹连接，阀的油口用螺纹管接头或法兰与管道及其他元件连接。

(2)板式连接阀。阀的各油口没有螺纹，布置在同一安装面上。阀用螺钉固定在与阀有对应油口的连接板上，连接面的另一面用管接头与管及其他元件连接。或者把几个阀用螺钉固定在一个集成块的侧面，在集成块上打孔，沟通各阀形成回路。板式连接由于拆卸时无需拆卸与之相连的其他元件，故应用较广。

(3)法兰式连接阀。该类阀在油口上制出法兰，通过法兰与管道连接。一般通径大于 $\phi 32$ mm 的大流量阀采用法兰式连接。法兰式连接方式连接可靠、强度高，但尺寸大、拆卸困难。

(4)叠加式连接阀。阀的上下面为连接结合面，各油口均在这两个面上，阀相互叠加便成回路，不需要管道连接。

(5)插装式连接阀。这类阀无单独的阀体，由阀芯、阀套等组成的单元体插装在插装块体的预制孔中，用连接螺纹或盖板固定，并通过块内通道把各插装式阀连通组成回路。

液压阀的类型虽有各式各样，但它们均具有下述基本共同点：

(1)在结构上，阀均是由阀体、阀芯以及驱动阀芯动作的控制装置所组成；

(2)在原理上，阀均是通过阀芯的动作来改变、限制油液流动的；

(3)在功能上，阀均不对外做功，只是用来满足系统在方向、压力和速度方面的控制要求；

(4)只要有油通过，阀均会产生不同程度的压力损失和能量损失。

对液压系统中所使用的液压阀有如下共同要求：

(1)动作灵敏，使用可靠，工作时冲击和振动小；

(2)油液流动时压力损失小；

(3)密封性能好；

(4)结构紧凑，安装、调整、使用、维护方便，通用性好。

各种液压阀都有各自的性能参数，其中共同的性能参数一般有两个。一是公称通径，它代表了阀的通流能力的大小。常用的公称通径有 6 mm，10 mm，16 mm，25 mm 等几种；二是额定压力，它是液压阀正常情况下连续工作所允许的最高工作压力，由阀的结构特点和密封能力来决定。

第一节　方向控制阀

方向控制阀简称方向阀，主要用来通、断油路或切换液流的方向，以满足执行元件启动、停止和运动方向的要求。方向阀按其用途可分为两大类：单向阀和换向阀。

一、单向阀

(一)普通单向阀

普通单向阀通常简称为单向阀，它只允许油液正向流动，不允许反向流动，故又称逆止阀或止回阀。

单向阀结构简单，主要由阀体、阀芯和弹簧等组成。图 5-1 为单向阀的常用结构及符号。由图可见，此阀与管路间采用螺纹连接。当液流从进油口 P_1 流入时，油液作用力克服弹簧阻力，使阀芯离开阀座，从出油口 P_2 流出。当油液反向流动时，阀芯则在弹簧力和油液作用力的作用下压紧在阀座上，将进、出油口隔开，使油液无法通过。

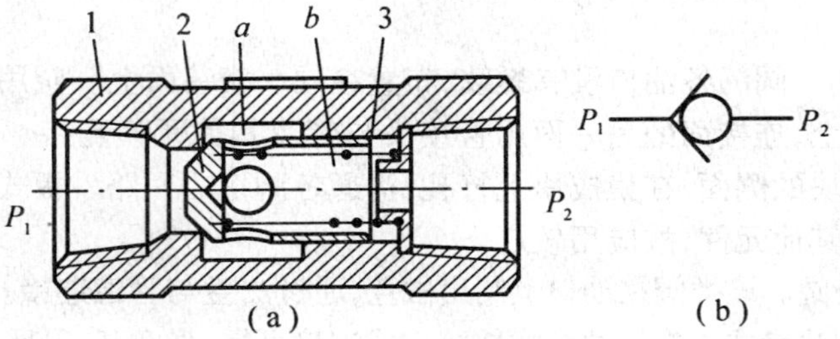

图 5-1　单向阀

(a)结构原理图；(b)图形符号

1—阀体；2—阀芯；3—弹簧

根据单向阀的工作特点，要求油液正向流动时阻力要小，以减少压力损失，因此单向阀中的弹簧仅用于使阀芯在阀座上就位，故弹簧刚度很小，一般单向阀的正向开启压力为 0.035 MPa～0.05 MPa。若将单向阀安装在系统的回油路上作为背压阀使用，则应换上刚度稍大的弹簧，使开启压力提高到 0.2 MPa～0.6 MPa。

单向阀根据阀芯的形状分为球阀式和锥阀式两种。图 5-1 所示结构为锥阀式，其阀芯的导向部分较长，阀芯顶端锥面密封性好，目前被广泛使用，尤其是在高压大流量的液压系统中。

(二)液控单向阀

液控单向阀又称液压锁，是一种通入控制压力油后允许油液双向流动的单向阀。它由单向阀和液控装置两部分组成。

如图 5-2(b)所示，当控制油口 K 未通压力油时，其作用同普通单向阀相同，油液正向流通，反向截止；当控制油口 K 通入压力油(称控制油)后，控制活塞上行，把单向阀的锥形阀芯顶离阀座，油液正、反方向均可流动。油液反向流动(即由 P_2 口进油)时，由于进油压力通常较高，而受结构限制，控制活塞直径不可能比阀芯直径大很多，所以顶开锥阀所需的控制油压可能要求很高,使这种结构仅适用于中、低压场合。

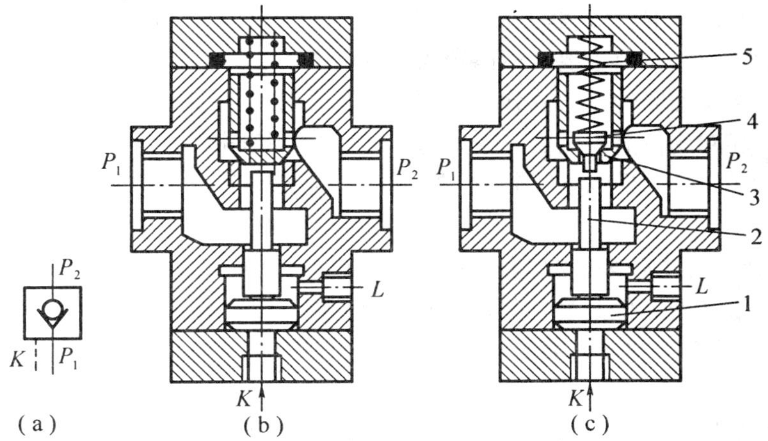

图 5-2 液控单向阀

(a)图形符号;(b)普通液控单向阀;(c)带卸荷阀芯的液控单向阀

1—控制活塞;2—推杆;3—主阀芯;4—卸荷阀芯;5—弹簧

图 5-2(c)所示为带卸荷阀芯的液控单向阀。为了减小控制油压,在主阀芯的中心增加了一个更小的锥阀芯(有的是球阀芯),称卸荷阀芯(或先导阀芯)。卸荷阀芯承压面积小,因而控制油口无需多大的控制油压便可将它先行顶开,两腔随即通过卸荷阀芯圆杆上的间隙相互沟通,使反向压力下降,直到控制活塞轻易地将主阀芯推离阀座,使单向阀的反向通道打开。

由于液控单向阀在控制油口未通压力油时反向具有良好的密封性能,所以常用于锁紧回路中作液压锁使用。

二、换向阀

换向阀通过阀芯与阀体之间相对位置的变化,改变油液的流动方向,接通或切断油路。

(一)换向阀的工作原理

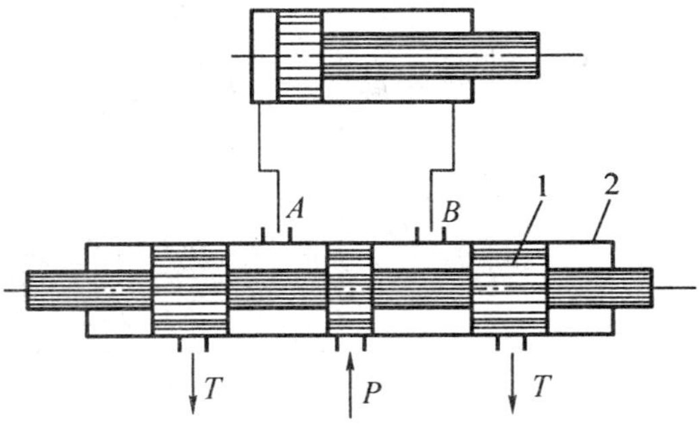

图 5-3 换向阀的工作原理

1—阀芯;2—阀体

换向阀的工作原理如图 5-3 所示。在图示位置,液压缸两腔 A,B 无法与压力油口 P 相通,处于制动状态。若将换向阀的阀芯 1 右移,阀体 2 上的油口 P 与 A 连通,B 与 T 相通。压力油经 P,A 进入液压缸左腔,活塞右移,右腔油液经 B,T 流回油箱。反之,若将阀芯左移,则 P 与 B 连通,A 与 T 相通,活塞左移。因此,换向阀通过变换阀芯在阀体上的相对工作位置,使阀体各油口连通或断开,从而控制执行元件的换向、启动或停止。

(二)换向阀的分类

换向阀的类型非常多,按不同的特性有如下几种分类。

(1)按阀芯与阀体的相对运动分,有滑阀式和转阀式两种。滑阀式换向阀在液压系统中远比转阀式用得广泛,本节主要介绍滑阀式结构。

(2)按阀与系统油路的连通数分,有二通阀、三通阀、四通阀、五通阀、六通阀等。

(3)按阀芯相对阀体的可变位置数分,有二位阀、三位阀、四位阀等。

(4)按使阀芯动作的操纵方式分,有手动式阀、电磁式阀、液动式阀、电液动式阀、机动式阀等。

由于换向阀的种类较多,故在表述具体换向阀时,一般要对上述几个方面进行叙述,例如,某阀的种类表述为三位四通电磁式换向滑阀。但实际上,这种表述方法仍不能说明油路在各种可变位置状态下的连通关系。

(三)换向阀的符号

为了便于设计和阅读液压系统工作图,各种换向阀都可用相应的符号来表示。表 5-1 列出了几种常用换向阀的符号。换向阀的符号有如下含义。

表 5-1 常用滑阀式换向阀位和通的结构原理图和图形符号

位和通	结构原理图	图形符号
两位两通	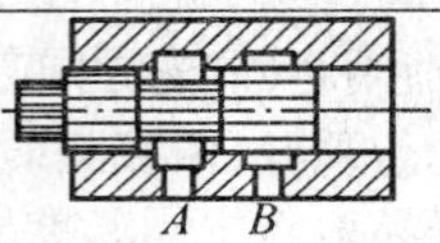	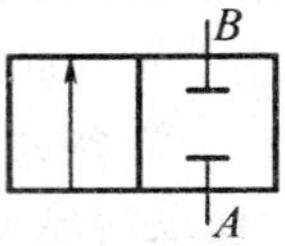
两位三通	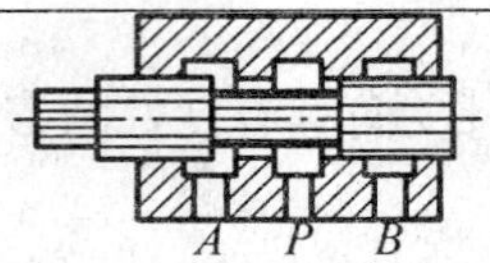	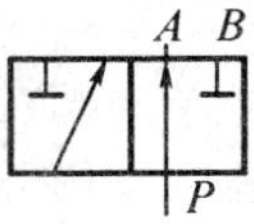
两位四通	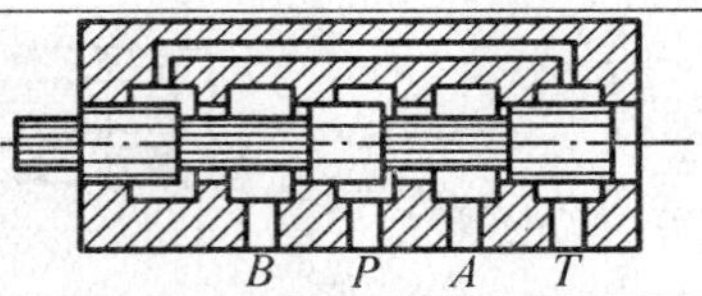	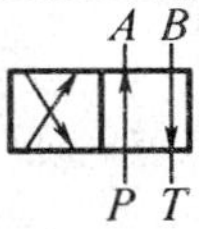
两位五通	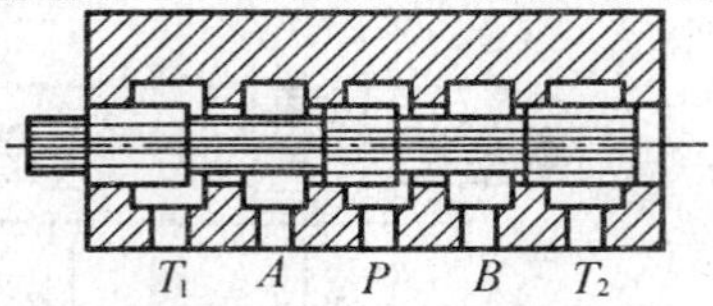	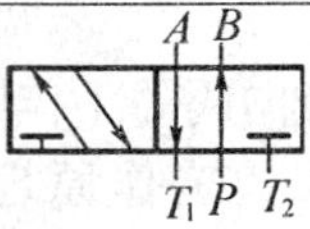
三位四通	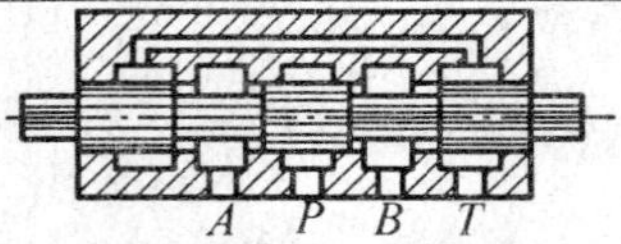	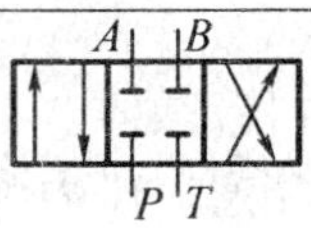
三位五通	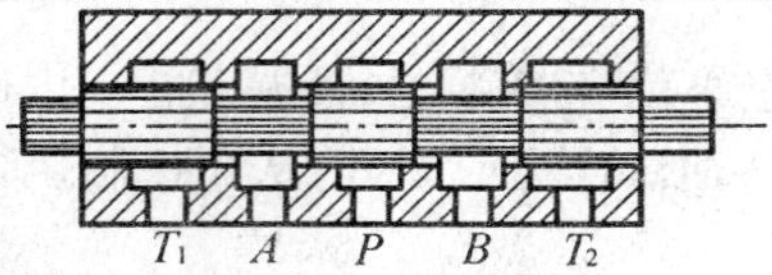	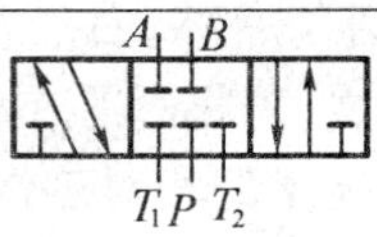

(1)每个方框表示阀芯相对阀体的一个工作位置，有几个方框，就表示该阀有几位。

(2)方框中的箭头表示油液处于接通状态，但不一定代表液流方向，油液在换向阀中是可以逆箭头方向流动的。符号“⊥”和“⊤”表示油路不通。

(3)为叙述方便，一般用字母表示与阀相通管路的性质，有几个字母，就表示外接几根系统油管。通常规定，字母 *P* 表示该油口与系统压力油路(即液压泵)相通，字母 *T* 表示该油口与系统回油路(即油箱)相通，字母 *A*，*B* 等表示油口与执行元件的工作油口或系统的其他油路相通。应该说明的是，字母或液压油路图中的管路，应标注或连接在阀初始连通状态的那个“位”的位置上。对三位阀来讲，中位就是初始连通位。

(4)符号还应采用特定的形式表达阀芯动作的操纵方式和复位方式(在表 5－1 中未画出)。

(四)三位四通换向阀的中位机能

在各种换向阀中，以三位四通换向阀应用最多。阀芯处于中间位置时，各油口的连通方式有很多种，以适应不同的使用要求，用相应的字母和符号来表示。表 5－2 列出了三位四通阀 O，H，P，Y，K，M 等六种常用的中位机能。

表 5－2　三位四通阀的中位机能

机能代号	结构原理图	中位图形符号	机能特点和作用
O	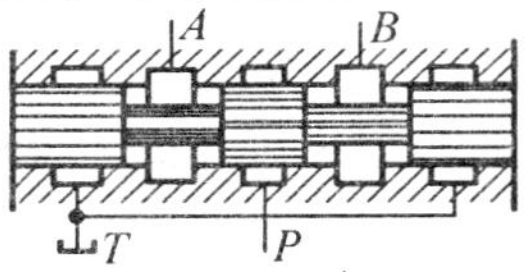		各油口全部封闭，缸两腔封闭，系统不卸荷。液压缸充满油，从静止到启动平稳；制动时运动惯性引起液压冲击较大；换向位置精度高
H	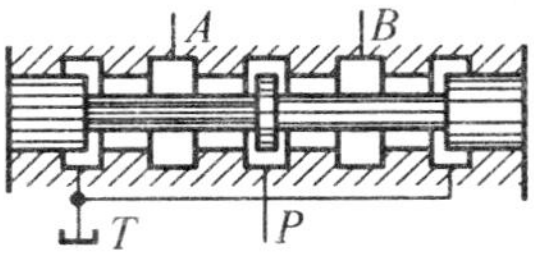		各油口全部连通，系统卸荷，缸成浮动状态。液压缸两腔接油箱，从静止到启动有冲击；制动时油口互通，故制动较 O 型平稳；但换向位置变动大
P	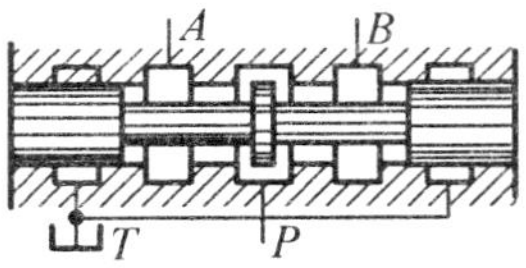		压力油口 *P* 与缸两腔连通，可形成差动回路，回油口封闭。从静止到启动较平稳；制动时缸两腔均通压力油，故制动平稳；换向位置变动比 H 型的小，应用广泛
Y	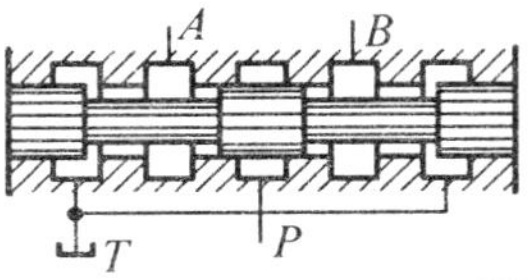		油泵不卸荷，缸两腔通回油，缸成浮动状态。由于缸两腔接油箱，从静止到启动有冲击，制动性能介于 O 型与 H 型之间
K	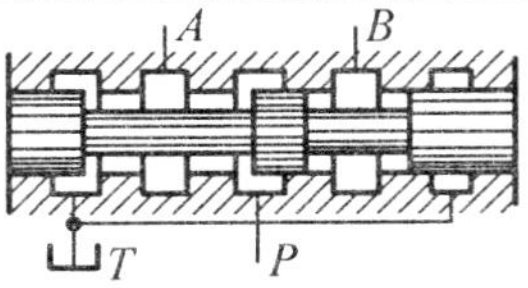		油泵卸荷，液压缸一腔封闭一腔接回油，两个方向换向时性能不同
M	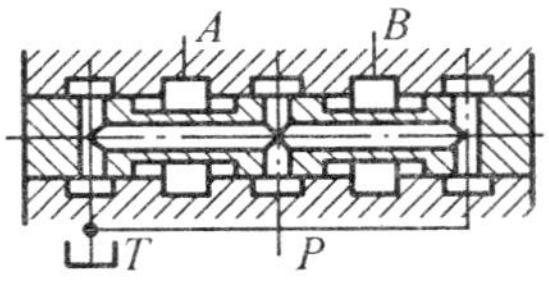		油泵卸荷，缸两腔封闭。从静止到启动较平稳，制动性能与 O 型相同，可用于油泵卸荷液压缸锁紧的液压回路中

对三位四通换向阀中位的选用应从执行元件的换向平稳性，换向位置精度要求，重新启动时冲击大小，液压泵是否需要卸荷，执行元件是否需要锁紧等方面加以考虑。选用中位机能时，一般重点考虑两个机能，一是卸荷功能，二是锁紧功能。所谓卸荷，是指液压泵处于运转状态时，其输出功率近似为零。卸荷有两种方法，一是使泵的出口压力近似为零，实现压力卸荷，换向阀即是采用此方法实现卸荷的；二是采用变量泵，使泵的排量和输出流量近似为零，实现流量卸荷。所谓锁紧，是指执行元件制动后，不因重力或其他外力的作用而自行运动。现就常用的O型、H型的中位机能举例说明。

O型：当油路连接成O型中位时，所有油口全封。液压泵出口不能直通油箱，压力不为零，不能实现压力卸荷；执行元件可在任意位置制动和双向锁紧。但这种锁紧只能是短时锁紧，这是因为换向阀内阀芯与阀体之间采用的是间隙密封，油液会因压力的作用而产生一定的泄漏，执行元件不能形成长时间的锁紧。执行元件双向换向位置精度高，重新启动时因两腔充满油液，故启动平稳，但因运动部件惯性引起的换向冲击较大。

H型：当油路连接成H型中位时，所有油口全通。液压泵输出的油液直通油箱，压力近似为零，实现压力卸荷。执行元件两腔也与油箱相通，处于双向浮动状态。执行元件换向平稳，但冲出量大，换向位置精度低，重新启动时有冲击。

其余类型的性能可以类推，不再赘述。

(五)换向阀的典型结构

1.机动换向阀

机动换向阀又称行程阀，通常安装在液压缸或工作机构的某一行程位置处。在工作机构上安装挡块或者凸轮，机动阀利用挡块或凸轮的运动来推动阀芯移动。

机动阀通常是两位的，图5－4所示为一种二位二通机动换向阀的结构及符号。常态时，阀芯2被弹簧3顶向左端，压力油口 P 与油口 A 不相通。当运动部件上的挡块压下滚轮1，使阀芯2右移时，P 与 A 相通，同时弹簧被压缩。当挡块对滚轮的作用力撤销后，阀芯在弹簧力的作用下自动复位。

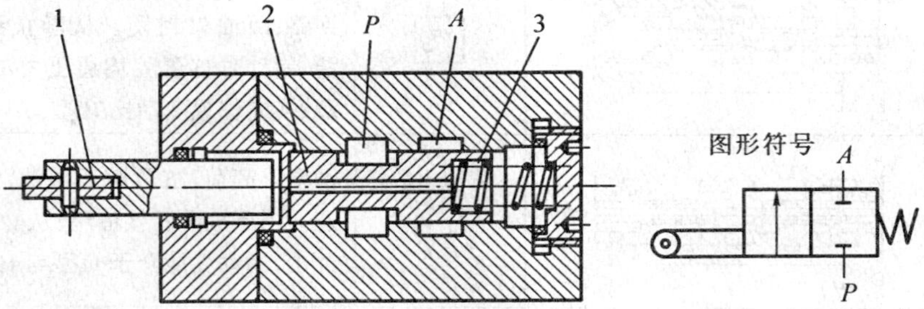

图5－4 机动换向阀

1—滚轮；2—阀芯；3—弹簧

机动阀由于工作时与挡块或凸轮刚性接触，动作可靠，换向位置精度高，且改变挡块的迎角或凸轮外形，可使阀芯获得合适的换位速度，以减少换向冲击。

2.电磁换向阀

电磁换向阀是利用电磁铁产生的磁力来推动阀芯移动的换向阀。

图5－5(a)所示为一种二位三通电磁换向阀的结构和符号。其左边为交流电磁铁，右

边为滑阀。常态下,油口 P 与 A 相通。当左端电磁铁通电时,衔铁 1 右移,通过推杆 2 使阀芯 3 右移,油口 P 与 B 相通,P 与 A 断开,同时弹簧被压缩。电磁铁断电时,阀芯在弹簧力的作用下重新复位。

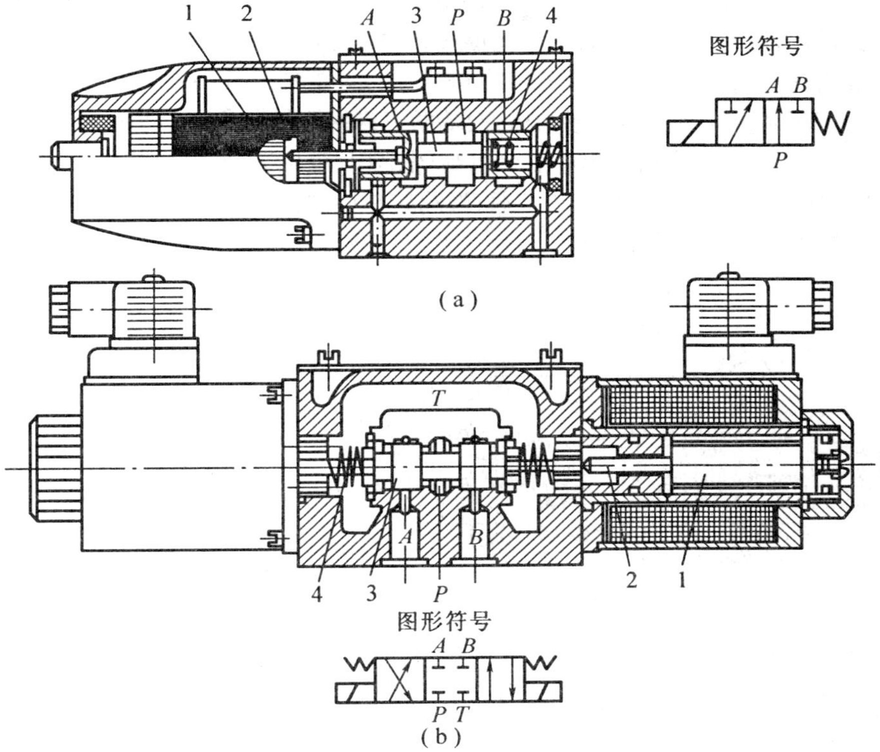

图 5-5 电磁换向阀

(a)二位三通电磁换向阀;(b)三位四通电磁换向阀

1—衔铁;2—推杆;3—阀芯;4—弹簧

图 5-5(b)为另一种三位四通电磁换向阀的结构和符号。阀的两端各装一个电磁铁和一个复位弹簧,阀芯在常态下处于中位,各油口互不相通。当右端电磁铁通电时,衔铁 1 左移,通过推杆 2 将阀芯 3 推向左端,油口 P 与 A 相通,B 与 T 相通。反之,左端电磁铁通电时,阀芯被推向右侧工作。

电磁换向阀中的电磁铁按所接电源的不同,分交流电磁铁和直流电磁铁两种,图 5-5(a)所示换向阀采用的是交流电磁铁,电压常用 220 V 和 380 V。电力来源方便,电磁铁吸力大,换向时间短(约 0.01 s~0.03 s),但换向冲击大,换向频率不能太高(每分钟 30 次左右),噪声大,如果阀芯被卡死或摩擦阻力较大或由于电压低等原因吸合不上时,线圈易烧坏。图 5-5(b)所示换向阀采用的是直流电磁铁,电压常用 24 V,需要专门的直流低压电源或整流装置,换向时间长,换向冲击小,换向频率高(允许每分钟 120 次),而且有恒电流特性,当电磁铁吸合不上时,线圈不会烧坏,故工作可靠性高。但它启动力小,换向时间长,需要有直流电源。还有一种本整型(本机整流型)电磁铁,能把接入的交流电整流后自用,因而兼具了前述两者的优点。

与其他换向阀相比,电磁换向阀具有动作灵敏,布置灵活,可实现远距离操纵及自动化控制等优点；同时也具有换向冲击较大，受电磁力大小的限制，难以切换大的流量等缺点。电磁换向阀在各类机电设备上被广泛使用。

3.手动换向阀

手动换向阀是依靠操作人员手动杠杆的作用力来驱动阀芯动作的换向阀。根据换向定、复位形式的不同，手动换向阀有自动复位式和钢球定位式两种。

图5-6为三位四通手动换向阀的结构和符号。阀体内开有四道环形沟槽，分别与 P，T，A，B 相通。阀芯上开有三道环形沟槽，两端两道沟槽经径向孔和轴向孔互相沟通。当阀芯处于中位时，A，B 油口分别被相应的台肩封闭，均不能与 P，T 油口相通；当阀芯在手柄的操纵下右移时，P 与 A 接通，B 与 T 接通；当阀芯左移时，P 与 B 接通，A 油口通过阀芯上的径向孔 a 和轴向孔与 T 相通。

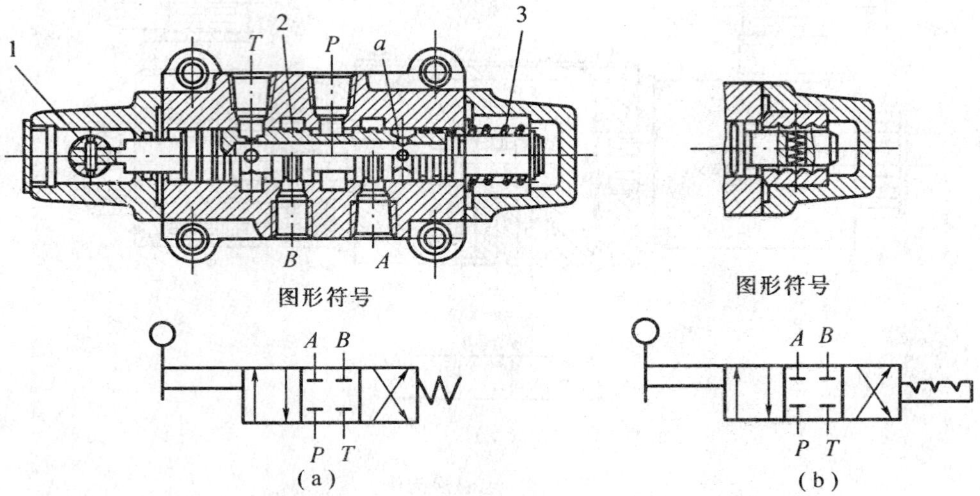

图5-6　三位四通手动换向阀

(a)自动复位式；(b)钢球定位式

1—手柄；2—阀芯；3—弹簧

换向阀阀芯的工作位置是由操纵阀芯的控制装置所决定的。图5-6(a)为自动复位式，又称弹簧复位式。阀芯在中位时推、拉手柄，阀芯左移或右移，同时右侧弹簧被压缩，然后松开手柄，阀芯会在弹簧力的作用下自动地恢复到中间位置。这种结构适用于动作频繁，工作持续时间较短的场合，操作比较安全。图5-6(b)为钢球定位式，与自动复位式在结构上仅是右侧结构稍有区别。操纵手柄人力撤销后，阀芯依靠右侧的径向小弹簧和钢球依然保持在换向位置，不能自动复位，要移动阀芯，必须用力扳动操纵手柄，使定位钢球跳出凹槽。钢球定位式适用于工作持续时间较长的场合。

自动复位式手动阀只可能有二位、三位两类，钢球定位式手动阀可以有二位、三位、四位等多位。

手动换向阀除了能对执行元件起到换向的功能外，还可通过控制操纵手柄的拉动程度，调节其阀口开度大小，对执行元件实现节流调速。在图5-6(a)的结构图中，若将阀芯向右稍加移动，压力油口 P 与油口 A 相通，但阀口开度较小，P 流向 A 的流量较小。但若阀芯向右的移动量较大，阀口开度就较大，P 流向 A 的流量就较大。由于手动换向阀具有这一特殊功能，并且可省掉专门用于调速的流量控制阀，结构简单、操纵方便，因而在港口、公路及其他许多工程机械上广泛应用。但它操纵费力，换向精度低，不能实现电气化自动操作，因此在换向精度要求高的设备上应用很少。

在工程机械中，由于广泛使用手动换向阀，所以人们将若干个滑阀式手动换向阀及溢流阀、单向阀等组合在一起，共用一个阀体，形成了多路换向阀。多路换向阀简称为多路阀，又称分配阀。多路换向阀结构紧凑，便于布置、使用和维修。

多路阀中手动换向阀的数目，可根据集中控制的执行元件的数目而定，而其他一些阀则可根据需要装设，也可不装。

多路阀结构形式有整体式和分片式两种。

整体式多路阀，是将若干个换向阀体做成一个整体，使其结构紧凑、质量轻，但通用性差，若加工时只要有一个阀孔不符合要求，整个阀体就会报废。整体式的阀体一般是铸造的，其铸造工艺比较复杂。当换向阀的个数较少时（如叉车、装载机等动作较少的设备），阀体可采用整体式结构。

分片式多路阀是由若干个阀体组成，一个换向滑阀即为一片，又称一联，然后用螺栓将各片连接起来。分片式结构可用很少几种单元阀体组合成不同功用的多路阀，以适应多种机械的需要。另外，加工中报废一片不影响其他阀片，用坏的阀片也容易更换或修理。但这种结构体积和质量都比整体式大，且各片之间要有良好的密封，上紧连接螺栓时会使与阀芯配合的阀体孔道变形，影响其几何精度甚至使阀芯卡死，为此不得不增加阀芯与阀体之间的配合间隙，并在新装配后或重新装配后再进行阀芯与阀体的研配。

根据工作机构的要求，多路阀中各换向滑阀之间可按并联、串联、独联等多种方式连接。图 5－7 所示为几种多路阀油路连接方式。

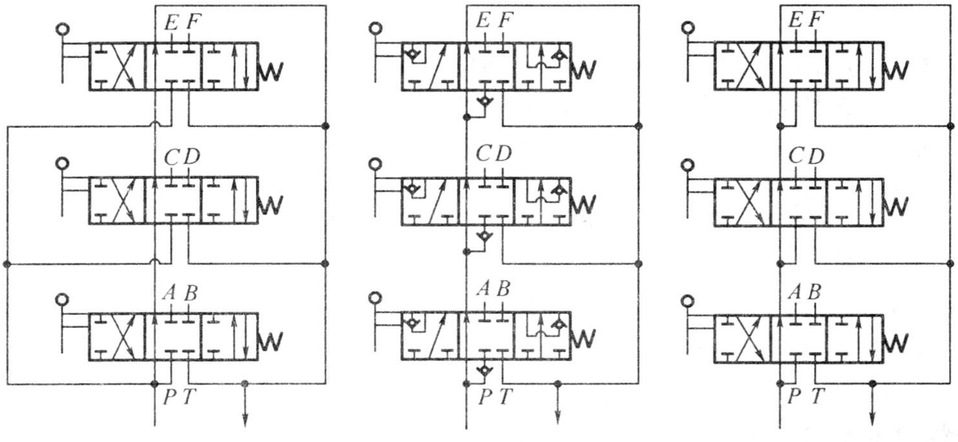

(a)　　(b)　　(c)

图 5－7　多路阀油路连接方式

(a)并联；(b)串联；(c)独联

当多路阀为并联连接[图 5－7(a)]时，泵可以同时向多个或其中任一个执行元件供油。在向多个执行元件供油时，当载荷不相等时，会出现动作快慢现象，即重载低速，轻载高速，故很难实现各工作机构的协调。

当多路阀为串联连接,如图5-7(b)所示,泵依次向各执行元件供油,第一个阀的回油口与第二个阀的进油口相连。各执行元件可单独动作,也可同时动作。在多个执行元件同时动作的情况下,各元件的运动速度稳定,但产生的压力较大。

当多路阀为独联连接[又称顺序单动式,图5-7(c)]时,操纵手柄使泵按顺序向各执行元件供油,多个执行元件无法同时动作。操作前一个阀时,就切断了后面阀的油路,可以防止各执行元件之间的动作干扰。

为了适应各类工作机构的需要,多路换向阀有多种不同的机能,其图形符号见图5-8。

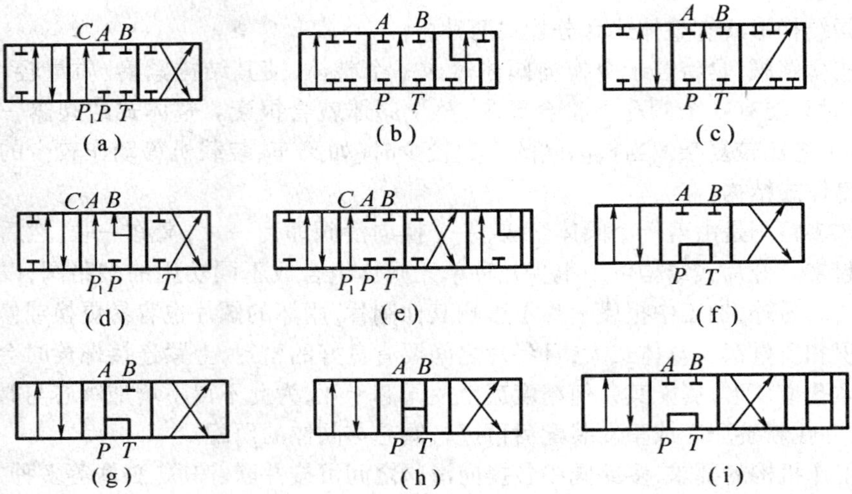

图5-8 多路换向阀机能

(a)O型;(b)A型;(c)B型;(d)Y型;(e)OY型;(f)M型;(g)K型;(h)H型;(i)MH型

图5-9为ZFS-L20C型多路换向阀自动复位式图形符号。油路采用并联连接,即两个换向阀有共同的进油口P和回油口O,用以连接液压缸或液压马达的工作油口A,B,C和D。当用手扳动操作手柄时,可以分别变换通过两个执行元件的油路,从而改变运动方向。并联在油路上的安全阀出口接回油,当系统超载时,溢流阀开启,油液流回油箱。单向阀为锥阀式,密封性较好。

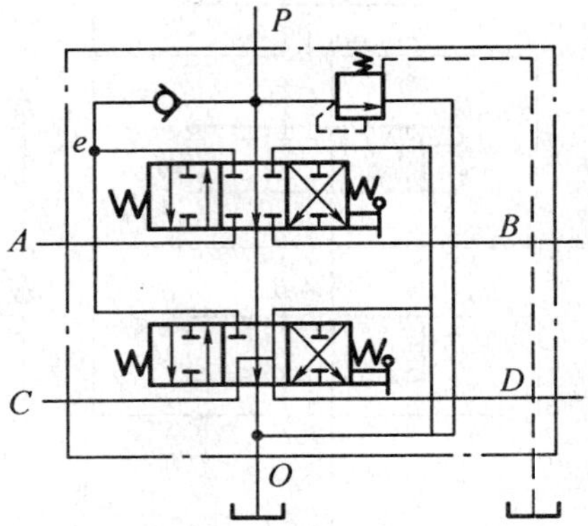

图5-9 ZFS-L20C型多路换向阀自动复位式图形符号

4.液动换向阀

液动换向阀是利用控制油路压力油来推动阀芯移动的换向阀。其基本原理是:在阀芯的轴端通入压力油(称控制油),对阀芯产生轴向推力,使阀芯移动。液动阀有二位、三位两类,二位阀阀芯仅一端通油,三位阀阀芯两端分别通油和回油,其结构、符号举例如图5-10所示,常用的是三位阀。

液动换向阀换向平稳、工作可靠,可实现远距离操纵,控制油对阀芯的轴向推力较大,通常用来切换功率较大的液压油路。

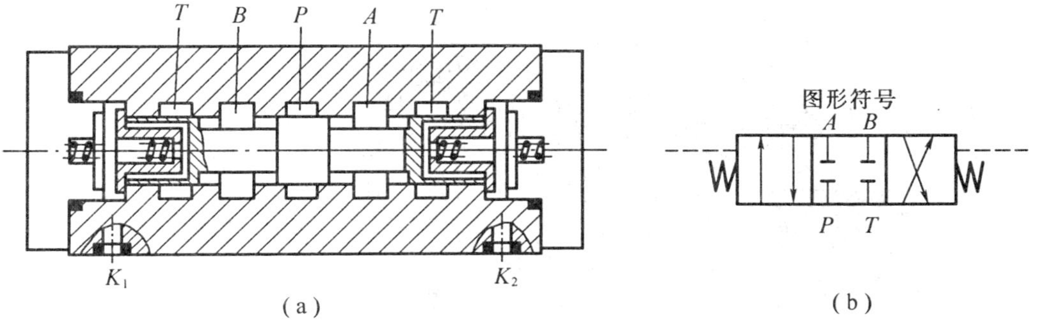

图 5-10 液动换向阀

液动换向阀为调节阀芯移动速度,可在控制油路中串接单向节流阀。

液动换向阀一般无法单独工作,这是因为阀芯能否移动、如何移动,取决于阀芯轴端控制油是否输入、怎样输入,因此液动换向阀(又称主阀)还需接有另一换向阀来切换其控制油路的流动,这一换向阀又称先导阀,先导阀的"位"数与主阀的"位"数相同。由于控制油路所需流量较小,故先导阀的规格不需要大。先导阀可采用手动式、机动式或电磁式等,其中电磁式用得最多,这便构成了电液换向阀。

5.电液换向阀

电液换向阀是由电磁换向阀(先导阀)与液动换向阀(主阀)组合在一起的组合式换向阀。电磁阀起先导控制作用,实现液动阀控制油路的换向,从而使液动阀操纵的主油路换向。

电液换向阀有多种结构,图 5-11(a)为一种三位四通电液换向阀结构示意图,其工作原理可通过图 5-11(b)所示的详细图形符号加以说明[图 5-11(c)为简化符号]。

常态时,电磁阀两端电磁铁均未通电,阀芯处于中位,液动阀两端均与油箱连通,阀芯在两侧弹簧力作用下处于中位,主油路 O 型连接。当电磁阀右侧电磁铁通电时,电磁阀阀芯左移,控制油路的压力油进入液动阀阀芯的右腔,推动液动阀芯左移,这时主油路油口 P 与油口 B 相通,油口 A 与油口 T 相通。反之,当电磁阀左侧电磁铁通电时,主油路 P 与 A,B,T 相通,也实现了主油路的换向。当电磁阀两侧电磁铁均不通电时,液动阀在两侧弹簧力作用下重新恢复到中位。

电液换向阀先有电磁阀芯的动作,才有液动阀芯的移动。小规格的电磁阀与大规格的液动阀组合在一起,便可用较小的电磁铁来控制较大的液流,并兼有电磁换向阀和液动换向阀的综合优点。

对于三位电液换向阀,其电磁阀的中位只能采用 Y 型、H 型,常用 Y 型。在液动阀两侧的控制油路上串接单向节流阀,其目的是通过调节节流阀的阀口大小,即可调节控制油路的回油时间,改变液动阀的换向时间,从而消除执行元件的换向冲击。

6.转阀

以上介绍的几种换向阀,阀芯均是相对阀体轴向滑动的,属滑阀式换向阀,而转阀则是通过转动阀芯来改变阀芯与阀体之间相对位置的换向阀。

图 5-12 为转阀换向原理图。在常态下(Ⅱ位),四油口 P,T,A,B 互不相通,O 型机能;若将阀芯顺时针转动一个角度(Ⅰ位),则 P,B 相通,A,T 相通;反之,逆时针转动一个角度(Ⅲ位),则 P,A 相通,B,T 相通。

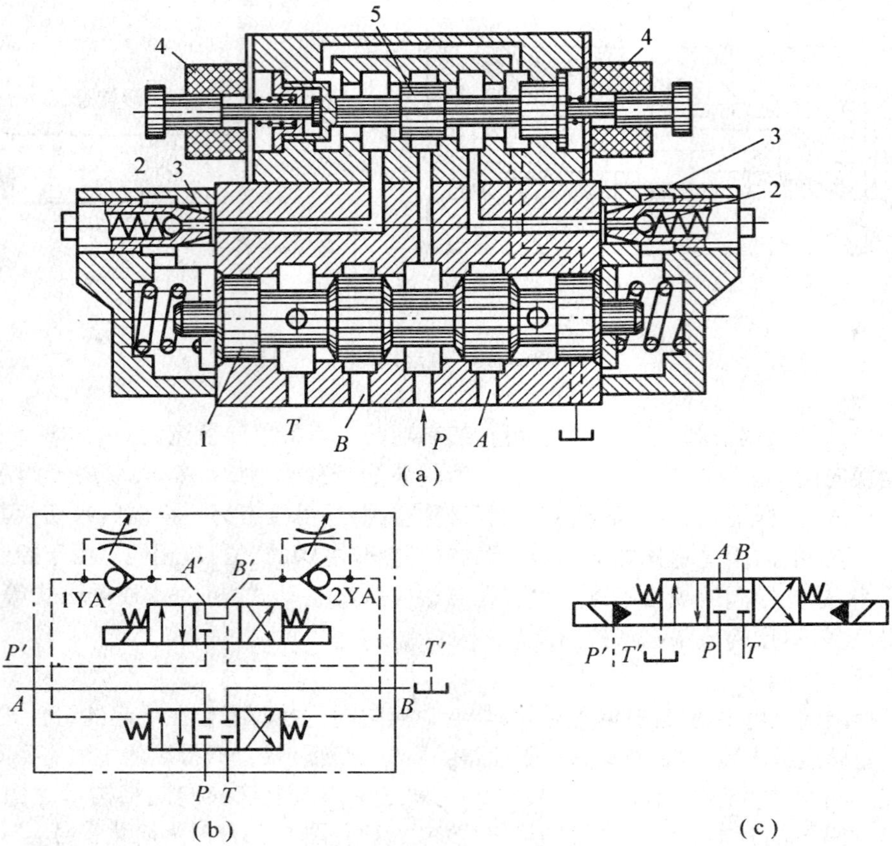

图 5－11 电液换向阀

(a)结构原理图；(b)复杂图形符号；(c)简化图形符号

图 5－12 转阀换向原理

(a)换向原理；(b)图形符号

转阀的密封性能较差，径向力不易平衡，一般用于低压、小流量的系统中。

(六)换向阀的常见故障及排除方法

换向阀的故障以电液换向阀居多，现将电液换向阀常见故障及排除方法列于表 5－3。

表 5-3 电液换向阀的常见故障及排除方法

故障	原因	排除方法
冲击和振动	1.主阀阀芯移动速度太快(特别是大流量换向阀) 2.单向阀封闭性太差而使主阀阀芯移动过快 3.电磁铁的紧固螺钉松动 4.交流电磁铁分磁环断裂	1.调节节流阀使主阀阀芯移动速度降低 2.修理配研(或更换)单向阀 3.紧固螺钉,并加防松垫圈 4.更换电磁铁
电磁铁噪声较大	1.推杆过长,电磁铁不能吸合 2.弹簧太硬,推杆不能将阀芯推到位而引起电磁铁不能吸合 3.电磁铁铁心接触面不平(或接触不良) 4.交流电磁铁分磁环断裂	1.修磨推杆 2.更换弹簧 3.清除污物,修整接触面 4.更换电磁铁

第二节 压力控制阀

压力控制阀简称压力阀,用来控制油液压力或利用压力变化实现某种动作。压力阀均是利用作用在阀芯上的液压作用力与弹簧力相平衡的原理工作的。常用的压力阀按功用分,有溢流阀、减压阀、顺序阀和压力继电器等。

一、溢流阀

溢流阀有多种用途,主要是使被控制的油液压力得到调整并保持基本恒定,实现溢流、稳压、调压、限压、安全等功能。溢流阀按其结构原理分,有直动式和先导式两种。

(一)直动式溢流阀

1.工作原理

图 5-13 所示为直动式溢流阀工作原理图。溢流阀进口 P 通常与液压泵出口相连,出口 T 与油箱相连。压力为 p 的压力油经面积为 A 的油道作用在阀芯 2 上,阀芯的上方作用有弹簧力。设弹簧刚度为 k,弹簧预压缩量为 x_0,则弹簧预紧力为 kx_0。

当进油压力较小时,$pA < kx_0$,阀芯在弹簧力的作用下压紧在阀座上,将 P 口与 T 口隔开,阀口没有溢流。

当进油压力上升至 $pA = kx_0$ 时,阀口处于将开未开的临界状态,此时的压力称作开启压力,用 p_0 来表示,$p_0 = kx_0/A$。

当进油压力继续升高至 $pA > kx_0$ 时,阀芯上升,阀口打开,油液由 P 口经 T 口溢回油箱,同时弹簧被进一步压缩,其压缩量 Δx 称为弹簧附加压缩量。阀芯最终平衡在某一位置上保持一定的开度和溢流量,油压作用力与弹簧力实现平衡,其力的平衡式为

$$pA = k(x_0 + \Delta x)$$

因此

$$p = k(x_0 + \Delta x)/A \tag{5-1}$$

2.功用

(1)溢流。当阀前压力超过开启压力时,阀口打开通油,将液压泵多余的油液溢回油箱。

(2)稳压。当阀口打开通油、手柄不动时,由式(5-1)可知,由于阀芯的振动有限,所以阀前压力 p 近似为常数,实现稳压。

(3)调压。当阀口打开通油时,若调整调压手柄4,则弹簧的预压缩量 x_0 随之变化。由式(5-1)可知,阀前压力 p 也随之而变化,溢流阀起到调压作用。若将手柄稍作旋紧(进),则 x_0 增大,p 值增大。

(4)限压、安全。若溢流阀手柄较紧,开启压力较高,则在执行元件正常运动时溢流阀无法打开通油。只有当油路压力升至某一较高值,压力有可能会超过元件的额定压力时,溢流阀才打开通油。这样,根据溢流阀的稳压原理可知,压力不再上升,溢流阀限制了系统压力的提高,起到了安全作用。

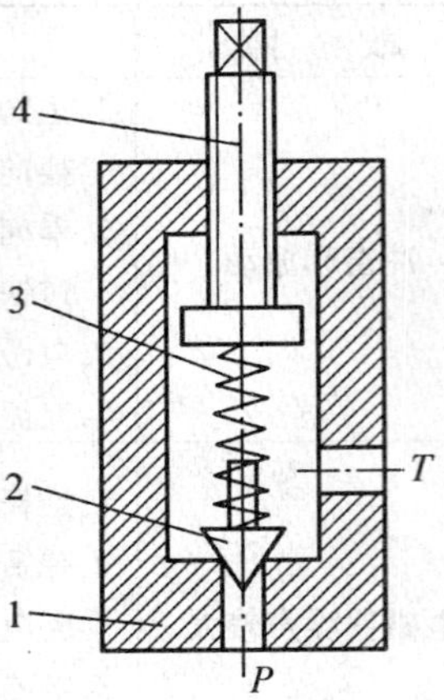

图5-13 直动式溢流阀工作原理图

1—阀体;2—阀芯;3—弹簧;4—调压手柄

3.特点

直动式溢流阀是利用液压作用力与弹簧力直接相平衡的原理来工作的,故弹簧刚度较大,调压灵敏度高,结构简单,成本低。

事实上,溢流阀在阀口打开、手柄不动时能起到稳压作用,但阀前压力并不是完全不变的。当溢流流量 q 增加时,阀口开度、弹簧的附加压缩量会增加。由式(5-1)可知,阀前压力值也相应增加。当溢流阀通过额定流量时,阀口开度最大,阀前压力也达到最大值,此时的阀前压力称为调定压力。调定压力与开启压力的差值称为调压偏差。由于直动式溢流阀弹簧刚度较大,故阀前压力随通过流量的变化量较大,其压力随流量变化的特性曲线见图5-14中的 A 线。调压偏差大,压力稳定性差,一般只能用于低压小流量的场合。

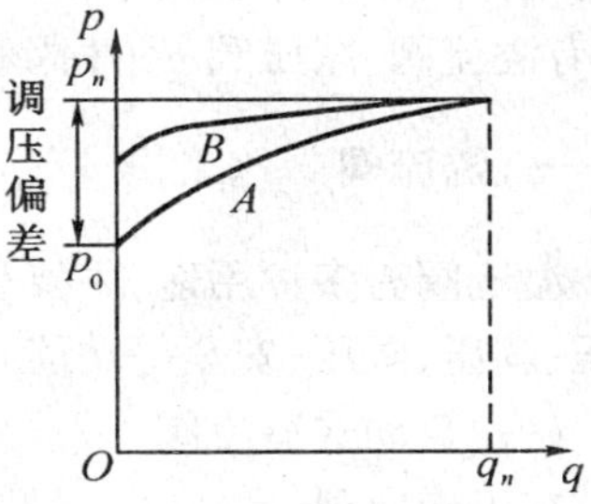

图5-14 溢流阀特性曲线

4.结构

直动式溢流阀按阀芯结构的不同,有座阀式和滑阀式两种形式,座阀式结构又分球阀和锥阀两种,滑阀式结构又有滑阀、带阻尼孔的滑阀和差动滑阀三种。

图5-15为P型直动式溢流阀的结构图、图形符号和原理图。由进油口流入的压力油经阀芯3下端的径向孔、阻尼小孔 a 进入阀芯底部,对阀芯产生一个向上的液压作用力。当阀前压力较低时,阀芯在弹簧2的作用下被压在图示最下端位置,阀口被阀芯封闭,无法溢流。当阀的进口压力升高,使阀芯下端的液压作用力足以克服弹簧力时,阀芯向上移动,压缩弹簧,阀口被打开而溢流。由间隙而泄漏到弹簧腔的油液可通过泄漏孔经回油口排回油箱。调节调压手柄1可改变弹簧的预紧力,从而改变阀前压力。P型溢流阀的额定压力为2.5 MPa,额定流量为10 L/min~63 L/min。

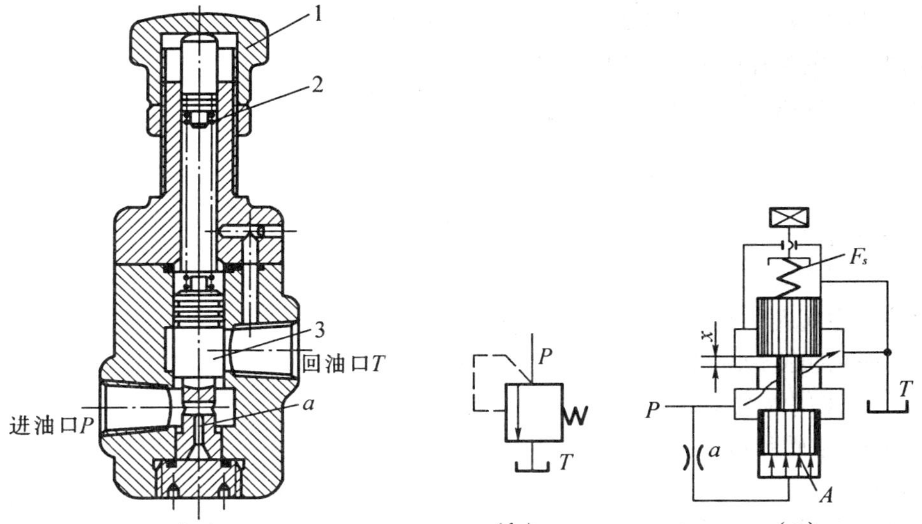

(a) (b) (c)

图 5-15 P型溢流阀

(a)结构图;(b)图形符号;(c)原理图

1—调压手柄;2—弹簧;3—阀芯

(二)先导式溢流阀

1.结构原理

图 5-16 所示为常用的 Y 型先导式溢流阀。这种阀结构上由两部分组成,下部是主阀部分,上部是先导阀部分,它是利用先导阀打开后主阀阻尼小孔产生的压差而使主阀口打开通油进行压力控制的。

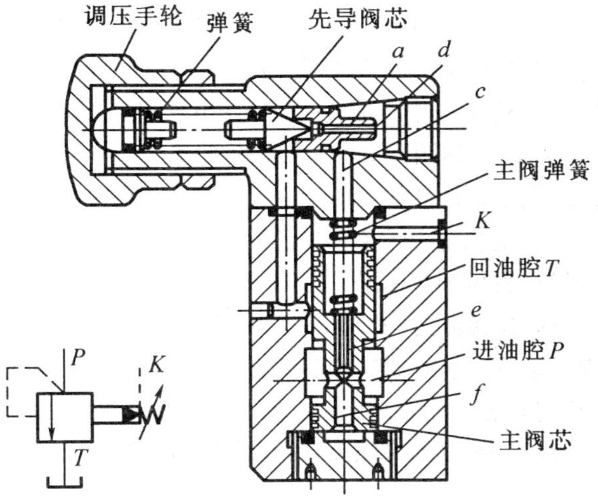

(a) (b)

图 5-16 Y 型溢流阀

(a)图形符号;(b)结构原理图

压力油通过进油口进入进油腔后,经主阀芯的轴向孔 f 流入阀芯的下端,同时油液又经阻尼小孔 e 流入主阀芯的上腔,并经 c 孔、d 孔作用于先导阀芯上。当阀前压力 p 较低时,先导阀芯关闭,油液在阀内没有流动,主阀芯上、下腔压力相等,又由于油压作用面积相等,所以油压作用力相互抵消。主阀芯在弹簧的作用下,处于最下端位置,将溢流阀主阀口封闭。当阀前压力升高至一定程度时,先导阀打开,主阀芯上腔的油液经先导阀阀口、油道 a、回油腔 T 流入油箱。这时,由于主阀芯阻尼孔 e 有油液流动,产生压力损失,主阀芯上腔压力 p_1 就小于阀前压力

p；而主阀芯下方轴向孔 f 内油液没有流动，故主阀芯下端压力仍等于阀前压力 p。这样，主阀芯上腔的压力 p_1 小于下端的压力 p。当主阀芯两端的压力差形成的作用力超过主阀弹簧的作用力时，主阀芯被抬起，进油腔 P 与回油腔 T 相通，实现溢流。

当溢流阀稳定溢流时，作用于主阀芯上的力的平衡式为

$$pA = p_1 A + k(x_0 + \Delta x)$$

或

$$p = p_1 + k(x_0 + \Delta x)/A \tag{5-2}$$

式中 p——阀前压力；

p_1——主阀芯上腔压力；

A——主阀芯的端面积；

k——主阀弹簧刚度；

x_0——主阀弹簧预压缩量；

Δx——主阀弹簧附加压缩量。

2.功用

(1)溢流、稳压、调压、限压和安全。与直动式溢流阀一样，先导式溢流阀同样也能起到溢流、稳压、调压、限压和安全作用。

在式(5-2)中，主阀 k，x_0，A 为常数；主阀芯的振动有限，Δx 近似为常数；p_1 大小取决于先导阀，而先导阀实际上是一个直动式溢流阀。根据前面的分析，当调压手柄不动时，p_1 值近似为常数。因此，当调压手柄不动时，式(5-2)中的各参数均可认为是常数，则可以得出，先导式溢流阀阀前压力也近似为常数。

先导式溢流阀的压力调节是通过调节调压手柄进行的。若将手柄稍作旋紧(进)，则先导阀弹簧预紧力增大，先导阀阀前压力提高，主阀上腔压力 p_1 相应增加。由式(5-2)可知，溢流阀阀前压力 p 也随之增加。

(2)泵卸荷。在图5-17所示的回路中，当二位二通阀的电磁铁通电后，先导式溢流阀的控制油口直通油箱(见图5-16中控制油口 K)，此时主阀芯上腔压力 p_1 接近于零，且由于主阀弹簧较软，主阀弹簧刚度 k 较低，主阀芯便上移到最高位置，主阀口开度处于最大状态。由式(5-2)可知，进口压力 p 近似等于零，泵输出的油液便在此很低压力下经溢流阀流回油箱，实现了泵的卸荷。这时，泵接近于空载运转，功率消耗很小。由于流向二位二通阀的油液是经主阀阻尼小孔而来，故二位二通阀通过的流量很小，选择的规格时也不要求很大。由于在实用中经常使用泵卸荷，故常将溢流阀和串接在该阀控制油路的电磁换向阀组合成一个元件，称为电磁溢流阀，并用双点画框图表示。

(3)远程调压。在图5-18所示的回路中，设先导式溢流阀1安装在不方便的位置，远程调压阀2(通常为一直动式溢流阀)就近安装在易操作的工作台上。阀1控制油口 K 与阀2相接，这相当于给阀1除自身先导阀以外又加接了一个先导阀。若阀1手柄相对较紧，阀2手柄相对较松，则阀1先导阀阀口关闭，阀1主阀上腔油液经阀2流回油箱，阀2取代了阀1的先导阀部分，调节阀2手柄便可对阀1的阀前压力进行调节，实现远程调压。

3.特点

对于先导式溢流阀，当通过的流量变化时，主阀的阀口开度会增大或减小，弹簧的附加压缩量 Δx 会产生变动。但在式(5-2)中，先导式溢流阀的阀前压力 p 由两项相加而成。也就是说，由于主阀上腔有 p_1 存在，主阀的弹簧刚度 k 可以取得较小。这样，当 Δx 变化

时，由于 k 较小，所引起的 p 值变化量并不大，远比直动式溢流阀小得多。故先导式溢流阀阀前压力 p 随通过流量 q 的变化较小，压力随流量变化的特性曲线见图 5－12 中的 B 线，调压偏差小，压力稳定性好，调压较轻便，因而先导式溢流阀可适用于压力较高的场合。

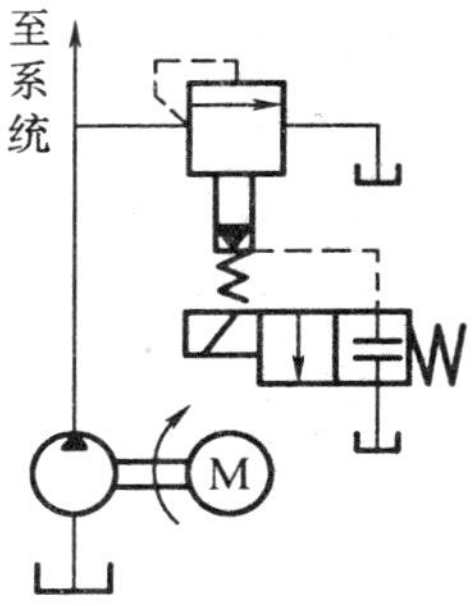

图 5－17　溢流阀使泵卸荷

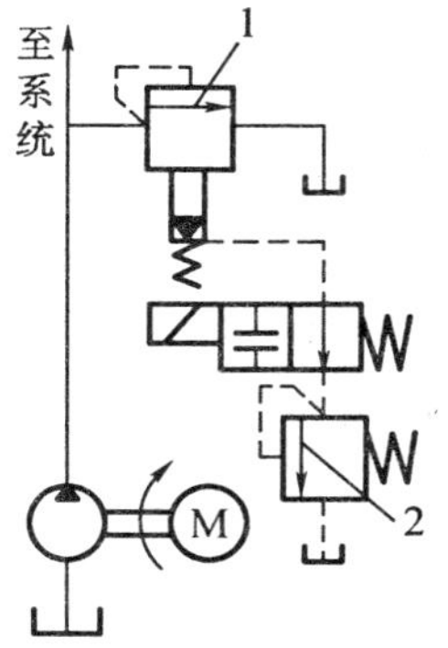

图 5－18　溢流阀用于远程调压

二、减压阀

减压阀有定值减压阀、定差减压阀和定比减压阀三大类。定值减压阀是最常用的一种减压阀，通常简称为减压阀。减压阀安装在系统某一分支油路中，当所串联的液压缸处于"顶住"状态时，能使阀后实现减压、稳压和调压。减压阀也有直动式和先导式之分，先导式应用较多。

图 5－19 为先导式减压阀的结构和图形符号。它与溢流阀的外形几乎一样，内部也是由先导阀和主阀两部分组成，不同的是主阀芯形状不同；进、出油口的位置相反，进口 P_1 在上，出口 P_2 在下；出口 P_2 不是通油箱，而是与执行元件串联；有一外泄油口 L，将先导阀打开后通过的油液用专门的泄油管通往油箱。

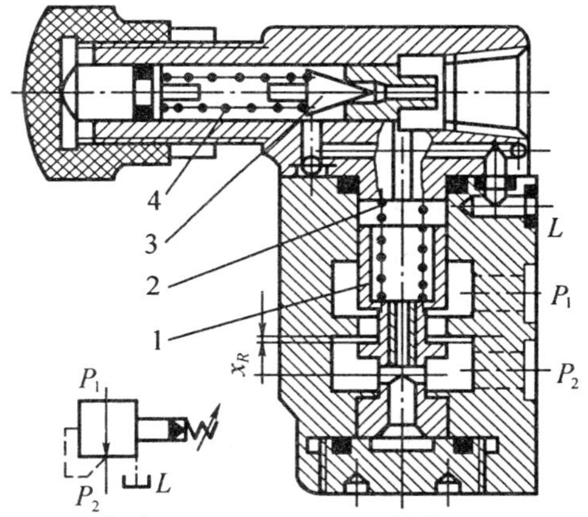

(a)　(b)

图 5－19　先导式减压阀

(a)图形符号；(b)结构原理图

1—主阀芯；2—主阀弹簧；3—先导阀芯；4—先导阀弹簧

(一)减压原理

压力油由 P_1 流入，经过主阀口(又称减压口)，从 P_2 引出，然后通过径向孔及向下的轴向孔与主阀的底部相通，同时通过向上的阻尼小孔流入主阀芯的上腔，最终作用在先导阀芯上。当阀前压力 p_1 小于先导阀开启压力时，先导阀未能打开，阀内油液没有流动，压力处处相等，没有减压，阀后压力 p_2 等于阀前压力 p_1。当阀前压力 p_1 超过先导阀开启压力时，先导阀打开，油液通过泄油口 L 排回油箱。因而，阀内油液能够流动，油液通过主阀芯阻尼小孔时产生压降，主阀上腔压力减小，主阀芯上移，主阀口开度 xR 减小，主阀口产生压力损失，使阀后压力 p_2 下降。综上所述，减压阀之所以能使阀后压力降低，是利用先导阀打开后主阀阻尼小孔产生的压差使主阀口开度减小而减压的。

(二)稳压原理

减压阀能使阀后压力保持稳定,阀后压力 p_2 不受阀前压力 p_1 变化的影响。

若阀前压力 p_1 因系统某种原因增加时,主阀口开度一定,故阀后压力也随之上升,流入主阀芯下腔的压力也等值上升,主阀芯上移,主阀口开度减小,进、出口间的压降增加,阀后压力下降。这样,阀后开始增加的压力重新又降了下来,阀后压力既未增也未降,保持稳定不变。反之,若阀前压力减少,阀后压力也能保持不变。故减压阀能使阀后串联的液压缸在处于"顶住"状态时所产生的作用力保持一定。

(三)调压原理

阀后压力 p_2 的大小可通过对调压手柄的调节得到调整。

若将调压手柄稍加旋紧,先导阀弹簧预紧力增加,先导阀阀前压力增加,主阀上腔压力也随之增加,主阀芯下移,主阀口开度增大,压降减小,阀后压力增大。反之,将调压手柄旋松,阀后压力减少。

(四)减压阀实现减压、稳压和调压的条件

减压阀实现减压、稳压和调压的条件有两个。

(1)先导阀打开、泄油管有油通过。否则,如果手柄旋得过紧,或阀前压力过小,先导阀未能打开,油液就没有流动,主阀口开度处于最大状态,阀内压力处处相等,阀后压力与阀前压力同步变化,没有减压。

(2)串联的液压缸处于"顶住"状态(如制动、夹紧等)。否则,阀后油液有流动,阀后压力将随其后的负载而变化,不能保持稳定,调压手柄也无法起到调压作用。

与溢流阀相比较,减压阀的主要特点是:减压阀与执行元件串联;阀口常开;由阀后油液作用与弹簧力相平衡;阀后压力能保持恒定;手柄越紧,主阀口开度越大,阀后压力越大;泄漏油液需通过单独的泄油管接入油箱,为外泄式。这些特点大多能在减压阀的符号上有所反映。

三、顺序阀

当阀前压力或控制油路压力超过某一值时,顺序阀阀口打开通油,起顺序(使多个执行元件顺序动作)、卸荷(使液压泵压力卸荷)和平衡(平衡质量,使载荷速度下降均匀)等作用。因此,与溢流阀相似,顺序阀也是利用压力来控制油路通、断的。

(一)顺序阀结构原理

顺序阀按结构的不同,可分为直动式和先导式两种;按控制油的来源不同,又有内控式和外控式(液控)之分。顺序阀的工作原理、性能和外形与相应的溢流阀相似。

图 5-20 为一直动式顺序阀的工作原理图。压力油由进口 A 经阀体 4 和下盖 7 的小孔流到控制活塞 6 的下方,使阀芯 5 受到一个向上的推力作用。当进口油压较低时,阀芯在弹簧 2 的作用下处于最下端位置,这时进、出油口 A,B 不通。当进口油压增大到一定值后,阀芯底部所受的推力大于弹簧力,阀芯上移,进、出油口连通,压力油就从顺序阀流过。顺序阀的开启压力可以用调压手柄 1 来调节,调压手柄越紧,开启压力越大。

在图 5-20 的结构中,如果将阀的下盖、上盖旋转安装,就可得到不同形式的顺序阀。在图示的安装结构中,控制阀芯动作的压力油直接引自进口,这种控制方式称为内控式。阀的出口 B 接负载,故泄漏油液只好通过泄油口 L 用单独的油管排入油箱,这种泄油方式称为外泄式。因而这种顺序阀称为内控外泄式顺序阀，简称为内控式顺序阀。

将下盖旋转 90°安装，并打开外控口 *K* 的堵头，控制压力油从外部控制油路引入，控制方式便变成外控式，又称液控；若阀的出油口仍然接的是负载，泄油方式只能是外泄式。故此阀就称为外控(液控)外泄式顺序阀。这种顺序阀在实际工程中应用极少。

如果控制方式是外控式，但出口接的是油箱，则为了简化管路连接，可将上盖旋转 180°安装，使泄漏油液通过内部油道汇入出口，这样，泄油方式就变成内泄式。故此阀就成为外控(液控)内泄式顺序阀。由于该阀经常用来使液压泵卸荷，故又称为卸荷阀。

图 5－21(a)所示为另一直动式顺序阀的结构图，它与 P 型溢流阀的结构和工作原理几乎相同，其区别在于，顺序阀出口接负载，采用外泄式，故此阀为直动式的内控外泄式顺序阀。

图 5－21(b)所示为先导式的内控外泄式顺序阀，其工作原理与 Y 形溢流阀相似，只不过外形类似于直动式阀。

图 5－21(c)为直动式的外控内泄式顺序阀。

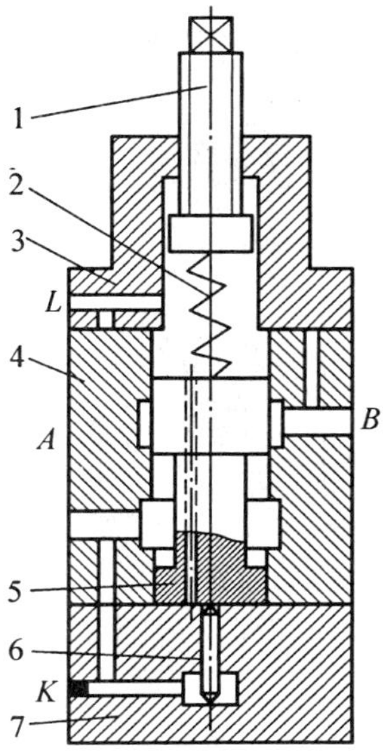

图 5－20　直动式顺序阀的工作原理

1—调压手柄；2—弹簧；3—上盖；4—阀体；5—阀芯；6—控制活塞；7—下盖

值得特别说明的是，对于外控类的顺序阀，主阀口能否打开通油，只与控制油路的压力有关，与阀的进口压力无关。也就是说，进口压力再大，也无法将主阀口打开通油。

(二)平衡阀

平衡阀是单向阀与顺序阀并联而成的组合阀，在液压系统中既能起到锁紧作用，也能起到限速作用。

平衡阀按顺序阀结构的不同有多种类型，采用单向阀与外控内泄式顺序阀组合而成的平衡阀，安装在载荷下降时的执行元件回油路中，在载荷制动后能起锁紧作用，载荷下降时能起限速作用。

图 5－22 为平衡阀实际应用的原理图。平衡阀的锁紧原理与液控单向阀相似。当换向阀处于中位时，由于重力的作用，液压缸下腔压力很高，而上腔没有压力。由于平衡阀控制油口与液压缸上腔油路相接，顺序阀主阀芯无法打开，此时单向阀也处于关闭状态，故液压缸下降回油路被切断，重物无法因重力的作用而自行运动，重物被有效地锁紧。

平衡阀的限速作用是利用了主阀芯的动态平衡效应。设换向阀处于右位，由于重力作用，液压缸处于加速下降状态。当下降速度超过缸的上腔流量相应的速度时，会使液压泵来不及供油，液压缸的进油路和平衡阀的控制油路的压力迅速下降，顺序阀的阀口开度变小，缸的回油阻力增大，通过阀口的流量相应减少，重物的下降速度随之减慢。接着，液压泵又能及时供油，控制油口的压力又开始升高，顺序阀的阀口开度加大，液压缸的下降速度也随之升高。速度升高后，液压泵供油又来不及。这样，就会使液压缸的运动速度处在“慢—快—慢……”的动态变化过程中，重物的下降速度在动态变化中获得了稳定。

为了提高速度稳定性，避免因平衡阀主阀芯振动而发生速度脉动，平衡阀的控制油路中

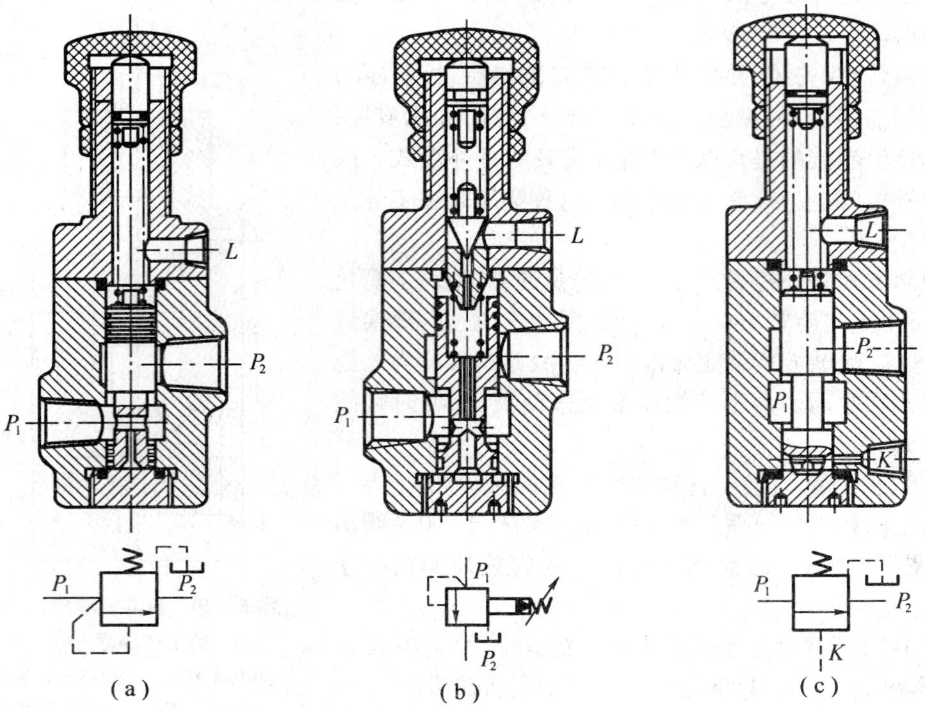

图 5-21　顺序阀

(a)直动式顺序阀;(b)先导式顺序阀;(c)外控内泄式顺序阀

装有节流器,平衡阀结构中也采取了一些缓冲减振措施。

四、压力继电器

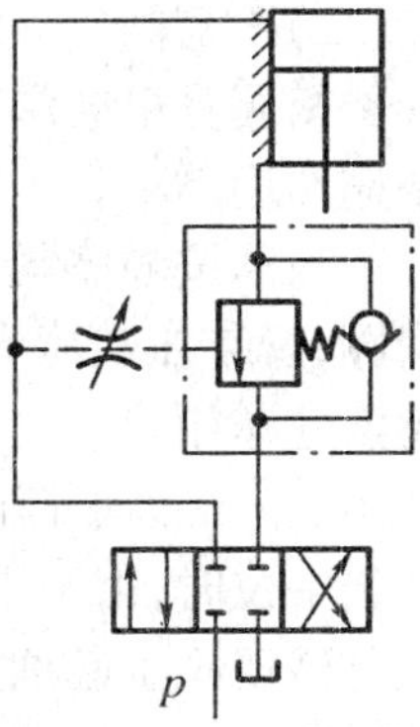

图 5-22　平衡阀的应用

压力继电器是将油路中的压力信号转变为电信号的转换元件。它的作用是当油压升至某一调定值时,接通或切断电路,控制电气元件(如电磁铁、电动机等)动作,以实现程序控制或安全保护等作用。

压力继电器按其结构分,有膜片式、柱塞式、弹簧管式和波纹管式四类。

图 5-23 为膜片式压力继电器的结构和图形符号。当控制油口 K 的压力达到弹簧 7 的调定值时,作用在膜片 1 上的油压作用力使柱塞 2 向上移动,柱塞上的凹槽使钢球 5 和 6 作横向移动,钢球 6 推动杠杆 10 绕销轴 9 逆时针偏转,致使其端部压下微动开关 11,发出电信号,接通或切断某一电路。当进口压力因某种原因下降到一定值时,弹簧 7 使柱塞下移,微动开关在自身弹簧力作用下复位,断开或接通电路。同时,杠杆被推回,钢球重新回落到柱塞的凹槽内。由于柱塞向上、向下移动时所受摩擦力(主要是弹簧 3 的作用)的方向是不同的,分别是向下和向上,所以压力继电器的动作压力大于复位压力,即压力降至动作压力时并不复位,而是再降一定值后才复位。动作压力与复位压力的差值称为返回区间。压力继电器要有足够的返回区间,否则,系统压力脉动时,压力继电器发出的电信号时续时断。中压系列压力继电

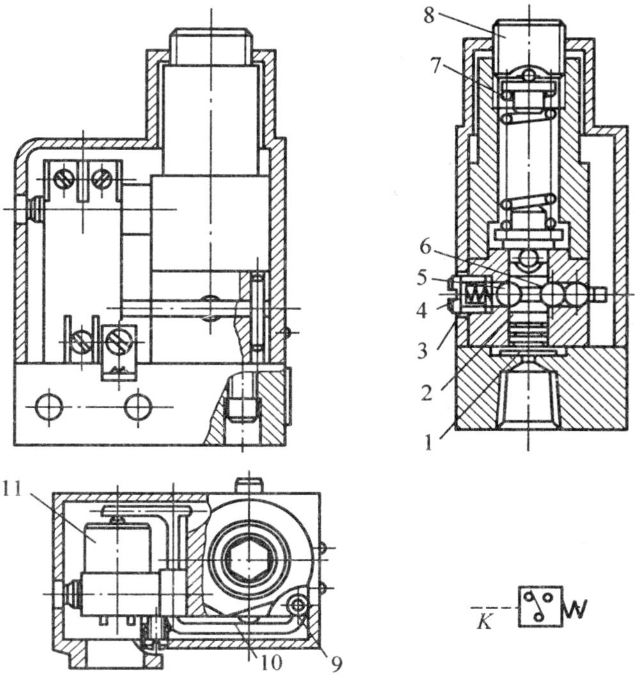

图 5-23 膜片式压力继电器

1—膜片；2—柱塞；3,7—弹簧；4—调节螺钉；5,6—钢球；8—调压螺钉；
9—销轴；10—杠杆；11—微动开关

器的返回区间调节范围一般为 0.35 MPa ~ 0.8 MPa。

调压螺钉 8 用来调节动作压力值，旋得越紧，动作压力值越大。调节螺钉 4 的作用有两个，一是对动作压力进行微调，旋得越紧，动作压力越大；二是调节返回区间，旋得越紧，返回区间越大，即复位压力越小。

膜片式压力继电器反应灵敏，重复精度高。其缺点是易受压力波动的影响，不宜用于高压系统，常用于中、低压液压系统。高压系统常使用柱塞式压力继电器。

图 5-24 为单柱塞式压力继电器，它由压力—位移转换装置和微动开关两部分组成。压力油从油口 K 通入，作用在柱塞 1 的底部，对顶杆 2 产生向上的油压作用力。若作用力达到调定值时，便克服弹簧阻力和柱塞表面的摩擦力，推动柱塞、顶杆上行，触动微动开关 4 的触头动作，接通或切断电路。反之，当油路压力下降到一定值时，在弹簧力的作用下，顶杆、柱塞下行，微动开关内的触头复位，切断或接通电路。打开面盖，拧动调节螺钉 3，即可调整动作压力。

此种柱塞式压力继电器宜用于高压系统，因位移较大，反应较慢，不宜用在低压系统。

五、压力控制阀的常见故障及排除方法

各种压力控制阀的结构和原理十分相似，在结构上仅有局部不同，有的是进、出油口连接差异，有的是主阀芯结构形状作局部改变。只要熟悉各类压力控制阀的结构特点，分析与排除故障就不会有太大困难。

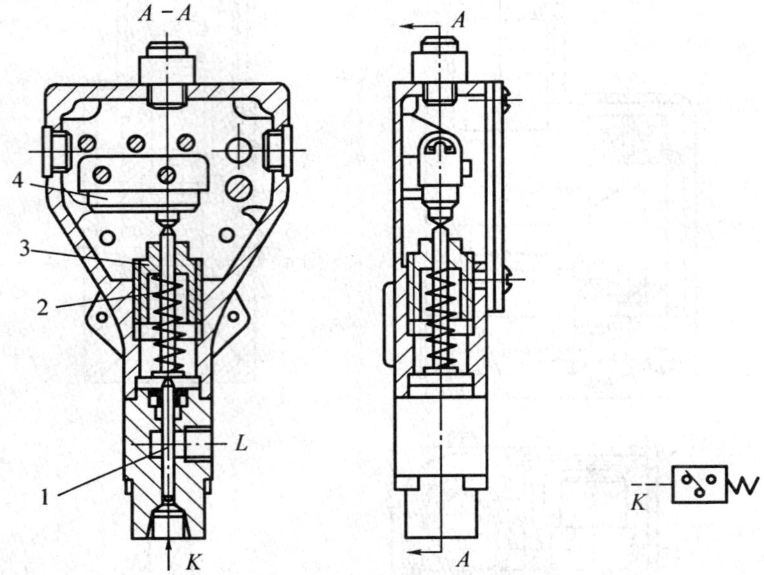

(a)　　　　(b)

图 5－24　单柱塞式压力继电器

(a)结构原理图；(b)图形符号

1—柱塞；2—顶杆；3—调节螺钉；4—微动开关

先导式溢流阀是应用最为广泛的压力控制阀，表 5－4 列出了先导式溢流阀的常见故障及排除方法。

表 5－4　先导式溢流阀的常见故障及排除方法

故障	原因	排除方法
无压力	(1)主阀芯阻尼孔堵塞 (2)主阀芯在开启位置卡死 (3)主阀平衡弹簧折断(或弯曲)，使主阀芯不能复位 (4)调压弹簧弯曲(或未装) (5)阀(或钢球)未装(或破碎) (6)先导阀阀座破碎 (7)远程控制口通油箱	(1)清洗阻尼孔，过滤(或换)油 (2)检修，重新装配(阀盖螺钉紧固力要均匀)，过滤(或换)油 (3)换弹簧 (4)更换(或补装)弹簧 (5)更换(或补装)阀芯 (6)更换阀座 (7)检查电磁换向阀工作状态(或远程控制口通断状态)，排除故障根源

表 5-4(续)

故 障	原 因	排除方法
压力波动太大	(1)液压泵流量脉动太大,使溢流阀无法平衡 (2)主阀芯动作不灵活,时有卡住现象 (3)主阀芯和先导阀阀座阻尼孔时堵时通 (4)阻尼孔太大,消振效果差 (5)调压手轮未锁紧	(1)修复液压泵 (2)修换零件,重新装配(阀盖螺钉坚固力应均匀),过滤(或换)油 (3)清洗阻尼孔,过滤(或换)油 (4)更换阀芯 (5)调压后锁紧调压手轮
振动和噪声大	(1)主阀芯在工作时径向力不平衡,导致溢流阀性能不稳定 (2)锥阀和阀座接触不好(圆度误差太大),导致锥阀受力不平衡,引起锥阀振动 (3)调压弹簧弯曲(或其轴线与端面不垂直),导致锥阀受力不平衡,引起锥阀振动 (4)系统内存在空气 (5)通过流量超过公称流量,在溢流阀口处引起空穴现象 (6)通过溢流阀的溢流量太小,使溢流阀处于启闭临界状态而引起液压冲击 (7)回油管路阻力过高	(1)检查阀体孔和主阀芯的精度,修换零件,过滤(或换)油 (2)封油面圆度误差控制在 0.005 mm ~ 0.01 mm 以内 (3)更换弹簧(或修磨弹簧端面) (4)排除空气 (5)限在公称流量范围内使用 (6)控制正常工作的最小溢流量(对于先导式溢流阀,应大于拐点溢流量) (7)适当增大管径,减少弯头,回油管口离油箱底面高度应大于二倍管径

第三节 流量控制阀

流量控制阀简称流量阀,主要用来调节阀口的流量,以满足执行元件运动速度的要求。常用的流量阀有节流阀和调速阀两种。

一、流量控制阀的特性

(一)流量特性公式

流量控制阀通过的流量,与节流阀口的形状、节流阀口前后的压差及油液的黏度等因素有关。在第二章第五节中已经讨论过,通过节流阀口的流量可用流量特性公式来表示,即

$$q = kA\Delta p^{m} \tag{5-3}$$

式中 k——流量系数,与节流阀口形状、油液黏度等有关;

A——节流阀口的通流面积;

Δp——节流阀口前后的压差;

m——压差指数,由节流阀口的形状决定,一般为 $0.5 \leqslant m \leqslant 1$。当节流阀口形状接近薄壁小孔时 m 值取 0.5;形状接近细长小孔时,m 值取 1。

由式(5-3)可以看出,节流阀口的形状、油液黏度、通流面积和压差都会影响通过节流

阀口的流量大小。流量控制阀虽然有不同的结构,但其流量调节原理是一样的,都是通过一定的方式改变阀口的通流面积,实现流量调节。流量 q 与通流面积 A 成正比。

(二)提高流量稳定性的方法

通常希望阀口通流面积一经调定,通过的流量就不再变化,以使执行元件的速度稳定。但实际上有时并不能做到这点,特别是流量小时。为此,必须采取适当的措施,尽量减少其他因素对流量稳定性的影响。

1.压差 Δp

液压系统的负载通常并非定值,负载变化后,执行元件的工作压力随之变化,与执行元件相连的节流阀口前后压差 Δp 也发生变化。从式(5-3)可以看出,在 A 不变的情况下,若 F 变化,使 Δp 变化,则 q 必然变化。但若取较小的压差指数 m 值,则 Δp 变化后对流量的影响就会减小。所以,应尽量采用形状接近薄壁小孔($m=0.5$)的节流阀口。

2.油温

在液压系统中,由于受环境温度、系统发热的影响,油液的温度不会没有变化。当油温升高而使油液黏度降低时,油液的流动性会提高,流量就会增加。为了减少油温对流量的影响,流量控制阀内部一般都采取了温度补偿措施,在图5-23所示的节流阀结构中,推杆2由温度膨胀系数较高的材料(如聚氯乙烯)制成。在温度上升使流量增加的同时,推杆受热加长,阀芯移动,阀口开度减少,流量减少,实际通过的流量并未发生变化。

3.节流阀口的阻塞

试验表明,在压差、油温等因素不变的情况下,当节流阀口通流面积和水力直径 d_H 很小时,流量会出现不稳定甚至断流的现象,这种现象称为阻塞。产生阻塞的原因主要是节流阀口由于油液的挤压而产生局部高温,使油液氧化生成胶质沉淀,甚至引起油中碳的燃烧而产生灰烬。这些生成物和油中原有杂质结合,在节流阀口表面逐步形成附着层,时而冲走,时而堆积,引起流量的脉动,造成执行元件速度不均匀,并极易堵塞细小的节流阀口而形成断流。为避免阻塞,应尽量采用湿周 χ(通流截面上与液体相接触的管壁周长)较大的节流阀口,并使节流通道长度尽可能地短。薄壁小孔正符合上述要求,但薄壁小孔的通流面积难以调节,故通常所使用的节流阀口大多是薄壁小孔的变异。

二、节流阀

(一)结构原理

图5-25所示为L型节流阀的结构和符号。压力油从进油口 P_1 进入节流阀,经孔 b 流至环形槽,再经过阀芯1左端狭小的轴向三角槽式节流阀口,通过孔 a,由出口 P_2 流出。旋转调节手柄3,可使推杆2作轴向移动。推杆左移时,阀芯也向左移动,将节流阀口关小,通过流量减小。反之,阀芯在弹簧力作用下右移,通过流量增大。

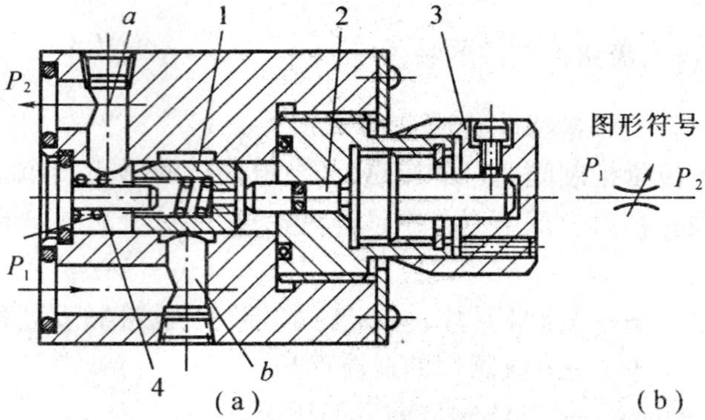

图5-25 L型节流阀

(a)结构原理图;(b)图形符号

1—阀芯;2—推杆;3—调节手柄;4—弹簧

这种节流阀的节流阀口形式为轴向三角槽式，节流通道短，流量特性与薄壁小孔类似，其通流面积可任意调节。

节流阀结构简单、体积小，油液可以逆向流动，但功率损失较大，负载及压差的变化对流量稳定性的影响较大。节流阀常用于负载和温度变化不大或对速度稳定性要求较低的液压系统中。

(二)单向节流阀

节流阀可与单向阀组合成单向节流阀，单向节流阀是用来单方向限制油液流动的。

图 5－26 所示为单向节流阀的结构图和图形符号。压力油由 P_1 口进入，经阀芯上的三角槽节流后从 P_2 口流出，使阀起到节流作用。旋转调节手柄 2 的轴向位置，可使通流面积产生相应的变化。当压力油由 P_2 口进入时，作用在阀芯 5 上的油压作用力大于弹簧 7 的弹簧力，阀芯下移至最下端位置，油液这时不再经过节流口而直接从油口 P_1 流出，这时阀起单向阀作用。

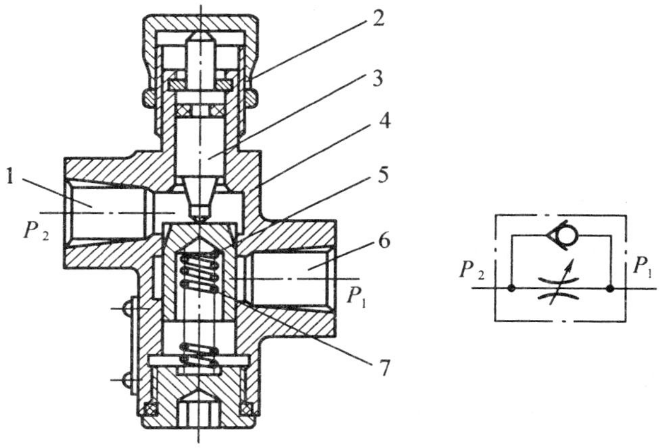

图 5－26　单向节流阀

1、6—油口；2—调节手柄；3—顶杆；4—阀体；5—阀芯；7—弹簧

在图 5－27 所示的液压回路中，当换向阀处于左位时，来自液压泵的油液经并联的单向阀阀口和节流阀阀口顺利地进入液压缸，液压缸上升；而当换向阀处于右位时，液压缸下降，缸内的油液经节流阀阀口流回油箱，回油流量受到限制。这样，可防止载荷下降过程中因速度过快而发生意外事故。

在图 5－26 所示的结构中，若调节手柄不动，则节流口是固定不变的，如果将此阀安装在叉车升降缸的油路中，货叉的下降速度仍然受到载荷大小的影响。有些叉车采用了一种节流口的大小可随外载荷的变化而自动调节的单向节流阀，使货叉的下降速度接近恒定而与外载荷的大小无关，其结构如图 5－28 所示。阀芯 2 的中心开有节流小孔 f，侧面还开有四个径向孔，左侧挖去四道圆弧形凹槽，弹簧 3 安装在阀芯和接头体 5 之间。当压力油从右口进入后，经阀芯中间小孔和径向孔，从左口流出，此时阀不起节流作用。当油液从左口进入时，阀芯右移。此时若外载增大，则进口压力增大，阀的前后压差增大。根据流量特性公式可知，通过的流量增加；同时，进口油压增大也使阀芯向右的位移量随之增大，径向孔大部分被封闭，油液只能经节流小孔 f 和很小的径向缝隙流出，通流面积较小，流量减小，这样，压差增大、通流面积减小这两个因素对流量的影响互相抵消,使通流量没有发生变化,实现了速度的稳定。

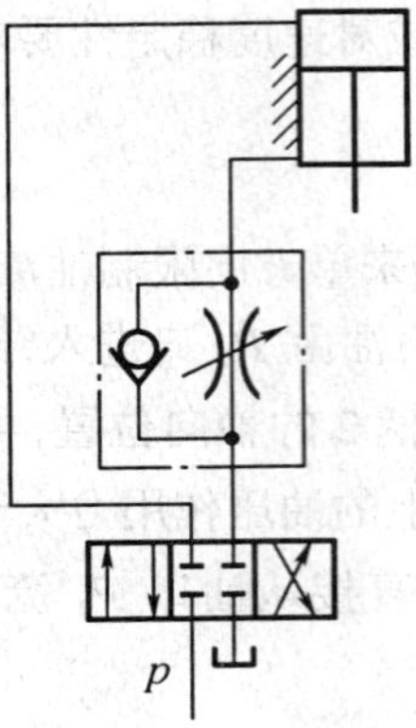

图5-27 单向节流阀回路

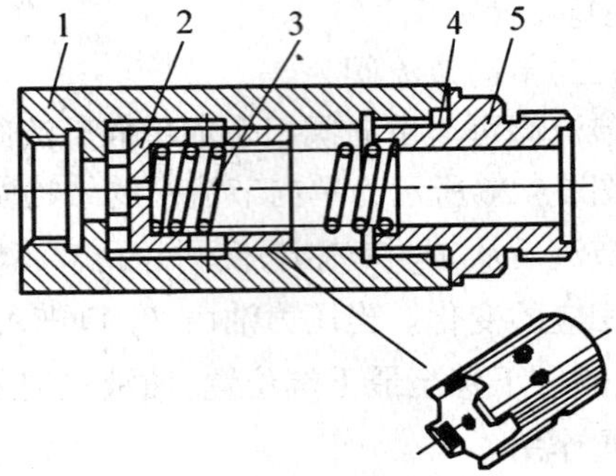

图5-28 节流口可自动调节的单向节流阀

1—阀体;2—阀芯;3—弹簧;4—密封圈;5—接头体

三、调速阀

由流量特性公式(5-3)可知,当节流阀的阀口开度一定时,由于外载的变化,引起节流阀前后的压差 Δp 发生变化,使通过的流量和执行元件的运动速度发生变化,运动无法稳定。用调速阀代替节流阀来调速,可方便地解决这个问题,使执行元件的运动速度仅受阀内节流阀口通流面积的控制,基本不受载荷变化的影响。

(一)工作原理

1.流量调节原理

图5-29所示为调速阀的工作原理图、图形符号及简化图形符号。调速阀实际上是由定差式减压阀1与节流阀2串联而成的组合阀。整个阀只有一个手柄,是节流阀阀口通流面积的调节手柄,减压阀没有调节手柄。

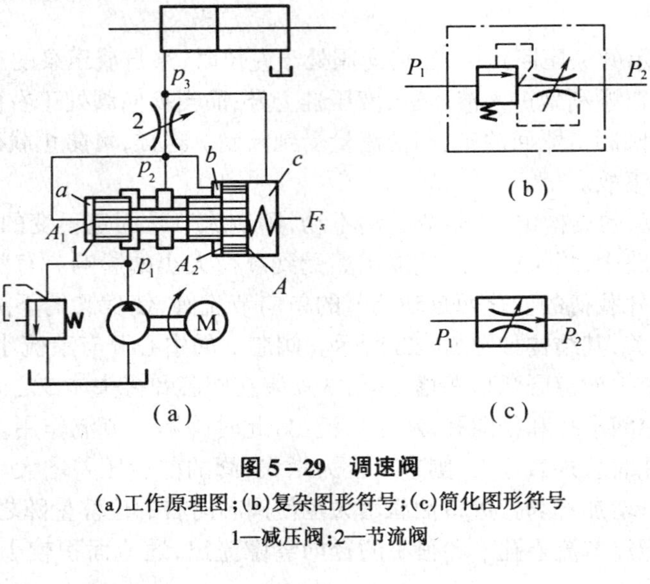

图5-29 调速阀

(a)工作原理图;(b)复杂图形符号;(c)简化图形符号

1—减压阀;2—节流阀

定差式减压阀阀芯的左、右分别与节流阀前、后相通，压力为 p_1 的油液经减压阀减压后压力为 p_2，流经节流阀后压力降至 p_3，油液最终进入液压缸，p_3 的大小由液压缸负载 F 决定。由于节流阀串联在油路中，故调节节流阀阀口通流面积，通过节流阀而流入液压缸的流量就会变化，液压缸的运动速度也就得到调节。因此，与单个节流阀一样，调节调速阀内节流阀的阀口大小也能起到流量调节的作用。

2.流量稳定原理

调速阀内的定差式减压阀的作用是影响自动补偿负载，使节流阀前后的压差为定值，消除负载变化对流量的影响。

如图 5－29 所示，减压阀阀芯小端左腔、大端左腔均与节流阀阀前相通，压力为 p_2，对阀芯的作用力方向均朝右；阀芯大端弹簧腔与节流阀阀后相通，压力为 p_3，方向朝左。阀芯小端面积 A_1 与大端左侧台阶端面面积 A_2 之和等于大端右侧弹簧腔面积 A。设弹簧力为 F_s，当阀芯平衡时，若不计摩擦力，则有

$$p_2A_1 + p_2A_2 = p_3A + F_s$$

即

$$p_2A - p_3A = F_s$$

则节流阀前、后压差为

$$\Delta p_{节} = p_2 - p_3 = F_s/A$$

由于弹簧刚度不大，而且工作过程中阀芯的移动量很小，弹簧作用力 F_s 近似不变，故 $\Delta p_{节}$ 近似为常数。

由于节流阀串联在阀中，故通过节流阀的流量就是通过调速阀的流量。而通过节流阀的流量符合流量特性公式 $q = kA\Delta p^m$。由此式可看出，式中 k，Δp，m 均为常数，也即通过节流阀口流入液压缸的流量 q，仅受调速阀内节流阀通流面积变化的影响，不受其他因素的影响，当然也就基本不受载荷变化的影响。

从定性分析的角度也可清楚地得出与上面一致的结论。若载荷 F 增大，则 p_3 增大，减压阀阀芯右侧的作用力也随之增大，阀芯左移，减压阀阀口开度加大，减压作用减小，p_2 增大，使 p_2 与 p_3 同步等值增加，节流阀前、后压差 $p_2 - p_3$ 保持不变，调速阀通过的流量也因此保持恒定。

3.最小稳定压差

图 5－30 表示通过节流阀和调速阀的流量 q 随压差 Δp 变化的规律。从图中可以看出，节流阀的通过流量随着压差的变化而按近似呈抛物线的规律变化，而调速阀在压差(指图 5－29 中的 $p_1 - p_3$，而不是 $p_2 - p_3$)大于一定值 Δp_{min} 后流量基本是稳定的。但当调速阀前后压差很小时，减压阀的阀芯被弹簧压向最左端，减压阀的阀口全部打开，不起减压作用，调速阀只起节流阀的作用，故此段曲线与节流阀曲线一致。所以，为使调速阀通过的流量稳定，不受外载变化的影响，调速阀前后应至少保持 0.5 MPa 左右的压差。

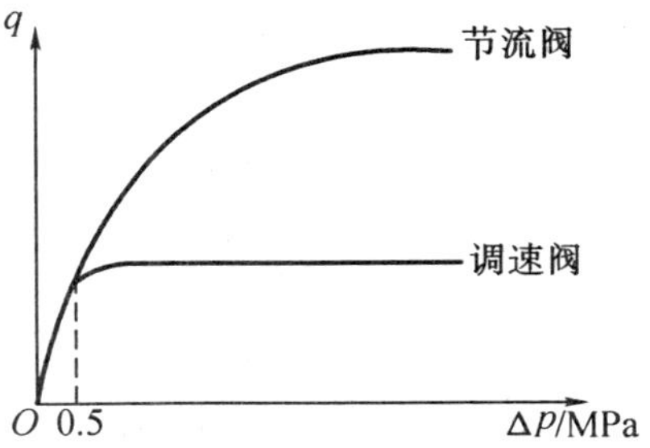

图 5－30　节流阀和调速阀的流量特性比较

(二)调速阀的结构

图 5－31 所示为 Q 型调速阀的结构图。液压油从进油口 P_1 进入减压阀阀套的环槽 a，

经减压阀后流入环槽 b，再经孔 c、节流阀芯 2 的三角槽节流阀口、油腔 a、孔 e，从出油口 P_2（图中虚线所示）流出。同时减压后的压力油经四个小孔 h 进入减压阀阀芯 3 大台阶的右腔，另一路压力油经阀芯 3 的中心小孔 j 流入阀芯小端右腔。节流阀后的压力油经孔 e、孔 f（图中虚线所示）和孔 g 通到减压阀阀芯 3 大端的左腔（弹簧腔）。根据减压阀阀芯受力平衡的原理，节流阀前后压差保持不变。转动手柄 1，使节流阀阀芯轴向移动，就可以调节所需的流量。Q 型调速阀的工作压力为 0.5 MPa～6.3 MPa，阀的进、出油口不能调换。

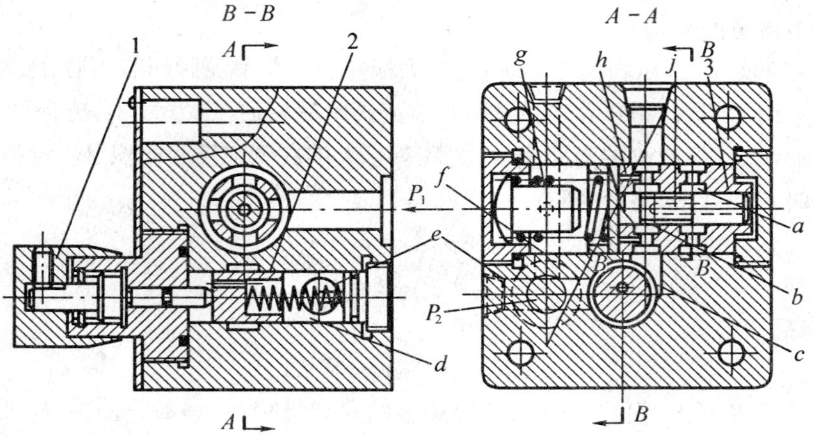

图 5－31　Q 型调速阀

1—调节手柄；2—节流阀芯；3—轴套

四、流量控制阀的常见故障及排除方法

流量控制阀中，调速阀较为典型，现将调速阀常见故障与排除方法列在表 5－5 中。

表 5－5　调速阀的常见故障及排除方法

故障	原　因	排除方法
调节失灵	(1)定差减压阀阀芯与阀套孔配合间隙太小(或有毛刺)，导致阀芯移动不灵活或卡死 (2)定差减压阀弹簧太软(或弯曲、折断) (3)油液过脏使阀芯卡死(或节流阀孔口堵死) (4)节流阀阀芯与阀孔配合间隙太大而造成较大泄漏 (5)节流阀阀芯与阀孔配合间隙太小(或变形)而卡死 (6)节流阀阀芯轴向孔堵塞 (7)调节手轮的紧定螺钉松掉、调节轴螺纹被脏物卡死	(1)检查，修配间隙，使阀芯移动灵活 (2)更换弹簧 (3)拆卸清洗，过滤(或换)油 (4)修磨阀孔，单配阀芯 (5)配研保证间隙 (6)拆卸清洗、过滤(或换)油 (7)拆卸清洗、紧固紧定螺钉

表 5-5(续)

故 障	原 因	排除方法
流量不稳定	(1)定差减压阀阀芯卡死 (2)定差减压阀阀套小孔时堵时通 (3)定差减压阀弹簧弯曲、变形、端面与轴线不垂直或太硬 (4)节流孔口处积有污物,造成时堵时通 (5)温升过高 (6)系统中有空气	(1)拆卸清洗、修配,使阀芯移动灵活 (2)拆卸清洗,过滤(或换)油 (3)更换弹簧 (4)拆卸清洗,过滤(或换)油 (5)降低油温(或选用高黏度指数油液) (6)将空气排净

第四节 比例阀、插装阀和数字阀

比例阀、插装阀和数字阀是近二三十年发展起来的新型液压元件。它们的出现,扩大了阀类元件的品种和液压元件的使用范围。本节仅对它们的工作原理和用途作简要介绍。

一、比例阀

比例阀是电液比例控制阀的简称。前面介绍的各种阀是手动调节或用开关控制的,开关式控制阀的输出参数是不可调节的。比例阀则可以按照接受电信号的指令,连续地控制液压系统的压力、流量等参数,使其与输入电信号成比例地变化。

目前使用的比例阀,较多的是以比例电磁铁取代普通液压阀的手调装置或以普通电磁铁发展起来的。比例电磁铁的外形与普通电磁铁相似,但功能却不相同。比例电磁铁的吸力与通过其线圈的直流强度成正比。输入信号在通入比例电磁铁之前,要先经电放大器处理和放大。电放大器多制成插装式装置,与比例阀配套供应。

根据被控制的参数和用途的不同,比例阀也可分为压力、流量和方向控制阀三大类。

1. 比例压力阀

用比例电磁铁取代直动式溢流阀的手调装置,便成为直动式比例溢流阀。图 5-32 为直动式比例溢流阀的结构原理图和图形符号。随输入电信号强度的变化,比例电磁铁的电磁力也随之变化,从而改变调压弹簧的压缩量,使锥阀的开启压力随输入信号的变化而变化。若输入信号连续地、按比例地或按一定程序变化,则比例溢流阀所调节的系统压力也连续地、按比例地或按一定程序变化。

把直动式比例溢流阀作先导阀与普通压力阀的主阀相配,便可组成先导式比例溢流阀、比例减压阀和比例顺序阀。

2. 比例流量阀

用比例电磁铁取代节流阀或调速阀的手调装置,以输入电信号控制节流阀口开度,便可连续地或按比例地远程控制其输出流量。图 5-33 便是比例调速阀的工作原理图。图中的节流阀芯 1 由比例电磁铁操纵,故节流阀口的开度便由输入电信号的强度决定。由于定差减压阀 2 已保证了节流阀口前后压差为定值,所以一定的输入电流就对应一定的输出流量。

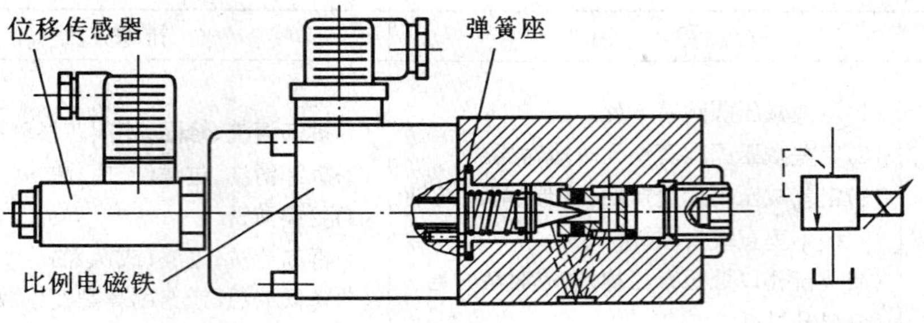

(a) (b)

图 5-32　比例溢流阀

(a)结构原理图;(b)图形符号

3.比例换向阀

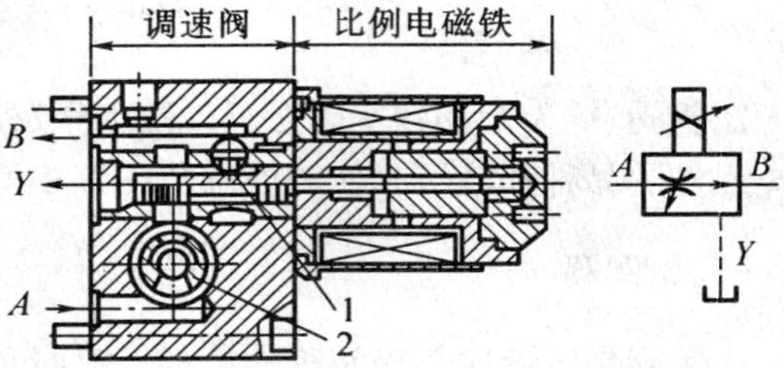

图 5-33　比例调速阀

用比例电磁铁取代电磁换向阀中的普通电磁铁,便可构成直动式比例换向阀,如图5-34所示。由于使用了比例电磁铁,所以阀芯不仅可以换位,而且换位的行程可以连续地或按比例地变化,因而也能方便地调整阀口的通流面积,所以比例换向阀不仅能控制执行元件的运动方向,还能控制其速度。此外,多个比例换向阀也可组成比例多路阀。

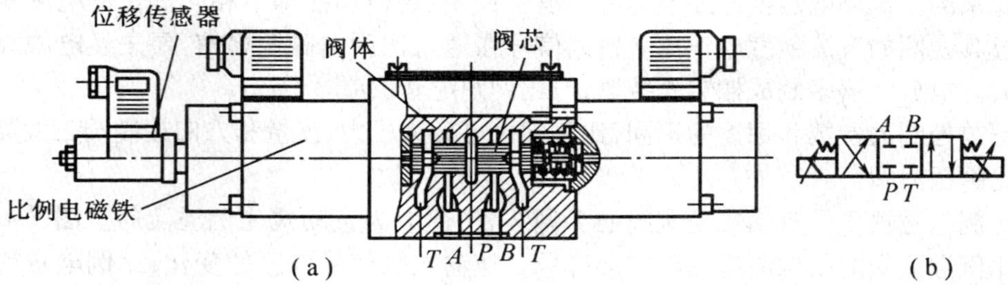

(a) (b)

图 5-34　比例换向阀

(a)结构原理图;(b)图形符号

二、插装阀

插装阀又称插装式锥阀或逻辑阀。它是一种不包括阀体的,适应于直接装入一个共同阀体内的特殊的二位二通阀。这种阀一阀多机能,而且标准化、通用化程度高,通油能力大,密封性能和动态性能好。在高压大流量的液压系统中,采用这种插装阀具有良好的经济性。目前,插装阀在压力机械、塑料成型机械及其他重型机械的液压系统中得到广泛的应用。

1.基本结构和工作原理

插装阀的结构原理和图形符号如图5-35所示。它由插装块体 5、插装主阀、控制盖板 1

和先导元件(置于控制盖板上,图中未画)组成。插装主阀包括阀套 2、锥形阀芯 4 和弹簧 3 等,采用插装式连接。盖板将插装主阀封装在插装块体内,并通过油道沟通先导元件和主阀。

就工作原理而言,插装阀相当于一个液控单向阀,A 和 B 为主油路的两个仅有的工作油口(所以称二通阀),K 为控制油口。

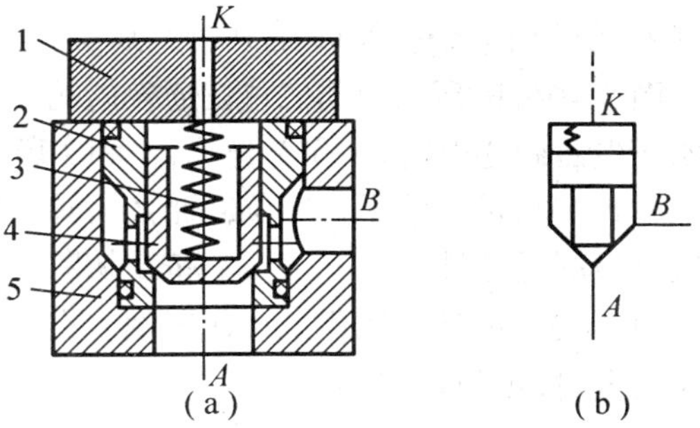

图 5-35 插装阀

(a)结构原理图;(b)图形符号

1—控制盖板;2—阀套;3—弹簧;4—阀芯;5—插装块体

在图 5-35(b)中,设各油路油压分别为 p_A,p_B 和 p_K,阀芯上的受压面积分别为 A_A,A_B 和 A_K,$A_K = A_A + A_B$,弹簧的作用力为 F_s。

当 $p_K + F_S > p_A A_A + p_B A_B$ 时,锥阀闭合,A,B 油路被切断;反之,锥阀被打开,A,B 油路导通。

若 p_A,p_B 一定,调节 p_K,便可控制 A,B 的通断;当 p_K 等于零时,p_A,p_B 均可使锥阀打开,油液可以从 A 流向 B,也可从 B 流向 A。

因此,插装阀通过控制油口的启闭和压力的大小,即可控制主阀阀芯的启闭和油口 A,B 间油液的流向、流量和压力,起方向控制阀、压力控制阀和流量控制阀的作用。若干个不同控制功能的插装阀组装在一个或多个插装块体内,便组成所需的液压回路,并使元件集成化。

2.插装式方向控制阀

图 5-36 所示为几个插装式方向控制阀的实例。

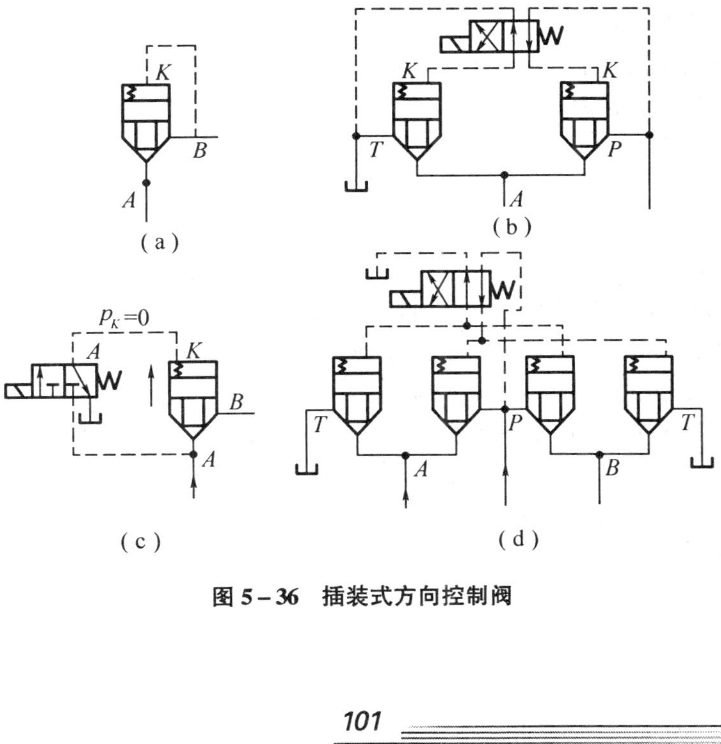

图 5-36 插装式方向控制阀

图 5 - 36(a)所示用作单向阀。控制油口 K 与油路 A 相连,当 $p_A > p_B$ 时,锥阀关闭,A 和 B 不通;当 $p_A < p_B$ 且 p_B 达到一定数值(开启压力)时,锥阀打开,油液便从 B 流向 A。

图 5 - 36(b)所示用作二位三通换向阀。在图示状态下,A 和 T 连通,A 和 P 断开;当二位四通电磁阀通电时,A 和 P 连通,A 和 T 断开。

图 5 - 36(c)所示用作二位二通换向阀。在图示状态下,锥阀开启,A 和 B 连通;当二位二通电磁阀通电且 $p_A > p_B$ 时,A 和 B 切断。

图 5 - 36(d)所示用作二位四通阀。在图示状态下,A 和 T,P 和 B 连通;当二位四通电磁阀通电时,A 和 P,B 和 T 连通。

用多个先导阀(如上述各普通电磁阀)和多个主阀相配,便可构成复杂位通组合的插装式换向阀,这是普通换向阀难以做到的。

3.插装式压力控制阀

对插装阀的控制油口 K 的油液进行压力控制,即可构成压力控制阀,以控制高压大流量液压系统的工作压力。

在图 5 - 37 中,用直动式溢流阀作为先导阀来控制插装式主阀,可分别构成先导式溢流阀和卸荷阀。在图示状态下,插装阀 B 油口接油箱,控制油口 K 与先导阀相连,先导阀的出口接油箱,构成了插装式溢流阀。即当 A 油口油压力 p_A 升高到先导阀的调定压力时,先导阀打开,A 油口油液流经主阀芯阻尼孔时产生压差,使主阀芯克服弹簧阻力开启,A 油口压力油便通过打开的主阀口经 B 油口溢回油箱,实现溢流稳压;当二位二通电磁阀通电时,控制油口 K 接通油箱,主阀芯抬起,A 油口油液便在很低油压下流回油箱,构成了卸荷阀。

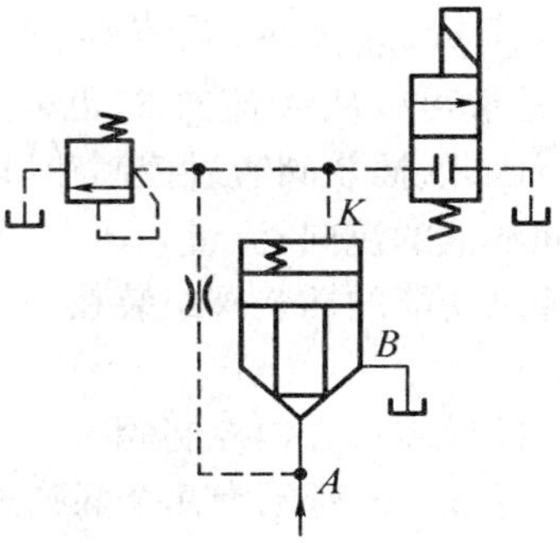

图 5 - 37　插装式压力控制阀

4.插装式流量控制阀

如图 5 - 38 所示,在插装式方向控制阀的盖板上增加阀芯行程调节器,以调节阀芯的开度,从而起到流量调节的功能,即构成了插装节流阀。若在插装节流阀前串联一个定差减压阀,就可组成插装调速阀。

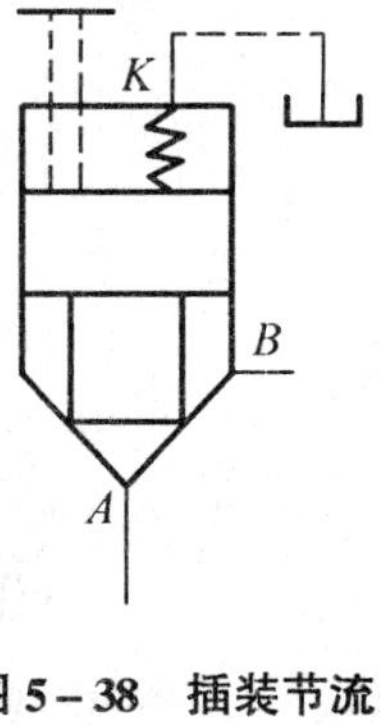

图 5 - 38　插装节流阀

三、数字阀

电液数字阀简称为数字阀,它是利用数字信息直接控制的阀。利用计算机对电液系统进行控制是技术发展的必然趋势,但比例阀能接受的信号是连续变化的电压或电流,而数字阀则可直接与计算机接口,不需要数/模转换器,可用于以微机实现实时监控的电液系统中。

数字阀目前主要有由步进电动机驱动的增量式数字阀和用脉宽调制原理控制的高速开关型数字阀,前者已形成数字流量、压力、方向阀系列产品,而后者则处于研究完善阶段。

图 5 - 39 所示为增量式数字流量阀。计算机发出经驱动电源放大的脉冲信号,步进电动机 1 每接受一个脉冲便转动一定的角度。滚珠丝杆 2 再将步进电动机的转动转化成轴向

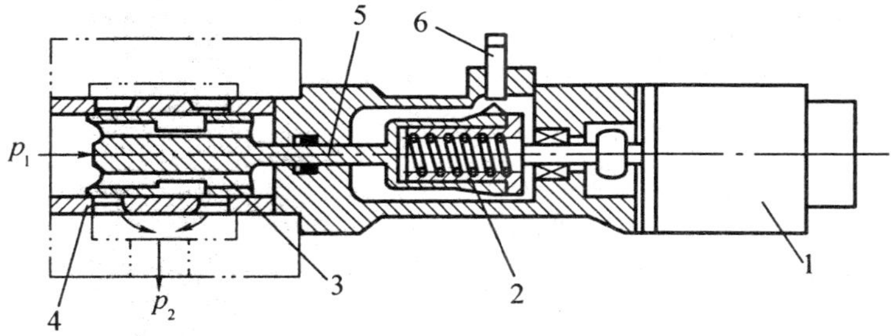

图 5-39 数字流量阀

1—步进电动机;2—滚珠丝杆;3—阀芯;4—阀套;5—连杆;6—传感器

位移,带动节流阀阀芯 3 移动。该阀有两个节流阀口,阀芯右移时首先打开右边的节流阀口,它是非全周开口,流量较小;阀芯继续移动则打开左边的全周节流阀口,流量较大。这种结构的数字阀可控制相当大的流量,最大可达3 600 L/min。

第五节 液压控制阀的选型

任何一个液压传动系统,选择合适的液压控制阀,是保证系统设计合理、性能优良、安装简便、维修容易,以及正常工作的重要条件。选择液压阀时,除需要按功能进行选择外,还需考虑额定压力、通过流量、安装形式、操作方法、性能特点以及价格因素等。

液压控制阀的选择,首先应尽可能地选择标准系列的通用产品,在不得已的情况下,再自行设计专用的控制元件。专用元件的设计也必须遵守有关标准,如安装连接尺寸、基本参数等,以利于组织生产和品种的发展。

一、额定压力的选择

液压控制阀额定压力的选择,可根据系统设计的工作压力选择相应压力等级的液压控制阀,并应使所选阀的额定压力稍大于系统的工作压力。高压系列的液压阀,一般都能适用于该额定压力以下的所有工作压力范围。当然,高压液压阀在额定压力下制订的某些技术指标,在不同的工作压力下会有些不同,而有些指标会变得更好。在各压力等级的液压阀逐步向高压发展,并统一为一套通用高压系列的趋势下,对液压阀额定压力的选择也将会更加方便。

一般来说,液压阀实际工作压力如果稍大于标明的额定压力,在短时期内也是允许的。但如果长期处在这样的工作状态下,就会影响产品的正常寿命,也将影响某些性能指标。

二、通过流量的选择

对液压阀流量参数的选择,可以产品标明的公称流量为依据。如果产品能提供通过不同流量时的有关性能曲线,则元件的选择使用就更为合理了。

一个液压系统各部分回路通过的流量不可能都是相同的。因此,不能单纯依据液压泵的额定流量来选择阀的流量参数,而应该考虑到液压系统在所有设计工作状态下各部分阀可能通过的最大流量。如换向阀的选择则要考虑到系统中采用差动液压缸,在换向阀换向时液压缸无杆腔通过的流量要比有杆腔排出的流量大得多，甚至可能比液压泵输出的最大流量还大；再如选择节流阀、调速阀时，不仅要考虑可能通过该阀的最大流量，还要考虑到该阀的最小稳定流量；又如某些回路通过的流量比较大，如果选择与该流量相当的换向阀，在换向时可能会产生较大的压力冲击。为了改善系统的工作性能，可选择大一档规格的换向阀；某些系统，大部分工作状态下，通过的流量不大，偶尔会有大流量通过，考虑到系统布置的紧凑，阀本身的工作性能，或者压力损失的瞬时增加，在许可的情况下，可不按偶然的大流量工况选取，允许阀在短时超流量状态下使用。

三、安装方式的选择

液压控制阀的安装方式，是指与系统管路或其他阀的进出油口的连接方式。

设计液压系统安装方式时，要根据所选择液压阀的规格，以及系统的简繁和布置特点而定。如果系统较简单、流量小、元件较少、安装位置又较宽畅，可采用螺纹连接；如果系统较复杂，元件较多，且安装位置较紧凑，可采用板式连接；如果系统很复杂、元件又多，宜采用叠加式连接。

四、操作方式的选择

液压控制阀有多种操纵方式，可根据系统的操纵需要和电气系统的配置能力进行选择。如对于小型的和不常用的系统，调整工作压力，可直接靠人工调节溢流阀来进行；如果溢流阀的安装位置离操纵位置较远，直接调节不方便，则可加装远程调压阀，以进行远距离控制；如果液压泵启闭频繁，则可选择电磁溢流阀，以便采用电气控制，还可选择在初始或中间位置能使液压泵卸荷的换向阀，以获得同样的要求。

在许多场合，采用电磁换向阀容易与电气系统组合，以获得系统的自动化控制。而在某些场合，为简化电气控制系统，并使操作简单，宜选用手动换向阀。

五、性能特点的选择

液压系统性能要求不同，对所选择的液压阀的性能要求也不同，而许多性能又受到结构特点的影响。如用在保护系统中的安全阀，要求反应灵敏，调压偏差小，以避免大的冲击压力，且能吸收换向阀换向时产生的冲击。

对换向速度要求快的系统，一般选择交流电磁换向阀；反之，对换向速度要求慢的系统，则可选择直流电磁换向阀。

如果由于温度或压力的变化，一般的调速阀不能满足执行元件运动的精度要求，则要选择带压力补偿装置或温度补偿装置的调速阀。

如果使用液控单向阀，且背压较高，但控制压力又不可能提高很多，则应选择外泄式结构。

六、经济性方面的选择

在满足工作要求的前提下，应尽可能地简化系统，降低投入，以提高主机的经济指标。如对某些调速要求不高的回路，可采用行程调节型节流阀，以省略调速阀，从而获得相似的效果。

对电液换向阀使用较少的系统，控制方式可采用内部压力油控制，以省略控制液压泵和控制管路。反之，对电液换向阀使用较多的高压系统，为节省总功率，反而希望采用外部压力油控制。

除以上六点以外，对一个液压系统设计者来说，应对国内外液压阀的生产情况有较全面的了解，尤其是要了解国内液压阀的生产品种、各类阀的性能、新老产品的交替、同类产品的代用或改用，只有这样，才能在选择使用各种阀类时更加正确合理。

思考题与习题

5-1　正确画出各种液压阀的符号。

5-2　正确写出各种液压阀的功用。

5-3　何谓换向阀的“位”和“通”？

5-4　什么是泵的卸荷？正确画出三位四通阀 O,H,Y,P,K,J,M 型中位符号，并分别指出能否实现泵的卸荷以及所控制的液压缸所处的状态。

5-5　换向阀常用的操纵方式有哪几种，其复位形式分别是什么？

5-6　手动换向阀有哪两种，有何特点？什么是分配阀？

5-7　电液换向阀适用于什么场合，它的先导阀能否采用 O 型中位，为什么？

5-8　先导式溢流阀主阀打开原理、远程调压原理和卸荷原理分别是什么？

5-8　先导式溢流阀主阀阀芯阻尼小孔是否可以加大或者堵塞，为什么？如果将先导阀口堵塞，则又会怎样？

5-9　直动式溢流阀、先导式溢流阀在结构、性能、功用上有哪些相同之处，又有哪些区别？

5-10　减压阀的减压原理是什么，减压阀的手柄处于全紧状态时，主阀口处于什么状态？

5-11　为什么减压阀通过先导阀的油液要接油箱，如果将外泄漏口堵死，将会怎样？

5-12　若减压阀进、出油口装反，会出现什么现象？

5-13　减压阀与溢流阀有哪些区别？

5-14　三种顺序阀的区别是什么？

5-15　先导式的溢流阀、减压阀及三种顺序阀，它们的外形一样。在不拆解阀体的情况下，如何将它们区分开来？

5-16　平衡阀安装在油路中什么位置，有哪两个作用，其原理分别是什么？

5-17　提高流量控制阀流量稳定性的办法有哪些？

5-18　节流阀和调速阀在结构、性能上有哪些异同点？

5-19　哪些阀可作背压阀使用？

5-20　与普通液压阀相比，比例阀、插装阀有哪些优点？

5-21　正确分析图 5-32 所示插装式方向控制阀的油路连通关系。

5-22　液压控制阀的选型要考虑哪几方面的因素？

第六章 辅助装置

液压系统中的辅助装置是指除液压泵、液压马达、液压缸及各类控制阀之外的其他组成元件,包括管件、过滤器、油箱、蓄能器、密封件、压力表、压力表开关、热交换器等。这些装置中,除油箱通常需要自行设计制造外,其余皆为标准件。辅助装置是液压传动系统中必不可少的一部分,对系统的性能、效率、温升、噪声、安全和寿命的影响极大。

第一节 管 件

管件包括油管和管接头。液压系统用油管来传输工作液体,把油管与油管、油管与液压元件连接起来。

一、油管

液压传动中常用的油管有钢管、紫铜管、橡胶管、尼龙管和塑料管等。

钢管、紫铜管属于硬管,用于连接相对位置不变的固定元件。钢管能承受高压,耐油,抗腐蚀性,刚性好,且价格便宜。但装配中弯曲困难,不易拆装,常用于装配方便的压力管路处。中压以上用冷拔无缝钢管,低压用焊接钢管;紫铜管易于弯曲,便于装配,且管壁光滑,流动阻力小,但承压能力较低(一般不超过6.5 MPa~10 MPa),价格较贵,抗振能力弱。紫铜管广泛应用于压力不高、装配不便及仪表的连接处。

橡胶管、尼龙管、塑料管属于软管,用于有相对运动的元件之间的连接。橡胶管装配方便,有可挠性、吸振性和消声性。高压橡胶管由耐油橡胶夹以1~3层钢丝网(层数越多耐压越高)制成,用于压力油路。低压橡胶管由耐油橡胶夹帆布制成,一般用于回油管路;尼龙管为半透明,可观察油液流动情况,加热后可任意弯曲成形和扩口,承压能力为2.5 MPa~8 MPa;塑料管耐油、价格低,装配方便,长期使用会老化,只用作压力低于0.5 MPa的回油管和泄油管。

各种油管的规格与工作压力等参数可查阅有关液压手册。

油管内径影响流动阻力,可根据通过的流量 q 和允许的流速 v 按下式计算

$$d=\sqrt{\frac{4q}{\pi v}} \tag{6-1}$$

计算出管径 d 后,查阅有关油管的手册,按 d 值选用标准规格。油管外径和壁厚由强度要求决定。

安装油管时,通常应注意以下几个方面。

(1)管道应尽量短,横平竖直,转弯少。为避免管道皱折,以减少压力损失,硬管装配时的弯曲半径要足够大,见表6-1。管道悬伸较长时要适当设置管夹(标准件)。

(2)管道应尽量避免交叉。交叉的油管间应有适当的间隔,以防干扰、振动,应便于安装管接头。

表 6-1 硬管装配时允许的弯曲半径

管子外径 D/mm	10	14	18	22	28	34	42	50	63
弯曲半径 R/mm	50	70	75	80	90	100	130	150	190

(3)软管直线安装时要有 3% ~4% 的余量,以适应油温变化、受拉和振动的需要。弯曲处到管接头的距离至少是外径的 6 倍,软管不能靠近热源。

二、管接头

管接头是油管与油管、油管与液压元件间的可拆连接件,它应满足连接牢固、密封可靠、外形尺寸小、通油能力大、装拆方便、工艺性好等要求。

管接头种类很多,按管道的类型可分为硬管接头和软管接头;按通路可分为直通、直角、三通、四通等类型;按油管和管接头的连接方式可分为扩口式、卡套式、焊接式等;按管接头与连接体的连接形式可分为螺纹连接、法兰连接等。管接头与液压元件的连接常用圆锥和螺纹加密封涂料,或采用普通细牙螺纹加密封垫圈的形式。

(一)硬管接头

图 6-1 所示为扩口式管接头。装配前先将油管 1 套装上导套 2 和螺母 3,然后将油管端部在专门工具 6 上扩成喇叭口,角度为 74°~90°,即可装在接头体 4 上,靠旋紧螺母时产生的轴向力把油管扩口部分夹在导套 2 和接头体 4 相应的锥面之间,从而实现连接和密封。这种接头结构简单,连接强度可靠,装配维护方便,适用于铜管、薄钢管、尼龙管和塑料管等低压薄壁管道的连接。

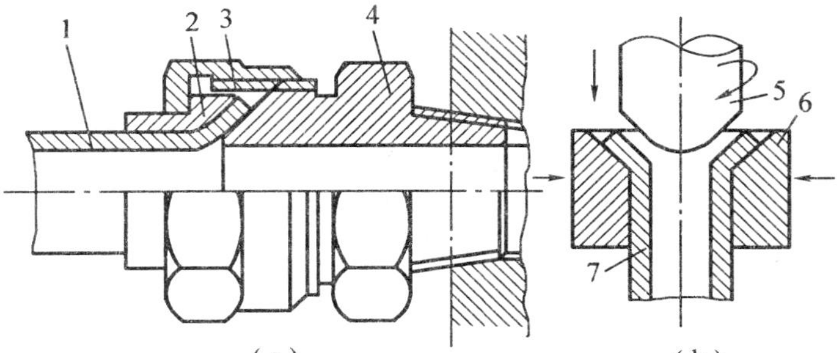

图 6-1 扩口式管接头

(a)扩口式管接头;(b)扩口用工具

1—油管;2—导套;3—螺母;4—接头体;5—扩口用工具;

6—扩口用模具;7—被扩管子

图 6-2 所示为卡套式管接头。卡套 2 是一个在内圆端部带有锋利刃口的金属环。先将油管端面与接头体 4 的止推面 a 相接触。拧紧螺母 3 时,刃口嵌入油管 1 而形成卡套与油管之间的密封带 b,卡套刃口端的外表面与接头体 4 的内锥面形成球面接触密封带 c。这种接头结构性能良好,装拆方便,广泛应用于高压系统,但油管需采用冷拔无缝钢管。

图 6-3 所示为焊接式管接头。管接头的接管 1 与油管焊接在一起,用螺母 2 将接管与接头体 3 连接在一起。按接管与接头体之间的密封方式,焊接式管接头分有三种:图 6-3

(a)采用球面密封,简单可靠,但加工成本高,应用较少;图 6-3(b)采用密封圈 4 和 5 密封,密封可靠,制造方便,应用较广;图 6-3(c)采用金属垫圈 6 密封,每次拆下后都要更新,否则会影响密封效果。

当被连接的两根油管有相对转动时,还需采用回转式管接头。

(二)软管接头

对软管接头,除了要求工作可靠外,还应耐振动、耐冲击、耐反复屈伸。软管接头有可拆式、扣压式和三瓣式等。

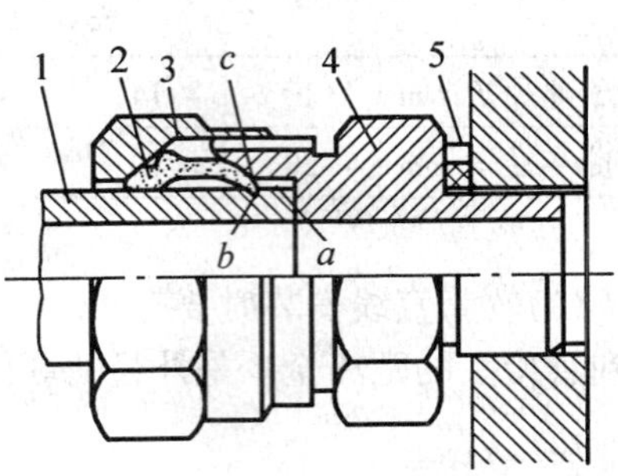

图 6-2 卡套式管接头

1—油管;2—卡套;3—螺母;4—接头体;5—密封圈

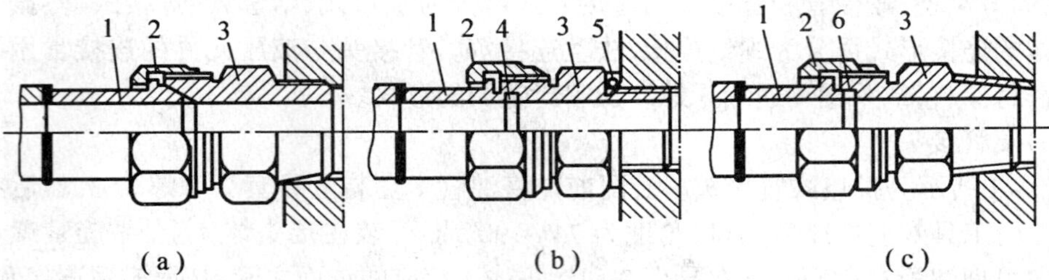

图 6-3 焊接式管接头

1—接管;2—螺母;3—接头体;4,5—密封圈;6—垫圈

图 6-4 所示为扣压式软管接头,装配时需剥离胶管 4 的外胶层,然后在专门设备上扣压而成。图 6-4(a)为 A 型扣压式软管接头,它可与焊接式管接头相连接;图 6-4(b)为 B 型扣压式软管接头,它可与卡套式管接头相连接;图 6-4(c)为 C 型扣压式软管接头,它可与扩口式管接头相连接。扣压式软管接头的工作压力在 10 MPa 以下。

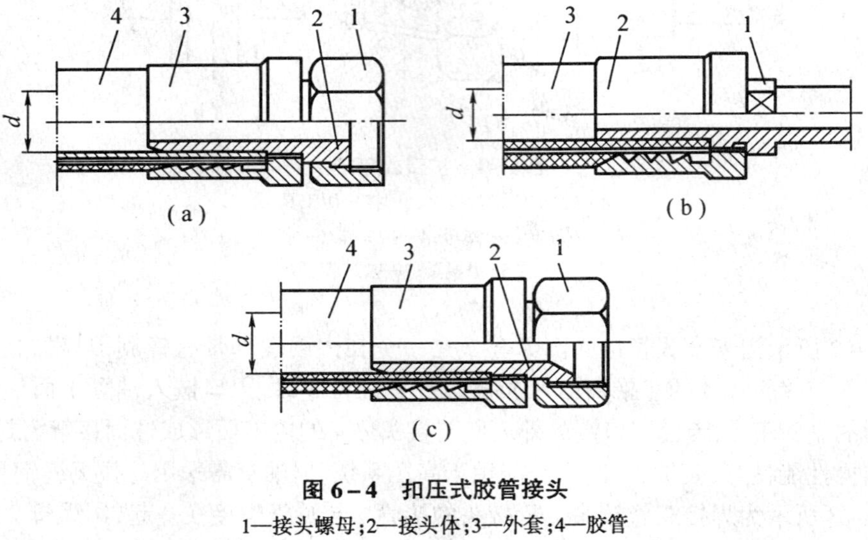

图 6-4 扣压式胶管接头

1—接头螺母;2—接头体;3—外套;4—胶管

第二节 过 滤 器

一、过滤器的功用

液压系统的油液中常存在各种污染物。系统装配时,残留在元件和管道中的切屑、锈垢、橡胶颗粒、漆片、棉丝等物属于外部污染物;而系统运动过程中零件磨损的脱落物以及油液因理化作用而产生的物质则属于内部污染物。混杂在油液中的各种污染物会加速液压元件的磨损,堵塞节流小孔,甚至使液压滑阀卡死。有统计资料表明,液压系统的故障有 75% 以上是因油液污染造成的。为保证液压系统正常工作,必须对系统中污染物的颗粒大小及数量予以控制。系统中过滤器的作用就是滤去油液中的杂质颗粒,控制污染程度在允许范围内。

二、过滤精度

不论何种过滤器,都是依靠带有一定尺寸滤孔的滤芯过滤污染物的。过滤就是从油液中分离非溶性固体微粒的过程。过滤器过滤精度,通常用能被过滤掉的杂质颗粒的公称尺寸(μm)来表示。一般要求过滤精度小于运动副间隙的一半。此外,压力越高,对过滤精度的要求也越高,其推荐值见表 6-2。

表 6-2 过滤精度推荐值表

系统类别	一般传动			伺服系统
压力/ MPa	≤7	7~35	>35	≤21
过滤精度/μm	25~50	≤25	≤10	≤5

三、过滤器的结构

常用的过滤器按其滤芯材料和结构形式可分为网式、线隙式、纸芯式、烧结式和磁性式等多种。

1.网式过滤器

如图 6-5 所示,网式过滤器是用铜丝网 3 蒙在筒形骨架 2 上制成的。过滤精度由网孔大小和层数决定,一般过滤精度为 80 μm ~ 180 μm。这种过滤器压力损失小(一般为 0.025 MPa)、结构简单、通油能力大、清洗方便,但过滤精度不高,一般装在液压泵吸油路上,以保护液压泵。

2.线隙式过滤器

图 6-6 所示为线隙式过滤器,滤芯 2 是用铜线或铝线密绕在筒形芯架 1 的外部而组成的,并装在壳体 3 上(用于吸油管路上的过滤器则无壳体)。它依靠铜(铝)丝间的微小间隙来滤除固体微粒,油液经线间缝隙和芯架槽孔流入过滤器内,再从上部孔道流出。常用的线隙式过滤器的过滤精度为 100 μm ~ 200 μm,精密的过滤精度可达 20 μm,一般用于低压回路或辅助回路。

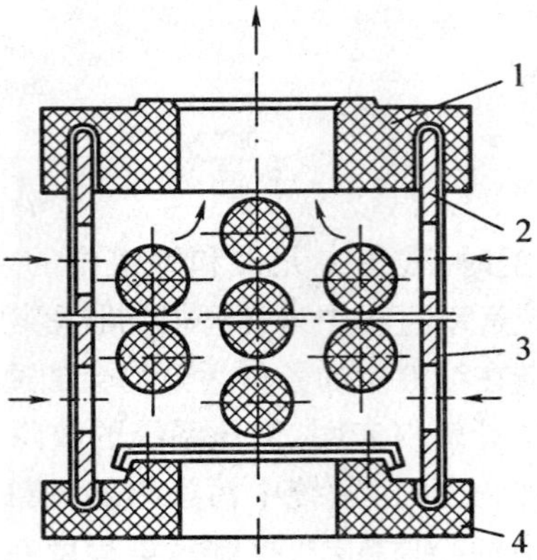

图 6-5 网式过滤器

1—上盖;2—筒形骨架;3—铜丝网;4—下盖

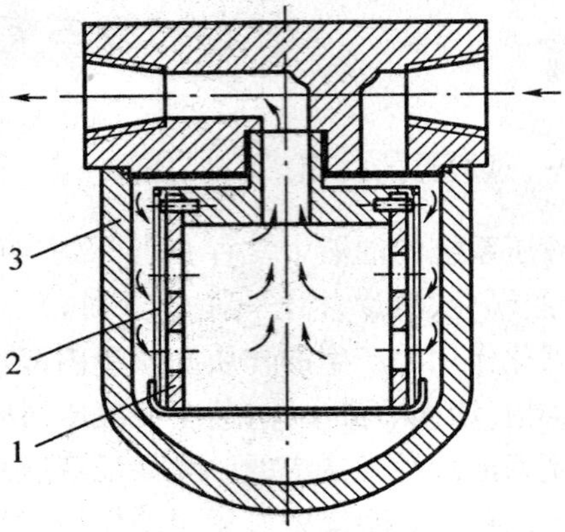

图 6-6 线隙式过滤器

1—芯架;2—滤芯;3—壳体

3.纸芯式过滤器

如图 6-7 所示,纸芯式过滤器滤芯为滤纸,油液通过滤芯时,通过滤纸的微孔滤去固体颗粒。为了增大滤芯的强度,一般滤芯由三层组成:外层 2 为粗眼钢板网,中间层 3 为折叠成 W 形的滤纸,里层 4 由金属丝网与滤纸一并折叠而成。纸芯式过滤器的过滤精度高(5 μm ~ 30 μm),可在高压(38 MPa)下工作,质量小,但易堵塞,强度低,滤芯需经常更换,一般用于要求过滤质量高的液压系统。

为了保证过滤器能正常工作,不致因污染物逐渐聚积在滤芯上引起压差增大而压破纸芯,纸芯式过滤器顶部通常装有污染指示器 1。当滤芯堵塞到限定值时,污染指示器发出堵塞信号(发亮或发声),提醒操作人员更换滤芯。

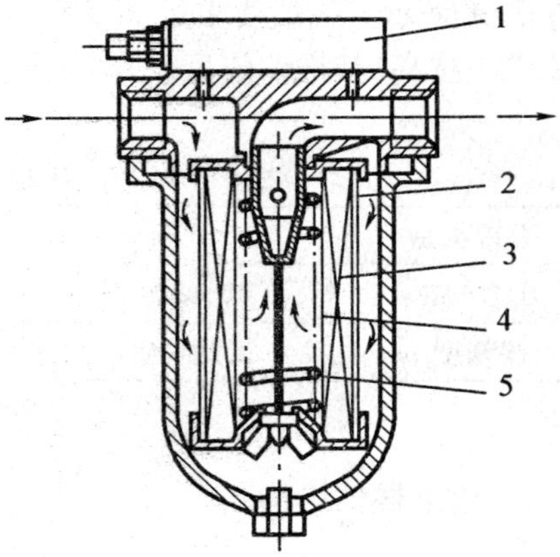

图 6-7 纸芯式过滤器

1—污染指示器;2—滤芯外层;3—滤芯中层;4—滤芯里层;5—支承弹簧

4.烧结式过滤器

如图 6-8 所示,烧结式过滤器的滤芯是由青铜粉压制后烧结而成的,有杯状、管状、碟状和板状等形状,利用粉末颗粒间的间隙微孔滤去油中杂质。选择不同粒度的粉末,能获得不同的过滤精度。烧结式过滤器的过滤精度高,滤芯的强度高,抗冲击性能好,能在较高温度下工作,有良好的抗腐蚀性,且制造简单。缺点是易堵塞,难清洗,使用中烧结颗粒可能会脱落。它一般用于要求过滤精度较高的液压系统中,但近年来逐渐被纸芯式过滤器代替。

5.磁性过滤器

磁性过滤器依靠永磁性材料吸附混在油液中的铁屑、铸铁粉末之类的金属杂质,但一般结构的磁性过滤器对其他污染物不起作用,它常与其他类型的滤芯一起制成复合过滤器,特别适用于加工钢铁件的液压系统。

四、过滤器的安装

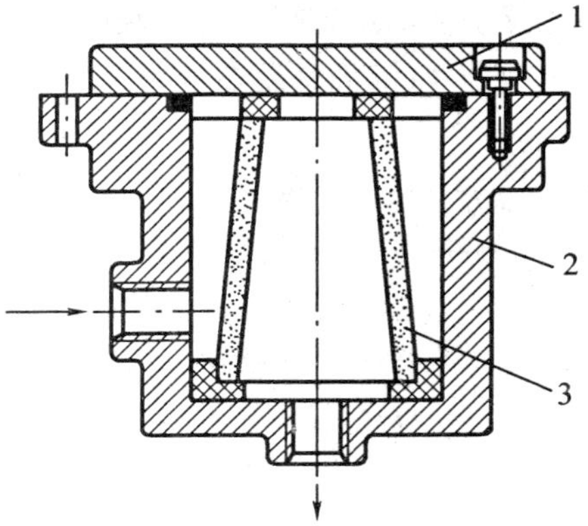

图 6-8 烧结式过滤器

1—端盖;2—壳体;3—滤芯

过滤器在液压系统中的安装位置有五种，如图 6-9 所示。

1.安装在泵的吸油口

安装在液压泵吸油口的过滤器 1 用以避免较大颗粒的杂质进入液压泵,从而起到保护泵的作用。但要求过滤器有很大的通油能力(大于液压泵流量的两倍)和较小的压力损失(不超过 0.02 MPa),否则将使液压泵吸油不畅,产生空穴现象和强烈噪音,故一般在吸油口处安装过滤精度较低的网式过滤器。

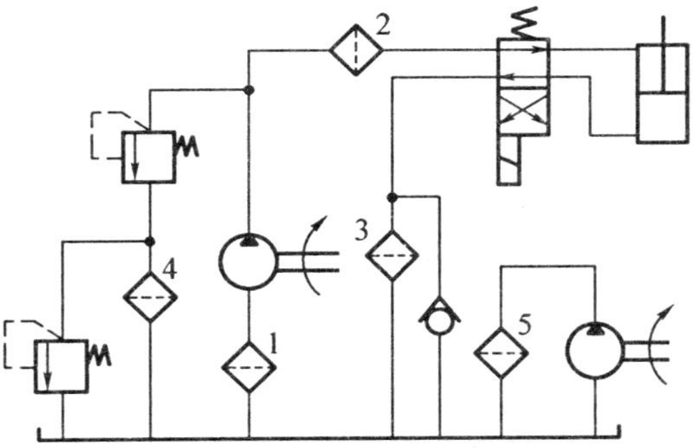

图 6-9 过滤器的安装位置

2.安装在泵的压油口

安装在液压泵压油口的过滤器 2 用以保护除液压泵以外的其他液压元件,一般采用 10 μm ~ 15 μm 过滤精度的精密过滤器。由于过滤器在高压下工作,故要求过滤器有足够的耐压强度,其过滤阻力应小于0.35 MPa。为了避免因滤芯堵塞而使液压泵过载或造成滤芯击穿,应在过滤器旁并联一安全阀。

3.安装在系统的回油路上

安装在系统回油路上的过滤器 3,可使油液在流回油箱前经过过滤,为泵提供清洁的油液,但不能直接防止杂质进入系统。回油路压力较低,可采用滤芯强度不高的精过滤器。为防止因滤芯堵塞而影响系统正常工作,这种情况下常并联一单向阀作安全阀。

4.安装在系统的分支油路上

当泵流量较大时,若采用以上各种安装方法,过滤器可能过大。为此,可在液压泵出口的溢流阀分支油路上安装一小规格过滤器 4,使油液的污染程度得到控制。但由于过滤器只通过泵的部分流量,所以不能完全保证液压系统的安全。

5.安装在独立的过滤油路上

大型液压系统可设一液压泵和过滤器 5 组成一个独立于主系统以外的过滤回路,以保护主系统。由于通过过滤器的流量是稳定不变的,这种安装方法更有利于控制油液的污染程度。

第三节 油 箱

油箱是液压系统中用来储存油液、散热、沉淀油中固体杂质、逸出油中气泡的容器。

油箱按液面是否与大气相通,分为开式油箱和闭式油箱。开式油箱广泛应用于一般的液压系统中,而闭式油箱则用于水下和高空无稳定气压或工作稳定性与噪声有严格要求处。

本节仅介绍开式油箱。

为保证能向系统提供足够的油液并使热油得到充分冷却,油箱应有足够的容积。油箱的有效容积 V(液面高度占油箱高度 80% 时的油箱容积)可按下述经验公式确定

$$V = mq_p \tag{6-2}$$

式中 q_p——液压泵的流量;

m——系数,低压系统为 2~4,中压系统为 5~7,中高压或高压大功率系统为 6~12。对于流动性机械和有冷却装置的系统,m 取小值。

下面结合图 6-10 所示,分述油箱结构。

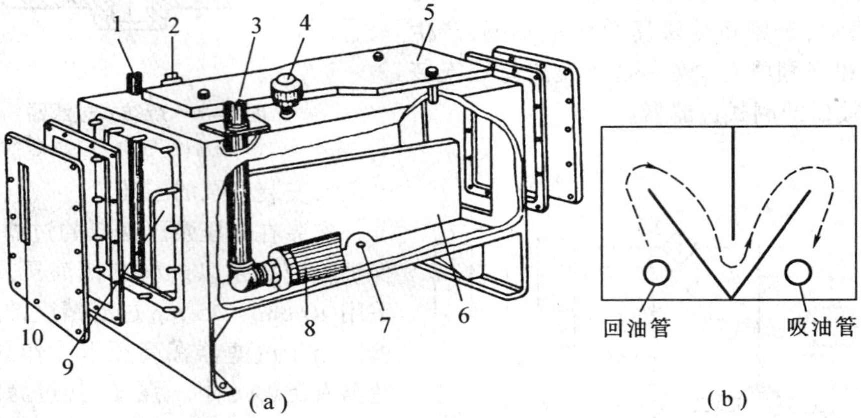

图 6-10 油箱结构示意

(a)结构示意图;(b)隔板布置图

1—回油管;2—泄油管;3—吸油管;4—空气过滤器;5—安装板;6—隔板;7—放油口;8—过滤器;9—清洗窗;10—液位计

1. 外部设置

油箱外形以正立方体或长方体为宜,箱盖的尺寸要考虑能安放泵和电动机(也有的置于箱旁或箱下)及阀的集成装置等。最高油面只允许达到箱高的 80%。当容量较小时,油箱可采用厚 2.5 mm~4 mm 的钢板直接焊接而成;当容量较大或较高时,一般采用角钢焊成骨架后再焊上钢板。顶盖要适当加厚并用螺钉通过焊在箱体上的角钢加以固定,以承受安装其上的物体重力、机器运转时的转矩及冲击力等。泵、电机等可直接固定在顶盖上,也可安装在图 6-10 所示安装板 5 上。安装板与顶盖之间应垫上橡胶板等减振装置以缓和振动。顶盖上的加油口具有加油和通气双重作用,并带有滤网。箱底制成单斜面或双斜面以便放油。油箱侧面安装监测油面高度的液位计,必要时布置温度计和热交换器。油箱底脚高度应在 150 mm 以上,以便散热、搬移和放油。为便于吊装,油箱四周要有吊耳。

2. 内部设置

为了防止吸油时吸入空气,回油时把空气喷射到油液中,泵的吸油管 3 和系统回油管 l 均应插入油箱最低油面以下,但离箱底的距离应大于管径的 2~3 倍。泄油管 2 不宜插入油中,以免增加执行元件的背压。为防止箱底的沉淀物吸入液压泵,吸油管管端的过滤器离箱壁至少要有 3 倍管径的距离,距箱底不应小于 20 mm。回油管口应截成 45°斜角,以增大通流面积,并面向与回油管相距最近的箱壁,以利于散热和沉淀杂质。吸油管与回油管应尽量远离,并用

隔板分开，以增大油液循环路程，便于分离回油带来的空气和污物，提高散热效果。隔板如按图 6－8(b)所示布置可使油液获得最长的流程。油箱内壁应涂优质耐油防锈涂料。

第四节 蓄　能　器

一、蓄能器的结构与性能

蓄能器是液压系统的能量储存元件，它能把系统的压力储存起来，又能在系统需要时将压力释放出去。

按储存能量的方式分，蓄能器有重力式、弹簧式和充气式三种。充气式是利用气体膨胀和压缩进行工作的，根据结构它又可分为活塞式、气囊式和气瓶式三种。下面主要介绍常用的活塞式和气囊式蓄能器。

1.活塞式蓄能器

活塞式蓄能器的结构如图 6－11 所示。活塞 2 的上部为压缩气体（一般为氮气），由顶部气门充入，下部为压力油，经油孔与液压系统相通。活塞随下部压力油的储存和释放而在缸筒内滑动；当系统中的油液压力高于活塞上部的气体压力时，活塞向上移动，气体被压缩，压力油进入蓄能器内被储存；反之，活塞下移，将蓄能器内储存的压力油排回系统，释放压力能。这种蓄能器结构简单，寿命长，但因活塞运动时有一定的惯性和摩擦力，反应不够灵敏，不宜用于吸收脉动和冲击，也不适用于低压系统。此外，活塞上的密封圈磨损后，会使气液混合，影响系统的工作稳定性。

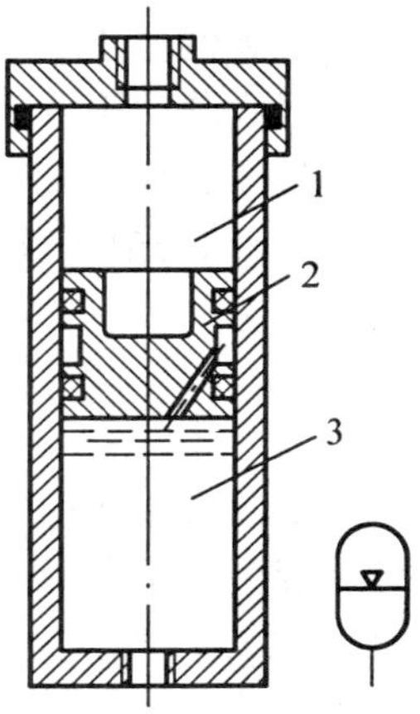

图 6－11　活塞式蓄能器
1—压缩气体；2—活塞；3—液压油

2.气囊式蓄能器

气囊式蓄能器的结构如图 6－12 所示。其工作原理与活塞式相同，不同的是采用了特殊耐油橡胶制成的气囊 3。气囊固定在壳体 2 的上端，气体通过气门阀 1 充入气囊。壳体下端的提升阀 4 是一个受弹簧作用的菌形阀，压力油由此通入。菌形阀用来防止油液全部排出时气囊膨胀出壳体之外。该结构能使油气完全隔开，气囊惯性小，反应灵敏。其缺点是气囊和壳体制造困难，容量较小。这种蓄能器应用范围广，特别适用于吸收急速的液压冲击和脉动的场合。

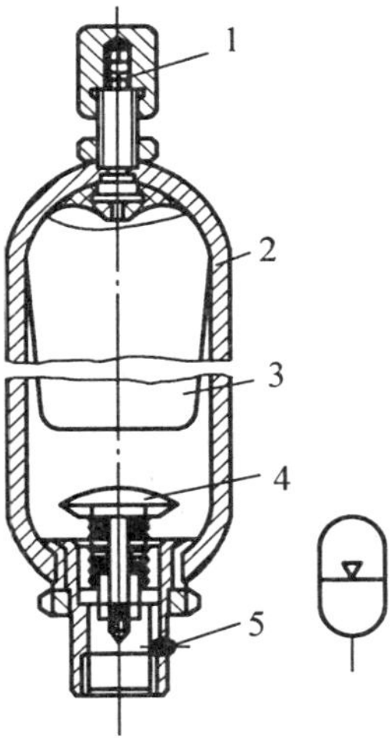

图 6－12　气囊式蓄能器
1—充气阀；2—壳体；3—气囊；4—提升阀；5—螺塞

二、蓄能器的功用

1.短时供油

当执行元件作间隙运动或作短暂时间的高速运动时，可采用蓄能器作辅助动力源与泵联合使用。在执行元件不运动时，蓄能器储存泵输出的压力油，满压后泵停转；在执行元件工作时，蓄能器则与液压泵同时向系统短时供给压力油。这样就可以用较小流量的泵使执行元件获得较快的启动速度，不但节省功率，还可以减小油液温升。

2.作应急油源

当液压泵发生故障或电源突然中断时,可用蓄能器作应急压力油源放出压力油,使执行元件继续完成必要的动作,避免可能引起的事故。

3.保压补漏

当执行元件停止运动的时间较长,并且需要保压时,可用蓄能器储存的油液补偿油路上的泄漏损失,起保压作用。这时液压泵可卸荷,以降低功率消耗。

4.缓和冲击

在控制阀或液压缸等冲击源之前设置蓄能器,可缓和由于阀的突然换向或关闭、执行元件运动的突然停止等原因造成的液压冲击。

5.吸收脉动压力

在液压系统中设置蓄能器可使液压油脉动降低到最小限度,从而使对振动敏感的仪表及管接头、阀的损坏事故大为减少,噪声也显著降低。

第五节　密 封 装 置

密封装置主要用来防止液压油的内、外泄漏。良好的密封是液压系统传递动力并正常动作的保证。根据两个需要密封的零件配合面间有无相对运动,可将密封分为动密封和静密封两大类。

设计或选用密封装置的基本要求是:密封装置具有良好的密封性能,随着压力的增加能自动提高密封效果,同时摩擦阻力小。另外还要求密封件耐油性、抗腐蚀性、耐磨性好,使用寿命长,使用的温度范围广,结构简单,装拆方便。

下面介绍几种常用的密封方法。

一、间隙密封

如图 6-13 所示,间隙密封是一种简单的密封方法,它依靠零件配合面间的微小间隙来控制泄漏。由第二章环状缝隙流量计算公式可知,泄漏量与间隙的三次方成正比,因此可用减小间隙的方法来减少泄漏。

间隙密封形式简单,摩擦阻力小,但其密封效果较差,密封性能不能随压力的增加而提高,配合面磨损后无法补偿。另外,密封性能还与密封区间的前后压力差、配合表面的长度、直径、零件的相对运动速度等有关。间隙密封一般将间隙控制为 0.02 mm ~ 0.05 mm,这就要求配合面加工的精度很高。

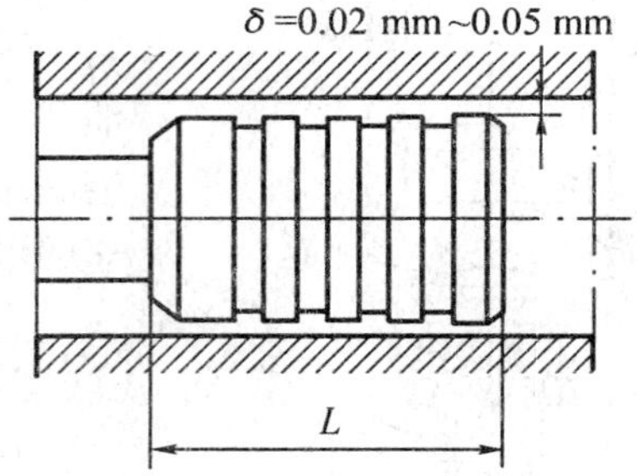

图 6-13　间隙密封

为了减少间隙密封的泄漏量,一般在零件表面加工数道压力平衡槽,如图 6-13 所示。压力平衡槽宽 0.3 mm ~ 0.5 mm,深 0.5 mm ~ 1 mm,间距为 2 mm ~ 5 mm。压力平衡槽的作用原理是:当泄漏油液经过压力平衡槽时在槽中形成涡流,涡流对泄漏形成阻力,阻滞后续泄漏油液的泄漏速度,使泄漏量得到一定程度的控制。压力平衡槽同时还能起到保证两配合件同轴,降低运动时的摩擦力和避免因偏心而增加泄漏等作用。

间隙密封的密封质量不高，一般用于低压、小直径等场合。

二、活塞环密封

活塞环密封是依靠在环形槽内的弹性金属环紧贴密封面内壁实现密封的，它与发动机内的活塞环密封原理完全相同。这种密封方式的密封效果好，适应的压力和温度范围很宽，能自动补偿磨损，工作可靠，寿命长，但摩擦阻力较大，一般仅用于高温、高压和高速的场合。

三、密封圈密封

密封圈密封是液压系统中应用最广泛的密封。它是将密封圈套装或嵌入在密封槽内，依靠其弹性变形实现密封。这种密封方法结构简单、制造方便，磨损后能自动补偿，并且密封性能还能随压力的增大而提高。

密封圈有 O 型、Y 型、V 型及组合式等数种，其材料为耐油橡胶、尼龙等。

(一)O 型密封圈密封

O 型密封圈的截面为圆形，如图 6-14(a)所示。这种密封方法结构简单，占用空间小，装拆方便，密封性能好，动摩擦阻力小，对油液、温度和压力的适应性好，用量少，单圈即可对两个方向起密封作用。它应用比较广泛，既用于静密封，也用于滑动密封(转动密封用得较少)。

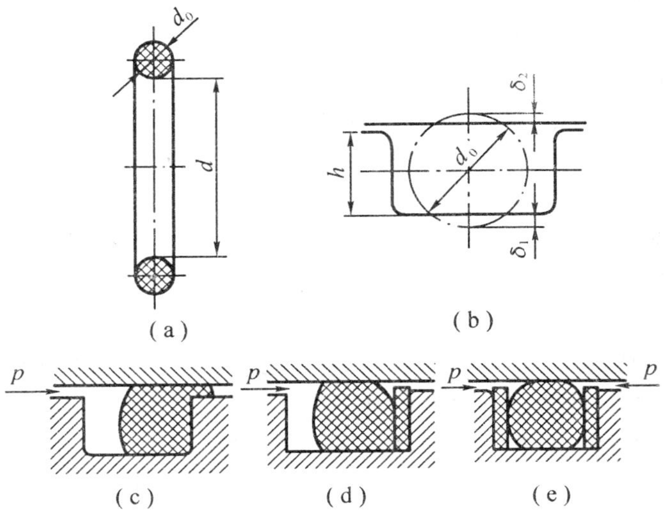

图 6-14 O 型密封圈

O 型密封圈安装时要有合理的预压缩量，如图 6-14(b)所示中的 δ_1 和 δ_2。过小，密封性能不好；过大，摩擦阻力大，易于损坏。在无液压力时，靠密封圈的弹性对接触面产生预接触应力，实现初始密封。当油腔充入压力油后，在液压力的作用下，O 型圈进一步变形而紧贴槽底和孔的内壁，密封面上的接触应力上升，可提高密封效果。

O 型密封圈密封的缺点是，当压力较高或沟槽尺寸选择不当时，密封圈容易被挤出而造成严重磨损，如图 6-14(c)所示。在工作压力大于 32 MPa 的静密封中，或工作压力大于 10 MPa 的动密封中，应在 O 型圈侧面放置 1.2 mm～1.5 mm 厚的聚四氟乙烯制成的挡圈。当密封圈单向承压时,应在密封圈低压一侧安放一个挡圈,如图 6-14(d)所示;往复运动双向受压时,两侧都要安放,如图 6-14(e)所示。

(二)Y 型密封圈密封

Y 型密封圈的截面呈 Y 型,属唇形密封圈,如图 6-15(a)所示。它是一种密封性、稳定性和耐压性都较好,摩擦阻力小,寿命较长的密封圈,主要用于往复运动的密封。

Y 型密封圈的密封作用是依赖于它的唇边对配合面的紧密接触及在液压力的作用下产生的较大接触应力达到密封目的的。液压力越高,贴得越紧,接触应力越大。

Y 型密封圈安装时,唇口端应对着液压力高的一侧。当运动件往复运动双向受压时,密封圈应使用两套。如压力变化较大,滑动速度较高,应使用支承环来固定密封圈,以避免其翻转。

Y 型密封圈一般适用于工作压力小于 20 MPa,工作温度为 -30 ℃ ~ +100 ℃,使用速度小于 0.5 m/s 的场合。

Y_X 型密封圈是 Y 型密封圈的改型产品,其截面的长宽比大于等于 2,因而不易翻转,无需支承环固定。低唇应与密封面接触,以减少摩擦;高唇与槽底接触,以防止密封圈窜动。Y 型圈分为轴用(图 6-15(b),装在孔上)和孔用(图 6-15(c),装在轴上)两种。

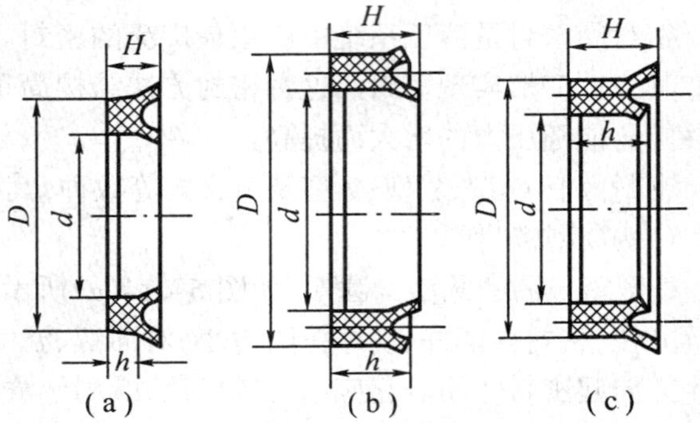

图 6-15 唇形密封圈

(a)Y 型密封圈;(b)Y_X 型密封圈轴用型;(c)Y_X 型密封圈孔用型

Y_X 型密封圈一般适用于工作压力小于 32 MPa,使用温度为 -30 ℃ ~ +100 ℃的场合。

(三)V 型密封圈密封

V 型密封圈由形状不同的支承环、密封环和压环叠加组合而成,如图 6-16 所示。当压环压紧密封圈时,支承环使密封圈产生变形而起密封作用。当密封压力高于 10 MPa 时,可增加密封环的数量,以提高密封效果。安装时,密封圈的开口应朝向压力高的一侧。

V 型密封圈密封性能良好,耐压高,寿命长,通过选择适当的密封圈个数和调节压紧力,可获得最佳的密封效果,但摩擦阻力和轴向尺寸较大。它适宜在工作压力小于 50 MPa,对密封性能要求高,温度在 -40 ℃ ~ +80 ℃的条件下工作。

(四)组合密封圈密封

随着液压技术的日益广泛应用,系统对密封的要求也越来越高,普通的密封圈单独使用已不能很好地满足密封性能要求,特别是使用寿命和可靠性方面的要求。因此,由两个以上元件组成的组合式密封装置便应运而生。

图 6-17 所示的滑环式组合密封圈就是一种由聚四氟乙烯滑环和 O 型密封圈组成的新型密封装置。O 型密封圈 1 在滑环 2 的内表面施加一定的弹性预紧力,使滑环产生微小的变形而与金属面贴合。因滑环与金属之间无黏着性,所以摩擦系数小,而且耐磨。由于聚四氟乙烯的弹性较小,不能将滑动表面完全贴紧,所以当压力较高时其泄漏量较大,但其使用寿命比单独用 O 型圈时高很多倍。滑环式组合密封圈适用于要求启动阻力、滑动阻力很小且动作循环频率很高的场合,如伺服液压缸等。

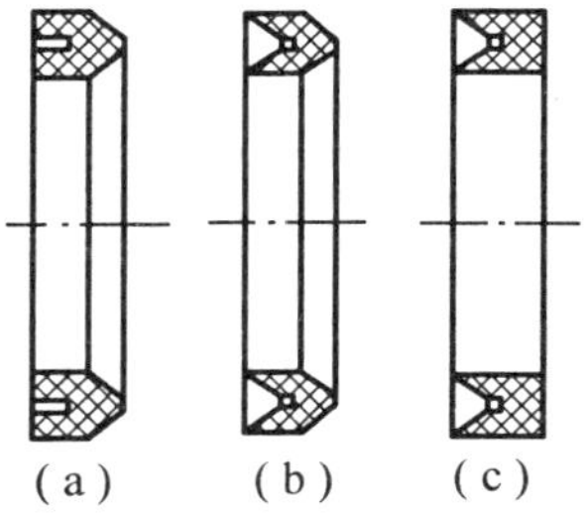

图 6-16　V 形密封圈

(a)支承环;(b)密封环;(c)压环

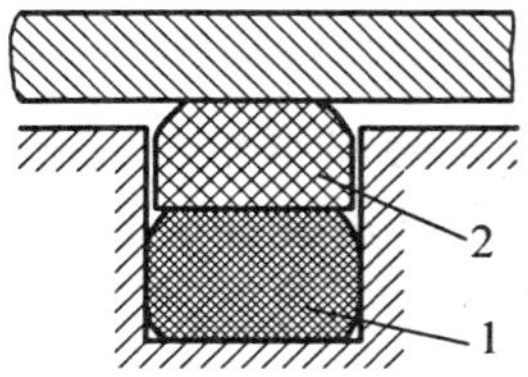

图 6-17　滑环式组合密封圈

1—O 型密封圈;2—滑环

第六节　压力表及压力表开关

一、压力表

压力是液压系统重要的参数之一。压力表就是用来观察液压系统中的工作压力,以便控制和调整系统压力的。

压力表的种类较多,最常用的是弹簧弯管式压力表,其结构原理如图 6-18 所示。弹簧弯管 1 是一根弯成 C 字形、横截面呈扁圆形的空心金属管,它的封闭端通过传动机构与指针 2 相连,另一端与进油管接头相连。测量压力时,压力油进入金属弯管,弯管变形,曲率半径加大,其端部位移通过杠杆 4 使扇形齿轮 5 摆动。扇形齿轮和小齿轮 6 啮合,于是小齿轮带动指针转动,从刻度盘 3 上即可读出压力值。

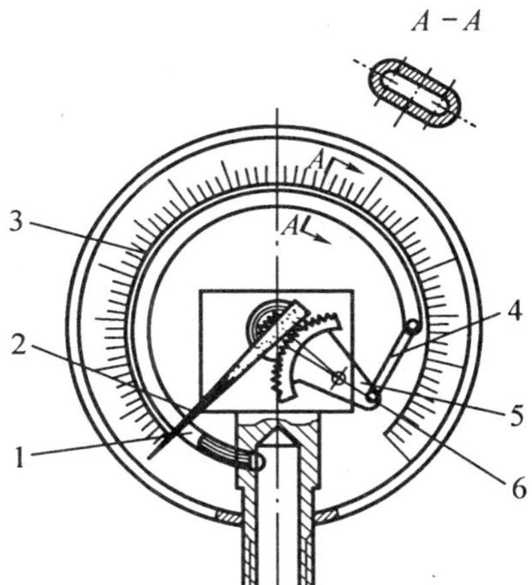

图 6-18　弹簧弯管式压力表

1—弹簧弯管;2—指针;3—刻度盘;4—杠杆;5—扇形齿轮;6—齿轮

压力表有多种精度等级,精度等级的数值是压力表最大误差占量程(表的测量范围)的百分数。如一只 2.5 级精度、量程为 6 MPa 的压力表,其最大误差为 $6 \times 2.5\% = 0.15$ MPa。

选用压力表时,被测压力不应超过压力表量程的 3/4。压力表必须直立安装。压力表接入压力管道时,应通过阻尼小孔,以防止压力突变而引起压力表冲坏。

二、压力表开关

压力表开关用于接通或断开压力表与测量点的通路。压力表开关的通道很小,有阻尼作用。压力表开关按其所能测量的测量点数目不同可分为一点、三点及六点几种,多点压力表开关,可使一个压力表分别与几个被测油路相接通,以测量几部分油路的压力。按连接方式不同,压力表开关又可分为管式和板式两种。

图 6－19 所示为板式连接的K－6B型压力表开关结构图。图示位置为非测量位置,此时压力表经沟槽 *a*、小孔 *b* 与油箱相通。测压时,将手柄向右推进去并转到测量点位置,使沟槽将压力表油路与测量点油路连通。与此同时,压力表油路与通往油箱的油路被断开,这时便能测出该测量点的压力。如将手柄转到另一测量点,便可测出另一个点的压力。压力表的过油通道很小,可防止指针的剧烈摆动。不需测压时,应将手柄拉出,使压力表油路与系统油路断开,以保护压力表并延长其使用寿命。

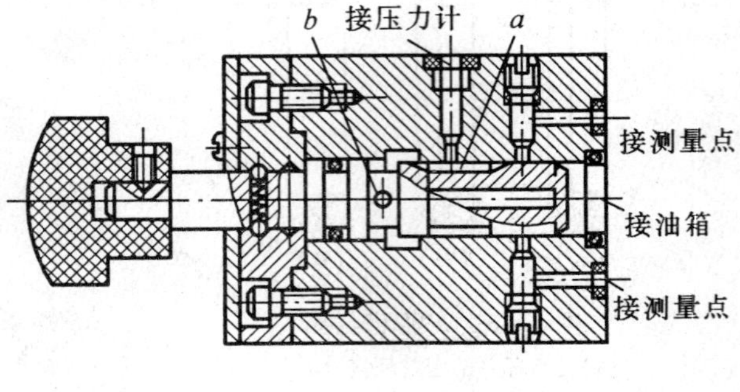

图 6－19　压力表开关

思考题与习题

6－1　常用油管有哪几种,它们分别适用于什么范围?

6－2　常用的过滤器有哪几种类型,各有什么特点,一般安装在什么位置?

6－3　油箱的功用是什么?油箱的结构布置要考虑哪些方面?

6－4　蓄能器有哪些种类和功用?

6－5　间隙密封的特点是什么?压力平衡槽有何作用?

6－6　密封圈密封有哪几种形式,其密封原理分别是什么?

6－7　如何选用压力表?

第七章　液压基本回路

液压系统不论如何复杂，总不外乎是由一些基本回路组成。所谓基本回路，是指由若干个液压元件所组成的且能完成系统某一特定功能的典型油路。掌握液压基本回路的组成、工作原理和性能，是分析和设计液压传动系统的重要基础。

液压基本回路按其不同的功能，可分为压力控制回路、速度控制回路、方向控制回路等。

第一节　压力控制回路

压力控制回路是利用压力控制阀对系统或系统某一部分的压力进行控制，以满足执行元件克服载荷要求的油路。

一、调压回路

为使液压系统的工作压力与负载相适应并保持稳定，或为了安全而限定系统的最高压力，都要用到调压回路。液压系统的工作压力一般采用溢流阀来控制。

(一)按功用分类

1.溢流、稳压和调压回路

在图 7-1 所示的定量泵液压回路中，液压缸有速度调节要求，所需流量是变化的，有时可能仅需很少的流量。但液压泵是定量泵，在转速一定的前提下，其输出流量是一定的，且输出流量是按系统所要求的最大流量设计的，也即液压泵存在多余流量。为此，应将溢流阀调压手柄调至松紧适中状态，当执行元件正常运动时，使溢流阀有油通过。这样，液压泵在向液压缸供油的同时，多余油液通过被推开的溢流阀溢回油箱，溢流阀起溢流作用。同时，根据溢流阀的特性可知，溢流阀稳定了泵的出口工作压力，起到稳压作用。另外，通过调节溢流阀的调压手柄，还可调节泵的工作压力。

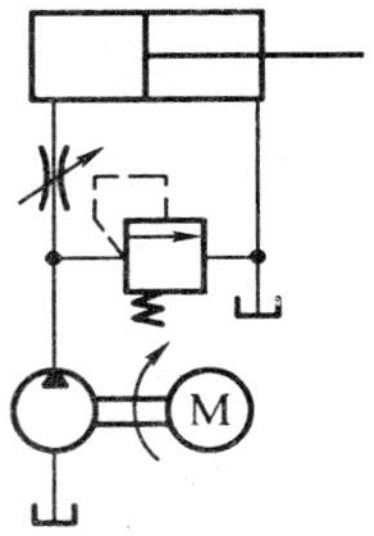

图 7-1　溢流阀用于溢流、稳压和调压

2.限压、安全回路

在图 7-2 所示的变量泵限压回路中，液压缸需要多大的速度，通过调节变量泵的排量，液压泵就可提供多大的输出流量。在图 7-3 所示的定量泵限压回路中，没有安装流量控制阀，表明液压缸没有调速要求，液压缸所需要的流量也正是定量泵所提供的流量。因此，在上述两个回路中，液压泵在液压缸正常运动时均不存在多余的流量，为了减少能量损失，溢流阀都无需溢流，故应将溢流阀调压手柄调至较紧状态。但当系统发生超载、制动或行程结束时，系统工作压力会迅速上升，如不采取措施，压力会超过元件的额定压力及最大压力，出现事故。此时，溢流阀起到安全作用。当压力上升到溢流阀的开启压力时，溢流阀打开通油。这样，液压泵输出的压力油有了一条出路，从而保障了系统的安全，也限制了压力的继

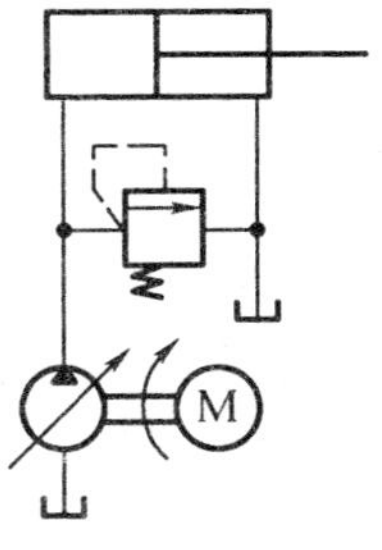

图 7-2　变量泵限压回路

续上升，故在这些回路中溢流阀又称安全阀。

(二)按调定压力分类

1.单级调压回路

采用一个溢流阀对压力进行控制的回路为单级调压回路。在上述三个回路中，液压缸往、复运动都依靠同一个溢流阀进行压力控制，因此都为单级调压回路。

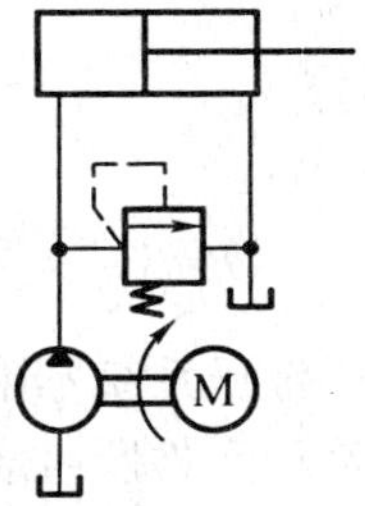

图7-3 定量泵限压回路

2.双级和多级调压回路

在某些液压系统中，由于执行元件往复运动时产生的工作压力有一定的悬殊或工况要求有区别，这就需要采用两个溢流阀对两个方向的工作压力分别加以控制，这种液压回路称为双级调压回路。

图7-4所示回路是采用两个溢流阀分别控制液压缸往复运动工作压力的双级调压回路。溢流阀1开启压力较高，溢流阀2开启压力较低。当手动换向阀处于左位时，液压缸向右运动，要克服较大的载荷作用，相应的工作压力较大。此时由于阀2位于液压缸的回油旁路上，故系统的工作压力就由溢流阀1来限定。而当换向阀处于右位时，由于液压缸克服的载荷较小，相应的工作压力就小。此时溢流阀1和2均处于液压缸的进油旁路上。由于阀2开启压力低，故由溢流阀2来限定液压缸后退时的工作压力。

在少数液压系统中，由于某些特殊需要，采用三个及三个以上溢流阀进行压力控制，这种回路称为多级调压回路。

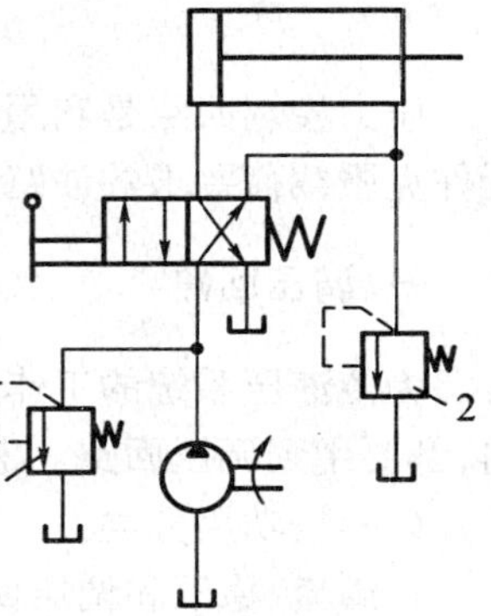

图7-4 双级调压回路

(三)按调压方式分类

1.直接调压回路

直接调压回路是指利用溢流阀来实现压力控制的回路，上述介绍的所有回路均属直接调压回路。

2.远程调压回路

远程调压回路是指利用先导式溢流阀的控制油路来实现压力控制的回路，其基本原理在第五章溢流阀中已作介绍。

图7-5(a)所示为双级远程调压回路。阀1为先导式溢流阀，手柄较紧，调定压力较高；阀2通常为直动式溢流阀，手柄相对较松，调定压力较低。在图(a)所示状态，液压泵出口压力由溢流阀1控制，电磁阀通电后，则由溢流阀2控制。由于阀2可以安装在与泵距离较远、操作人员易于控制的位置，故称此回路远程调压。图7-5(b)为三级远程调压回路，在三个溢流阀中，阀1为先导式，且手柄最紧，调定压力最大。图(b)所示状态时，液压泵出口压力由阀1来控制；当换向阀4的左、右电磁铁分别通电时，泵的出口压力由远程调压阀2或3分别控制。

二、减压回路

在单泵供油的多缸液压系统中，当某个液压缸或某一分支油路需要有较低的稳定工作压力时，可采用减压回路，如机床中的工件卡紧、导轨润滑等。

图7-6所示是某机床驱动夹紧机构的减压回路。液压泵输出的油液分成两条油路，其

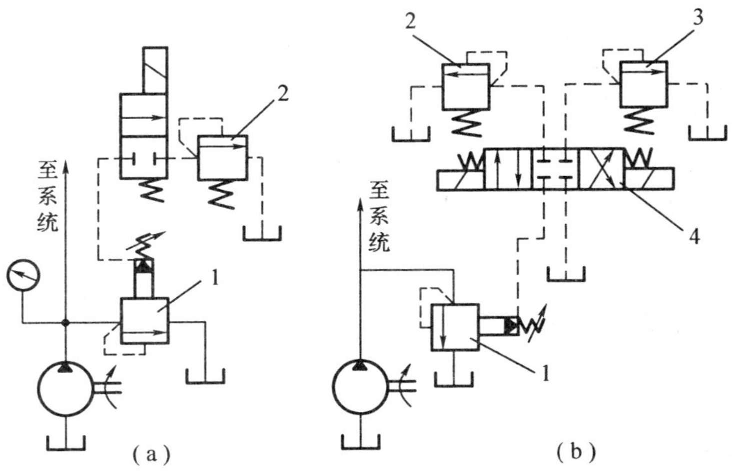

图 7-5 远程调压回路

(a)双级远程调压回路;(b)三级远程调压回路

1,2,3—溢流阀;4—换向阀

中一条油路经减压阀 3、单向阀 4、换向阀 5 的左位向夹紧缸供油。当夹紧缸处于夹紧状态时,由于有减压阀的存在,*B* 点获得了比 *A* 点压力要低的稳定压力,使夹紧缸始终产生较低的、稳定的夹紧力。*B* 点压力由减压阀手柄来调节,若将手柄稍加旋紧,则 *B* 点压力就会增加,夹紧缸的夹紧力也就同步增大。另外,*B* 点压力不受 *A* 点压力变化的影响,能够实现稳压,但稳压是有前提的。设减压阀手柄不动,*A* 点的压力为 10 MPa,*B* 点的压力为 5 MPa。只要 *A* 点的压力≥5 MPa,*B* 点的压力均保持为 5 MPa,则能够实现稳压。但若 *A* 点的压力降为 2 MPa(小于5 MPa),则 *B* 点压力不再稳定,而是同步降为 2 MPa。为了确保 *C* 点压力不会跟着下降,一般在减压阀后均应串接单向阀 4。由于单向阀具有短时保压的作用,所以在一定的时间内,*C* 点压力仍为 5 MPa,使夹紧缸仍保持原有的夹紧力。

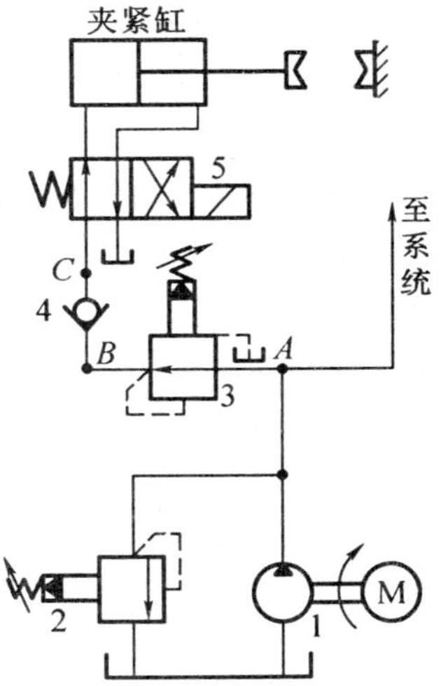

图 7-6 减压回路

1—液压泵;2—溢流阀;3—减压阀;4—单向阀;5—换向阀

三、卸荷回路

当液压系统中的执行元件短时间停止工作(如装卸载荷或测量工件)时,为避免因频繁启闭而对原动机和液压泵的寿命产生影响,一般不宜关闭原动机。而某些流动机械在道路上行驶时,执行元件虽然长时间停止工作,但由于原动机是内燃机,液压泵也无法停止运转。但若让这些不适宜或无法关闭的液压泵在溢流阀调定压力下回油,又会造成很大的能量浪费,使油温升高,系统性能下降,为此应设置卸荷回路解决上述矛盾。

所谓泵的卸荷,是指泵处于运转状态,但输出功率近似为零,基本不消耗能量。液压泵的输出功率为压力和流量之积,压力、流量两者之一近似为零,输出功率即近似为零,故泵的卸荷有压力卸荷和流量卸荷两种方法。压力卸荷是使液压泵在近似零压下工作，是常用的卸荷方法；流量卸荷适用于变量泵，是指使变量泵的排量和流量近似为零。

常见的卸荷回路有以下几种。

1.主换向阀卸荷回路

主换向阀卸荷是利用与执行元件相连的主换向阀中位机能使泵和油箱连通进行卸荷的。常用的三位四通换向阀 M，H，K 型中位机能都能实现泵的卸荷。图 7-7 是采用 M 型三位四通电磁换向阀的卸荷回路。在图示状态，液压泵的载荷只有很小的管道阻力和流经阀口的局部阻力，液压泵在近似零压下工作，实现了压力卸荷。这种卸荷回路结构简单，但当工作压力较高、流量较大时，换向容易产生冲击，故一般适用于压力较低、流量小于 40 L/min 的场合，且配置管路应尽量短，接头尽可能少。若将电磁换向阀改成电液换向阀，并在系统回油路中安装背压阀，则可将其用于流量较大的场合。

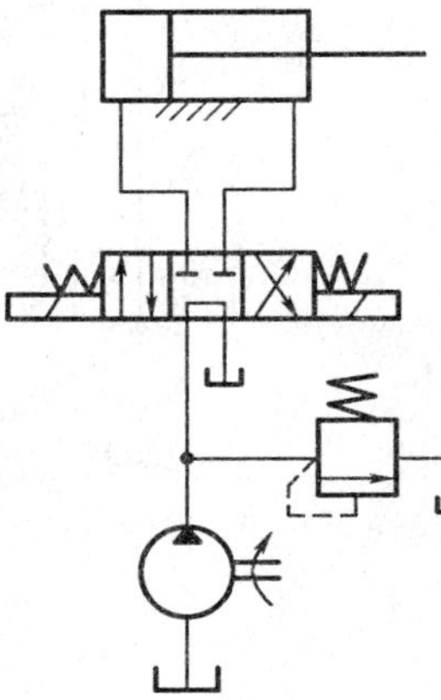

图 7-7 主换向阀卸荷回路

2.二位二通阀卸荷回路

图 7-8 是采用二位二通电磁阀的卸荷回路。当二位二通阀未通电时，泵输出的压力油进入系统，执行元件正常运动；当二位二通阀通电时，液压泵输出的油液直接流回油箱，液压泵压力卸荷。在这种回路中，二位二通阀通过泵的全部流量，选用的规格应与泵的最大流量相适应。

3.先导式溢流阀和换向阀组成的卸荷回路

在图 7-9 中，当电磁换向阀通电时，先导式溢流阀的控制油口直通油箱，主阀口的开度处于最大状态，溢流阀的阀前压力近似为零，泵实现压力卸荷。采用先导式溢流阀和换向阀实现卸荷是一种性能较好的卸荷方法。此类回路中的换向阀通常采用的是二位二通电磁阀，可以是二通或四通，常态时泵可以是卸荷或不卸荷。先导式溢流阀与二位电磁阀可组合成电磁溢流阀，并用点画线框表示。这种卸荷回路便于远距离控制，同时二位阀的规格较小，且比直接用二位二通阀的卸荷方式平稳。

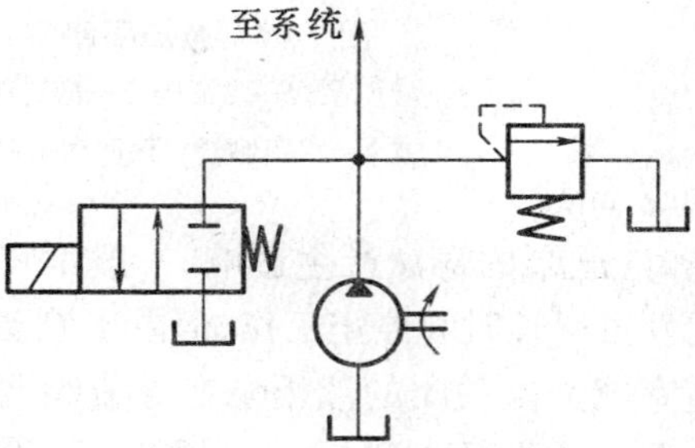

图 7-8 二位二通阀卸荷回路

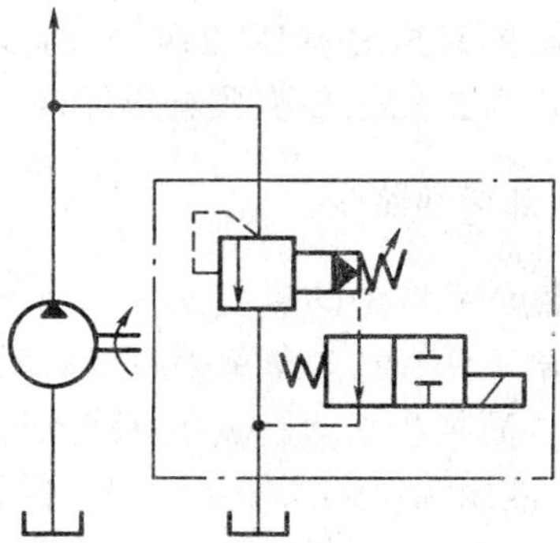

图 7-9 先导式溢流阀和换向阀组成的卸荷回路

4.插装阀卸荷回路

插装阀通流能力大,由它组成的卸荷回路适用于大流量系统。在图 5-37 所示的回路中,若二位二通电磁阀通电,则插装阀控制油口 K 接通油箱,阀芯抬起,A 油口油液便在很低油压下流回油箱,实现泵的卸荷。

5.卸荷阀卸荷回路

如图 7-10 所示,泵 1 为大流量泵,泵 2 为小流量泵,两泵并联,可组成双联泵。右侧溢流阀 5 一般作安全阀使用,卸荷阀 3(外控内泄式顺序阀)的开启压力比溢流阀低。当载荷较小时,卸荷阀控制油路压力低于卸荷阀的开启压力,卸荷阀阀口关闭,泵 1 输出的油液经单向阀后与泵 2 输出的油液合在一起流向系统,使执行元件获得快速运动;当载荷较大时,卸荷阀控制油路压力高于卸荷阀的开启压力,卸荷阀自动打开,泵 1 输出的油液经卸荷阀流回油箱卸荷。泵 2 单独向系统供油,执行元件实现低速运动。这种卸荷回路能随外载的变化自动实现液压缸轻载高速、重载低速的切换,以充分发挥原动机的功率。

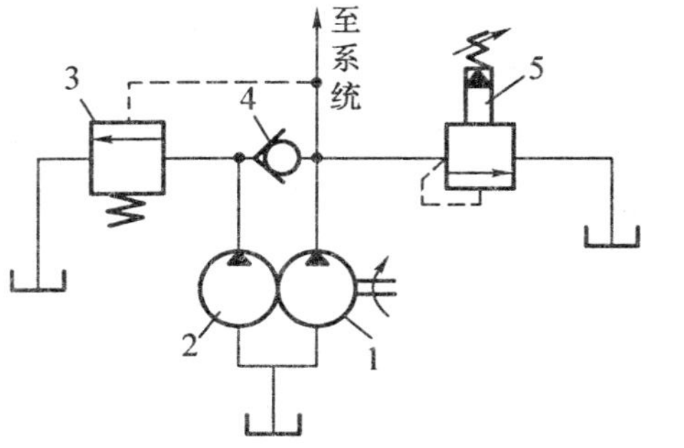

图 7-10 卸荷阀卸荷回路

1,2—双联泵;3—卸荷阀;4—单向阀;5—溢流阀

6.变量泵卸荷回路

将变量泵的排量调为零而进行的卸荷,称为流量卸荷。图 7-11 所示回路采用的是限压式变量泵的卸荷。当液压缸 3 活塞运动到行程终点或换向阀 2 处于中位时,泵 1 的出口压力迅速升高,输出流量迅速下降。当压力升高至接近调压螺钉调定的压力极限值时,泵的流量也减少到只补充液压缸或换向阀的泄漏,从而使回路实现保压卸荷。图中的溢流阀 4 作安全阀用。

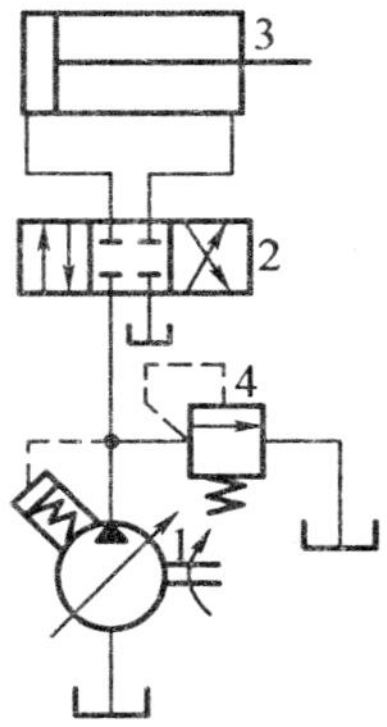

图 7-11 限压式变量泵的卸荷回路

1—限压式变量泵;2—换向阀;3—液压缸;4—溢流阀

四、保压回路

有些液压缸(如液压离合器缸)要求在一定时间内保持一定压力,但并不需要进油或只需进油甚微,就应采用保压回路。最简单的保压方法是采用密封性能好的单向阀,但这种方法对液压缸自身的泄漏及单向阀后面油路的泄漏无能为力,保压时间短,压力稳定性不高,只能短时保压。为了使液压缸获得有效的保压,通常将蓄能器、压力继电器与单向阀联合使用,即可实现长时间保压。

如图 7-12 所示,当主换向阀在左位工作时,液压泵向蓄能器和液压缸供油。液压缸前进。压紧工件时,进油路压力升高,压力继电器发出电信号,使二位二通阀通电,泵即卸荷。此时单向阀自动关闭,液压缸进油路泄漏出的油液由蓄能器补充,使液压缸得到保压。保压时间决定于泄漏程度、蓄能器的容量等。当压力降低到一定程度时,压力继电器复位,二位二通阀断电,重新关闭溢流阀,液压泵瞬间再次向液压缸和蓄能器供油增压。调节压力继电器的通断返回区间,即可调节液压缸压力的最大值和最小值。

五、增压回路

采用增压回路可以用较低额定压力的液压泵来驱动较大的工作载荷,降低系统的工作压力,改善液压元件的工作条件。在某些油路中,甚至可以用压缩空气作为动力源来取代液压泵,实现气—液传动。

增压缸又称增压器,其基本原理已在第四章增压缸部分作了介绍。按照增压方向分,增压回路有单作用和双作用两种。

1.单作用增压回路

在图7-13所示的回路中,当阀1在左位工作时,压力油经阀6进入工作缸7的上腔,下腔经顺序阀8回油,活塞下行。当工作缸所受的负载升高到顺序阀2的调定值时,阀2的阀口打开,压力油经阀2,3进入增压缸4的左腔,推动增压活塞右行,增压缸右腔输出的高压油进入工作缸7。调节顺序阀2,可以调节工作缸上腔在非增压状态下的最大工作压力;调节减压阀3,可以调节增压器的最大输出压力。在此回路中,只有当阀1处于左位时才会出现增压,故为单作用增压回路。

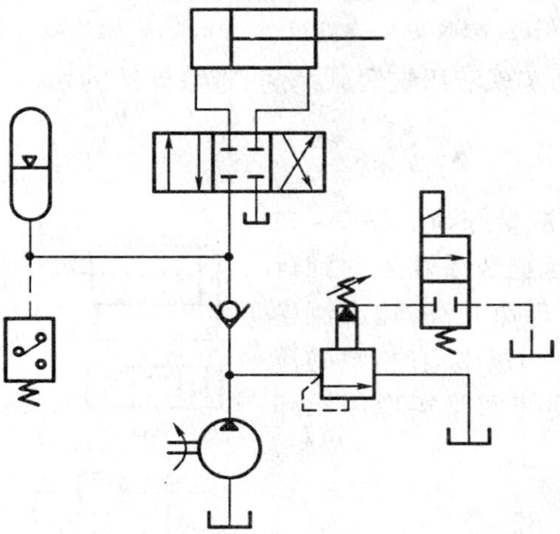

图7-12　泵卸荷的保压回路

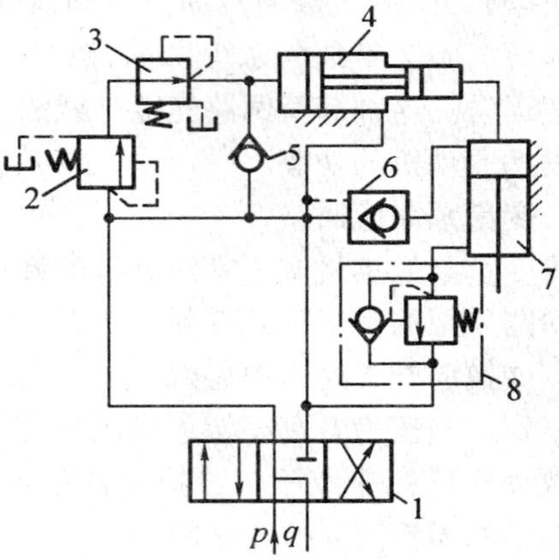

图7-13　单作用增压回路

1—换向阀;2—顺序阀;3—减压阀;4—增压缸;5—单向阀;6—液控单向阀;7—工作缸;8—单向顺序阀

2.双作用增压回路

单作用增压缸只能断续供油,若需获得连续输出的压力油,可采用图7-14所示的双作用增压回路。在图示状态,液压泵输出的油液进入增压缸左端大、小油腔,右端大油腔的回油通油箱,右端小油腔的高压油经单向阀4输出,此时单向阀1,3被封闭。设增压缸输入、输出油压分别为p_1,p_2,小腔、大腔的有效面积分别为A_1,A_2,则

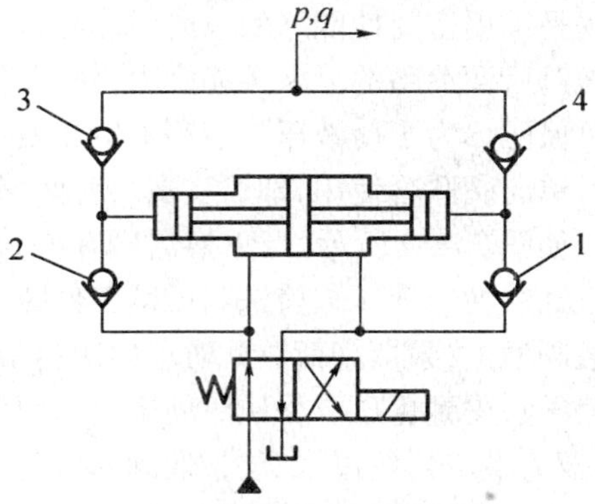

图7-14　双作用增压回路

$$p_1A_1 + p_1A_2 = p_2A_1$$

则

$$p_2 = (1 + A_2/A_1)p_1$$

由此可以看出，双作用增压缸的输出油压也比输入油压高得多。

当活塞移动到最右端位置时，行程开关(图中未画出)使换向阀电磁铁通电，油路换向，活塞自动反向左移。同理，左端输出的高压油通过单向阀3输出。这样，增压缸活塞不断往复运动，两端系统交替输出高压油。

第二节　速度控制回路

采用液压传动的设备，液压系统除了必须满足设备对力和转矩的要求外，还必须满足其对运动速度的各项要求，如调速、增速、速度换接及限速等要求。

一、调速回路

在液压传动系统中，调速回路占有重要的地位，而且它对其他液压回路的选择起着决定性的作用。

在不考虑泄漏的情况下，液压缸的运动速度 v 由输入(或输出)液压缸的流量 q 及油液的有效作用面积 A 决定，即

$$v = \frac{q}{A}$$

同样，在不考虑泄漏的情况下，液压马达的转速 n 由输入(或输出)马达的流量 q 和马达的排量 V 决定，即

$$n = \frac{q}{V}$$

由上述两式可知，改变输入(或输出)执行元件的流量 q、液压缸的有效作用面积 A 或液压马达的排量 V，均可调节执行元件的运动速度。但改变液压缸的有效作用面积是困难的，所以液压系统常常通过改变流量 q 或调节变量马达排量 V 来达到调速的目的。而流量又可以通过采用变量泵(或在多泵供油的定量泵组中改变供油泵的数目)、流量控制阀得到调节。因此，液压传动就形成了三种不同的调速回路：节流调速回路、容积调速回路和容积节流调速回路。

(一)节流调速回路

节流调速回路是采用定量泵供油，由阀改变输入(或输出)执行元件的流量来达到速度调节的调速回路。

节流调速的方法是：定量泵同时向两条油路供油，调节其中一条油路中的节流阀口通流面积，改变两条油路的流量分配，实现速度调节。

节流调速回路结构简单，工作可靠，成本低，操作简便，维护方便，但存在较大的节流、溢流能量损失，效率低，发热大。根据阀的种类不同，节流调速分为节流阀调速、调速阀调速和手动换向阀调速三种；根据阀在回路中的安装位置不同，节流调速又分为进油节流调速、回油节流调速和旁路节流调速三种。

1. 节流阀调速回路

(1)节流阀进油节流调速回路

将节流阀串接在执行元件的进油路上就构成了节流阀进油节流调速回路。

在图7-15(a)中,定量泵的输出流量为 q_p,其中一部分流量 q_1 经过节流阀输入液压缸,另外一部分流量 Δq_y 经过溢流阀溢回油箱。若将节流阀的通流面积调小,则会增加液体流经节流阀的难度,通过的流量自然会减少,液压缸的运动速度下降。相反,从溢流阀溢回油箱的流量增加。在此回路中,溢流阀常开有溢流,泵的工作压力由溢流阀调定,溢流阀起溢流、稳压和调压作用。

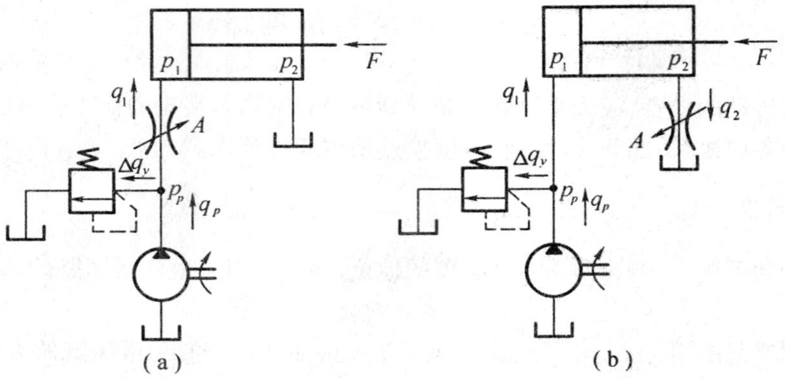

图7-15 节流阀进、回油节流调速回路

(a)进油节流调速;(b)回油节流调速

在进油节流调速回路中,液压缸的运动速度 v 与节流阀通流面积 A 成正比,调节 A 可实现无级调速,故这种回路的调速范围较广。液压缸速度还与负载 F 有关。若 F 增加,则液压缸的进油腔压力 p_1 增加,使节流阀的阀后压力增加。由于溢流阀常开溢流,节流阀的阀前压力近似等于常数,因而节流阀的前后压差会因载荷 F 的增加而减少。根据流量特性公式可知,通过节流阀进入液压缸的流量也会减少,故液压缸的运动速度与负载 F 成反比。

进油节流调速回路存在两部分功率损失,即油液通过节流阀时的节流功率损失和通过溢流阀时的溢流功率损失,故效率较低。有资料表明,当负载恒定或变化很小时,回路的效率 $\eta=0.2\sim0.6$;当负载变化较大时,回路的最高效率 $\eta_{max}=0.385$。低效率会导致温升和泄漏增加,进一步影响了速度稳定性和效率。回路功率越大,问题越严重。

(2)节流阀回油节流调速回路

将节流阀串接在执行元件的回油路上就构成了节流阀回油节流调速回路。

如图7-15(b)所示,调节节流阀的通流面积就可改变回油流量,也就控制了输入液压缸的流量,从而同样实现了调速目的。

在此回路中,若将节流阀通流面积调小,同样会增加液体流经节流阀的难度,液压缸的回油流量下降,使液压缸的运动速度下降。相反,由于液压缸的进油流量同步下降,从溢流阀溢回油箱的流量自然会增加。因此,与进油节流调速回路一样,液压缸的运动速度与节流阀通流面积成正比;溢流阀也常开有溢流,泵的供油压力也由溢流阀调定,溢流阀起溢流、稳压和调压作用;液压缸运动速度也与负载 F 成反比。但这两种调速回路仍有一些不同之处。

①回油节流调速回路中的节流阀使液压缸回油腔产生一定的背压,因而速度稳定性较好,且具有能承受负值负载(与活塞运动方向相同的负载)的能力;而在进油节流调速回路中,工作机构在负值负载作用下会失控前冲,故有时在回油路中安装背压阀,以克服此缺点,

但这样会增加一些能量损耗。

②进油节流调速回路液压缸的进油腔压力随负载而变化，因此可利用这个压力变化让压力继电器发出电信号，实现动作的程序控制和安全保护；而在回油节流调速回路中，液压缸进油腔压力近似恒定，会给压力的自动控制造成一定的难度。

③若回路使用单杆液压缸，且无杆腔进油、有杆腔回油，则进油流量大于回油流量，故在缸径、缸速相同的情况下，进油节流调速回路的节流阀开口较大，低速时不易阻塞，能获得更低的稳定速度；反之，若液压缸有杆腔进油、无杆腔回油，则回油节流调速回路能获得更低的稳定速度。

(3)节流阀旁路节流调速回路

将节流阀安装在与执行元件并联的旁路上，就构成了节流阀旁路节流调速回路。

如图 7－16 所示，调节旁路上的节流阀的通流面积，同样可以调节液压缸的运动速度。若将节流阀通流面积 A 调小，则增加液体流经节流阀的难度，通过节流阀的流量减少，相反进入液压缸的流量会增加，使液压缸的运动速度上升。故液压缸的运动速度与节流阀通流面积成反比，这与进油、回油节流调速回路相反。

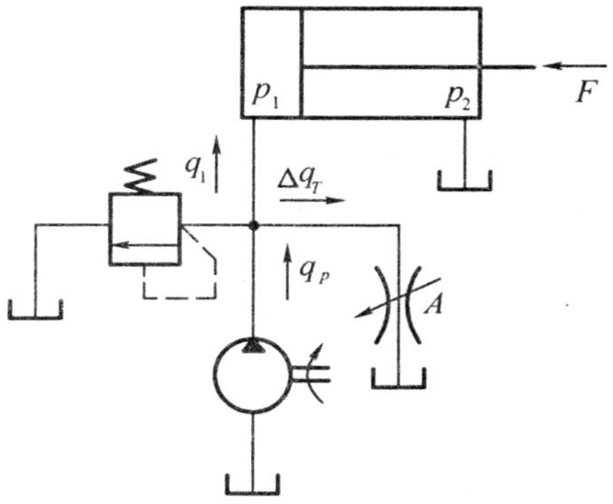

图 7－16　节流阀旁路节流调速回路

在此回路中，由于溢流任务已由节流阀承担，故溢流阀作安全阀用，常态时关闭，过载时才打开，因而液压缸正常运动时泵的出口压力不再恒定，与缸的进油压力相等(忽略管路泄漏和压力损失)，直接随负载而变。液压缸的运动速度也与负载 F 成反比。

旁路节流调速回路在液压缸正常运动时，只有节流功率损失，无溢流功率损失，因此效率较高，发热减少。

上述分析的回路是采用节流阀调速的进油、回油、旁路三种节流调速回路。它们有一个共同的缺点，就是执行元件的速度都随负载的增加而减少，这主要是因为负载变化引起了节流阀前后压差的变化，从而改变了通过节流阀流量。

2.调速阀调速回路

用调速阀代替节流阀，同样可通过调节调速阀内的节流阀口大小来实现节流调速，其调速原理与节流阀调速完全相同，但通过的流量基本不受负载变化的影响，速度稳定性大为改善。有资料表明，如果调速阀两端的压差不低于它的最小稳定压差 $\Delta p_{\min}$ 值，调速阀进油、回油节流调速回路速度波动量不会超过 4％ 。

采用调速阀的节流调速回路，根据调速阀的安装位置不同，同样有进油、回油和旁路节流调速三种形式，如图 7－17 所示。

在采用调速阀的调速回路中，虽然解决了速度稳定性问题，但由于调速阀中包含了减压阀和节流阀的损失，并且存在溢流损失，故功率损失比节流阀调速回路还要大一些。这种回路应用于对速度稳定性要求较高的液压系统中。

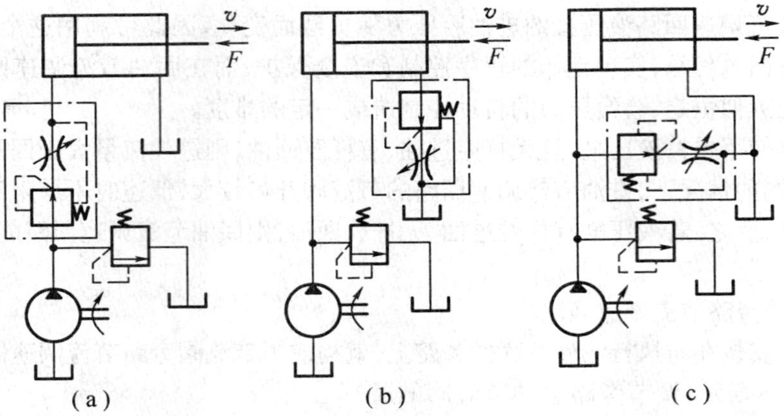

图 7－17　调速阀节流调速回路

3.手动换向阀调速回路

手动换向阀调速是工程机械中应用最广的调速方法，这是因为手动换向阀在换向的同时，还可通过移动阀芯改变阀口的通流面积，控制流入(或流出)执行元件的流量，从而实现节流调速。根据换向阀阀芯轴向结构尺寸的不同及其在油路中的连接方式的不同，作为节流元件的换向阀可以兼作进油和回油节流调速，也可以兼作旁路、进油和回油节流调速。手动换向阀调速的性能类似于节流阀调速。

(二)容积调速回路

容积调速回路是通过调节变量泵或变量马达的排量来进行调速的回路。容积调速能使泵的输出流量全部进入执行元件，没有节流损失和溢流损失，因此其效率高、发热少，适用于工程机械、矿山机械、农业机械和大型机床等大功率液压系统。

根据油路的循环方式不同，容积调速除有一般的开式回路以外，还可设计成闭式回路。

上述的所有回路均属开式回路。在开式回路中，液压泵从油箱中吸油，执行元件的回油仍排至油箱。油液在油箱中能够得到良好冷却，使油温降低，同时便于沉淀杂质和析出气体。但开式回路油箱体积大，占用了一定空间，空气和其他污染物侵入油液机会多，易导致运动不平稳，并产生噪声。

在闭式回路中，从执行元件排出的油液，直接流入泵的吸油口，油液在系统内封闭循环，减少了空气侵入的可能性，且闭式回路形式简单，对液压泵自吸能力要求低。但为了换油冷却、补充泄漏及执行元件进油腔和回油腔因面积不等所引起的流量差，需设置补油装置，使成本提高。

容积调速回路按所用执行元件的不同，可分为泵—缸式和泵—马达式两类。在泵—缸式容积调速回路中，液压泵采用的是变量泵，通过调节泵的排量来实现调速；在泵—马达式容积调速回路中，液压泵采用的是变量泵，或液压马达采用的是变量马达，或同时为变量泵和变量马达，通过调节泵或马达的排量来实现调速。

1.泵—缸式容积调速回路

泵—缸式容积调速回路基本上为开式回路，液压泵为变量泵，其基本结构如图 7－18 所示。图中溢流阀 2 为安全阀，回路最大压力由它限定。液压泵的输出流量全部流入液压缸，调节液压泵的排量，也即改变进入液压缸的流量，实现运动速度的调节。溢流阀 6 装在系统回油路上，作背压阀使用。单向阀 2 用来防止系统停机时油液经泵倒流入油箱。此回路在推土机、升降机、拉床等大功率的系统中得到应用。

2.泵—马达式容积调速回路

泵—马达式容积调速回路有变量泵—定量马达、定量泵—变量马达和变量泵—变量马达三种组合形式。它们普遍应用于工程机械、矿山机械以及静压无级调速装置中，但在机床等设备上应用较少。

下面着重介绍采用闭式循环的泵—马达式容积调速回路。

(1)变量泵—定量马达容积调速回路

图 7-19 为闭式循环的变量泵—定量马达容积调速回路。变量泵 1 为主泵，输出的油液直接进入定量马达 2，液压马达的回油又重新流入液压泵，回路自成循环。改变变量泵的排量，就可改变循环流量，实现液压马达和负载转速的调节。泵 4 称为辅助泵，或补油泵，其额定流量仅为主泵的三分之一左右。辅助泵用以补充泄漏等因素造成的变量泵吸油流量不足，同时把冷油输入系统，实现补充泄漏、换油冷却的目的。安全阀 3 用来限定回路的最高压力，起限压和安全作用。溢流阀 5 调定辅助泵 4 的输出压力，并将多余的流量溢回油箱，对低压油路起溢流、稳压和调压作用。

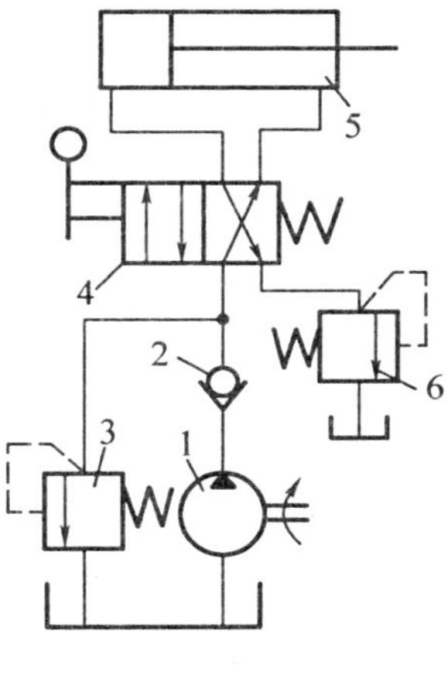

图 7-18 泵—缸式容积调速回路

1—变量泵；2—单向阀；3—安全阀；4—换向阀；5—液压缸；6—背压阀

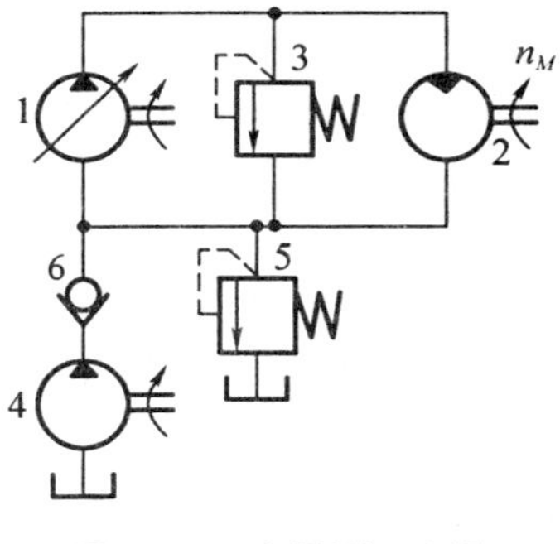

图 7-19 变量泵—定量马达容积调速回路

1—变量泵；2—液压马达；3—安全阀；4—辅助泵；5—溢流阀；6—单向阀

若不考虑泄漏的影响，液压马达的转速 n_M、输出功率 P_M 和输出转矩 T_M 为

$$n_M = \frac{q_P}{V_M} = \frac{V_P n_P}{V_M} \tag{7-1}$$

$$P_M = P_P = p_P V_P n_P = p_P V_M n_M \tag{7-2}$$

$$T_M = 0.159 p_P V_M \tag{7-3}$$

式中 q_P——变量泵的流量；

V_P, V_M——变量泵和液压马达的排量；

n_P, n_M——变量泵、变量马达的转速。

这种回路有以下特性。

①液压马达的转速与泵的排量成正比。由于变量泵能将排量调至很小，故液压马达可以获得较低的工作速度，调速范围较宽。

②从液压马达的转矩 T_M 公式来看，由于液压马达的排量 V_M 固定不变，若载荷不变、不计系统损失，在变量泵的调速过程中，液压马达的输出转矩不变，故这种调速为恒转矩调速。

③若不计系统损失，液压马达的输出功率 P_M 等于液压泵的输出功率 P_P，即 $P_M = P_P = p_P V_P n_P = p_P V_M n_M$。因此，回路的输出功率是随液压泵的排量 V_P 的改变呈线性变化。

(2)定量泵—变量马达容积调速回路

图 7-20 所示为闭式循环的定量泵—变量马达容积调速回路。定量泵的排量固定不变，调节变量马达的排量 V_M，便可改变马达的输出转速。

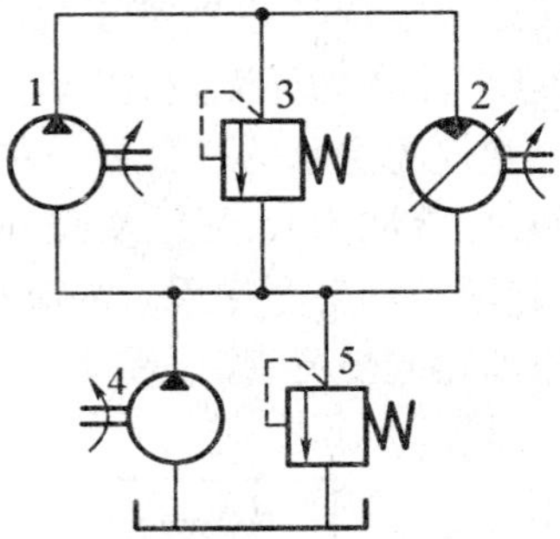

图 7-20 定量泵—变量马达容积调速回路

1—定量泵；2—变量马达；3—安全阀；4—辅助泵；5—溢流阀

这种回路有以下特性。

①根据 $n_M = q_P / V_M$ 可知，液压马达输出转速 n_M 与排量 V_M 成反比，调节 V_M 即可改变液压马达的转速 n_M。

②由液压马达的转矩公式可知，当液压马达的排量 V_M 变化时，输出转矩 T_M 与其呈线性变化。

③由液压马达的功率公式 $P_M = p_P V_M n_M$ 可知，当液压马达的排量 V_M 增加时，转速 n_M 同步反比例减小，功率并不变化，故这种调速为恒功率调速。

(3)变量泵—变量马达容积调速回路

图 7-21 所示为采用双向变量泵和双向变量马达的容积调速回路。在此回路中，调节变量泵 1 或变量马达 2 的排量，均可调节马达的转速，故该回路调速范围很大。但马达的转速与泵的排量成正比，而与马达自身的排量成反比。当泵处于最小排量、马达处于最大排量时，马达处于微速状态；当泵处于最大排量，马达处于最小排量时，马达则处于高速状态。改变泵 1 的供油方向，可使马达 2 改变旋转方向。单向阀 6 和 7 用于使辅助泵 4 能双向地向泵 1 的低压油路补油，补油压力由溢流阀 5 调定。单向阀 8 和 9 使安全阀 9 在马达 7 的正、反向都能起到过载保护作用。

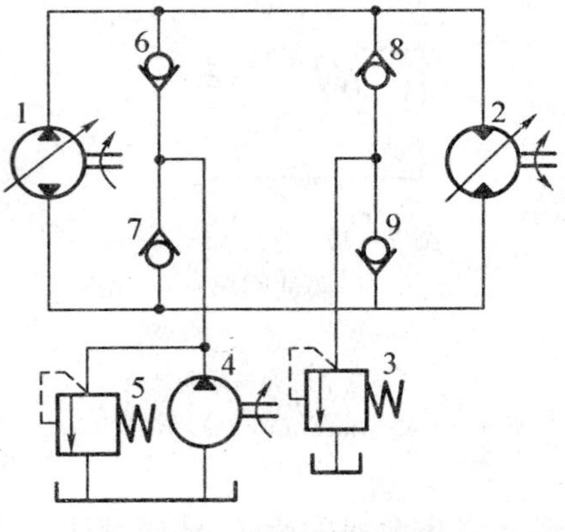

图 7-21 变量泵—变量马达容积调速回路

1—变量泵；2—变量马达；3—安全阀；4—辅助泵；5—溢流阀；6,7,8,9—单向阀

(三)容积节流调速回路

容积节流调速回路又称联合调速回路，它由变量泵供油，通过调节调速阀或节流阀的阀口大小自动地改变变量泵的排量，以实现执行元件工作速度的调节。这种回路调节方便，泵的输出流量无溢流损失，效率较高，发热较少，但回路有节流损失，故效率较容积调速回路低一些。由于进入执行元件的流量与负载变化无关，且能自动补偿泵的泄漏，故速度稳定性高。

容积节流调速有定压式和变压式两种，下面介绍应用广泛的定压式容积节流调速回路。

在图 7－22 中，1 为限压式变量叶片泵，6 为背压阀，调速阀 2 串接在进油路上（也可以串接在回油路上）。液压缸为活塞杆固定的单杆缸，缸筒与外载相连。当二位二通电磁阀 3 通电时，液压缸的运动速度由调速阀中节流阀的通流面积来控制。若将调速阀内的节流阀口调小，液体流动阻力增大，泵的出口压力 p_P 增加。由限压式变量叶片泵的工作原理可知，泵内定子偏移，定子与转子间的偏心距减小，排量、流量也相应减小，执行元件的运动速度随之下降；反之，若将调速阀内的节流阀口调大，执行元件的运动速度上升。在此图中，二位二通电磁阀 3 用于快、慢速运动的切换。当电磁铁断电（即图示状态）时，泵的出口压力较小，因而泵的输出流量较大，液压缸便处于快速运动状态。压力继电器 5 用于液压缸进、退运动的自动切换。当液压缸缸筒左移结束时，压力继电器发出电信号，使换向阀 4 换向，缸筒自动右移。

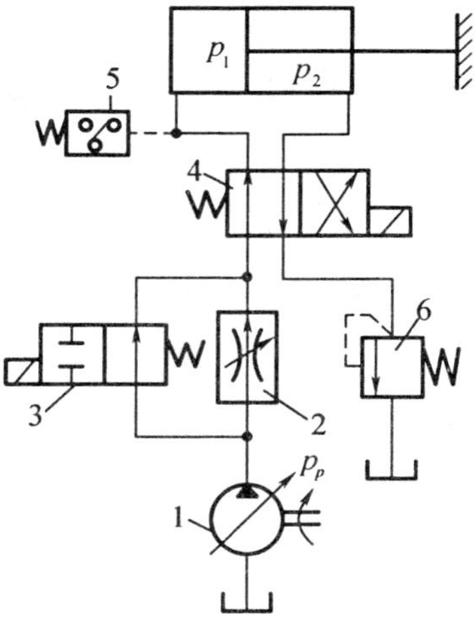

图 7－22 定压式容积节流调速回路

1—限压式变量泵；2—调速阀；
3，4—电磁换向阀；5—压力继电器；
6—背压阀

二、增速回路

增速回路又称快速运动回路，其功用在于使执行元件获得必要的高速，以提高系统的工作效率或充分利用功率。

如图 7－23 所示，阀 1 左侧电磁铁通电时，单杆液压缸差动连接，作快进运动。当阀 3 通电时，差动连接即被拆除，液压缸回油经过调速阀，实现慢进。继而当阀 1 切换至右侧电磁铁通电时，压力油经单向阀进入液压缸，实现快退。

差动快进简单易行，得到普遍应用。但要注意此时阀和管道应按差动时的较大流量选用，否则压力损失过大，使溢流阀在快进时也开启，无法实现差动。

前面介绍的图 7－10 卸荷阀卸荷回路，也可称为增速回路。当载荷较小时，卸荷阀 3 关闭，两泵同时向系统供油，液压缸实现快速运动。

三、速度换接回路

鉴于设备动作和性能的要求，在液压回路中，都存在速度换接问题，尤其是某些要求实现自动工作循环的设备更是如此。

（一）快速与慢速的换接回路

能够实现快速与慢速换接的方法有很多，前面提到的各种增速回路都可以使执行元件的运动由快速换接为慢速。在自动化程度要求高的设备中，一般采用电磁阀、行程阀来实现不同速度的自动换接。

图 7－24 是采用行程阀的快慢速换接回路。在图示状态下，液压缸回油经行程阀 4 流回油箱，液压缸快进；当活塞杆所连接的工作部件上的挡块（又称挡铁）压下行程阀时，液压缸只好通过节流阀 6 回油，液压泵工作压力增大，溢流阀溢流，液压缸因获得了泵的部分流量而慢进（又称工进）。此时通过调节节流阀的阀口大小，还可实现回油节流调速；当换向阀 2 的左位接入回路时，压力油经单向阀 5（也有部分油液流经节流阀，起初还有油液流经行程

阀)进入液压缸右腔。此时,液压泵工作压力较小,溢流阀未能打开,液压缸获得了泵的全部流量,加之此时液压缸有杆腔进油,进油面积较小,使液压缸快退。采用行程阀的速度换接回路,换接时阀的开口是逐渐关闭的,换接比较平稳,但行程阀必须安装在工作部件的某一行程位置处,致使管路有时较长,压力损失较大。

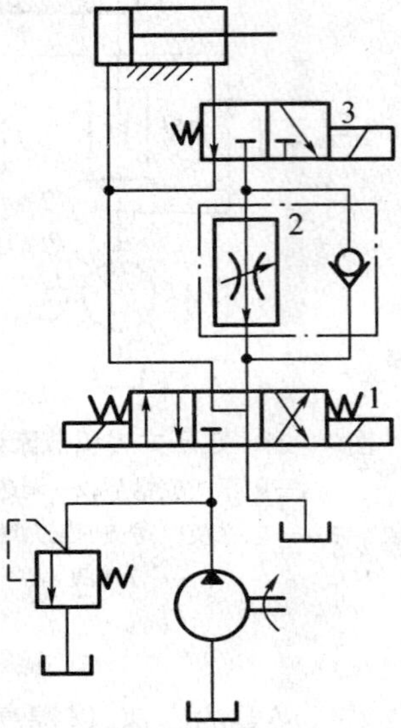

图 7-23 液压缸差动连接增速回路

1,3—换向阀;2—单向调速阀

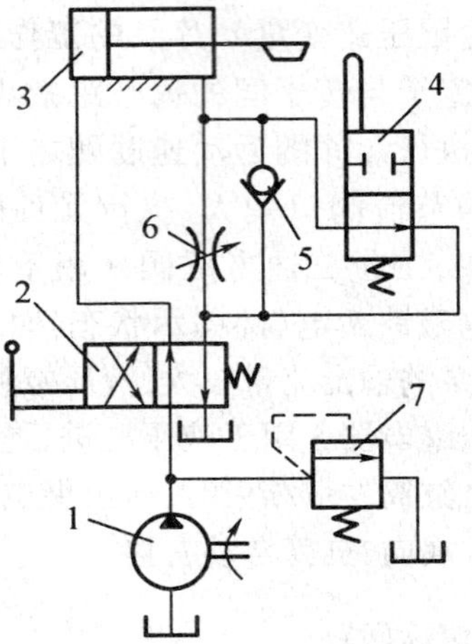

图 7-24 采用行程阀的快慢速换接回路

1—液压泵;2—换向阀;3—液压缸;4—行程阀;5—单向阀;6—节流阀;7—溢流阀

(二)两种慢速的换接回路

1.串联调速阀

图 7-25 所示为串联调速阀的两种慢速换接回路。在换向阀 1 电磁铁左端通电的状况下,若阀 2 断电、阀 3 通电,液压缸进油路串接一个调速阀;若阀 2、阀 3 均通电,液压缸进油路串接两个调速阀。在这两种情况下,液压泵工作压力均较大,液压泵出口分支油路上的溢流阀(图中未画出)均有溢流,液压缸进油流量较少,慢速右移。但区别是,串接两个调速阀时的进油阻力更大,使溢流阀的溢流量增大,进入液压缸的流量进一步减少,缸速更小。通常,人们将这两种慢进分别用一工进和二工进来表示。与前述一样,在一工进时调节阀 A、二工进时调节阀 A 和阀 B,则可分别实现调速阀进油节流调速,但在二工进时阀 B 的阀口开度需较阀 A 小些。

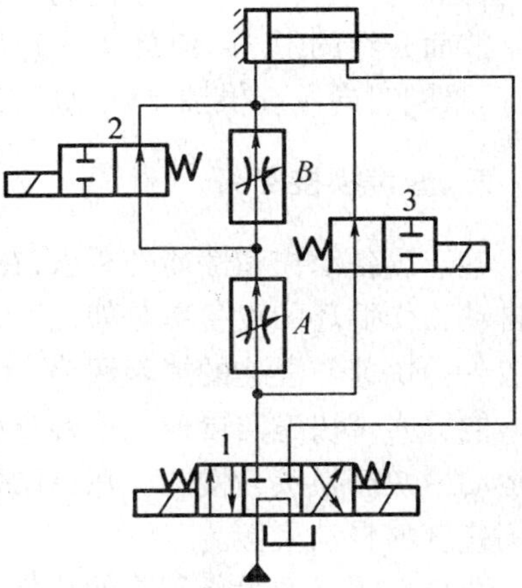

图 7-25 串联调速阀的两种慢速换接回路

2.并联调速阀

图 7-26(a)所示为并联调速阀的两种慢速换接回路。在主换向阀右端电磁铁及阀 2 电

磁铁均通电的状况下，若阀 3 断电，液压缸进油路串接调速阀 A；若阀 3 通电，液压缸进油路串接调速阀 B。由于阀 A、阀 B 的阀口开度不同，液压缸可获得两种不同的慢进速度，还可实现进油节流调速。但在一工进时，阀 B 油路油液无流动，使阀 B 的阀后压力处于较大状态（等于阀前压力），且阀 B 内的减压阀阀口在弹簧力作用下完全打开。一旦油路由一工进切换为二工进，由于缸前压力较大，所以缸便会出现前冲现象。若将调速阀按图 7－26(b) 所示方式并联，则不会发生液压缸的前冲现象。但要求阀 A 的阀口通流面积要比阀 B 大，否则看不到二工进工况。

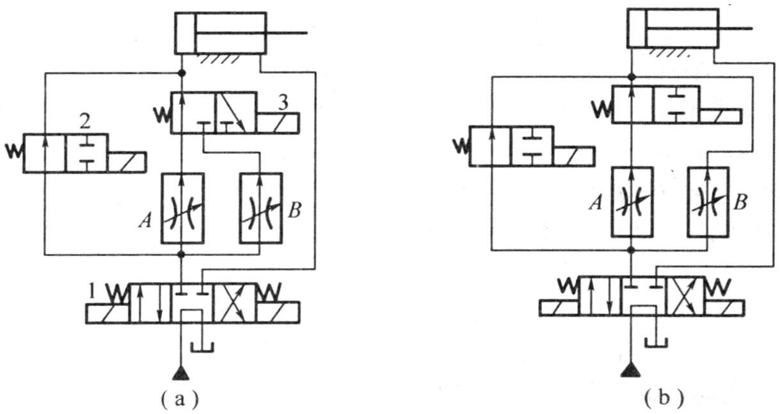

图 7－26 并联调速阀的两种慢速换接回路

四、限速回路

在某些设备中，有些工作部件下降时由于载荷及自重的作用会造成超速下降。如果在回路中不考虑限速措施，就有可能发生事故。所以，在由液压缸驱动的叉车升降油路、装载机的动臂油路、汽车起重机的变幅及臂架伸缩油路，或由液压马达驱动的起重机升降油路、履带式推土机的行走机构油路中，一般都要考虑限速。

（一）采用手动换向阀的限速回路

对于行程较短、超速问题不严重的运动（如某些叉车的门架前后倾）可不设置专门的限速回路，而是通过控制手动换向阀阀口开度的方法进行限速。此种限速方法仅局限于手动换向阀，且人很难精确地把握。

（二）采用单向节流阀的限速回路

图 5－27 所示的回路即为限速回路。当载荷下降时，液压缸通过节流阀回油，较小的节流阀口限制了回油流量，使载荷下降速度得到一定的控制。这种限速方法简单，但若安装一般的单向节流阀，仍不会使下降速度彻底稳定。有些叉车采用了节流阀口能随载荷大小而自动调节的单向节流阀，限速效果比较理想。

（三）采用平衡阀的限速回路

采用平衡阀的限速回路如图 5－22 所示，其限速原理已在第五章中叙述。此种回路限速效果理想，能使执行元件下降速度保持稳定。当工作部件在两个方向上要求限速时（如履带式起重机行走机构），可在执行元件的进、回油路上各装一个平衡阀，实现双向限速。

第三节　方向控制回路

方向控制回路用于接通、切断或改变油液的流动方向，从而使执行元件相应地作出启动、停止或换向等符合工作情况的运动。这类回路有换向回路、锁紧回路等。

一、换向回路

在开式系统中，执行元件的换向是依靠换向阀来完成的，其应用在本书第七、八章有关回路及系统图中都有介绍，此处不再列举图例。手动换向阀换向精度和平稳性不高，常用于无需自动化及要求手动兼作节流调速的场合，如工程机械、一般机床夹具等；电磁换向阀使用方便，易于实现自动化，但换向冲击大，只适用于小流量、平稳性要求不高的场合；对换向精度要求高的液压系统，采用机动换向阀较为合理，只需使工作部件上的挡块有合适的迎角或轮廓曲线，即可减小液压冲击；对平稳性有一定要求、压力和流量较大的液压系统，常采用电液换向阀。

在闭式系统中，常用变换双向变量泵的旋转方向来实现执行元件的换向，其应用见前面介绍的图 7 – 21 回路。泵的旋转方向的变换方法有两种。若原动机为电动机，则通过电气控制系统，改变电动机旋转方向；若原动机为发动机，则通过机械传动装置来换向。这种回路换向平稳，能量损失小，但换向精度差，且双向变量泵价格较高，仅用于少数惯性大而换向精度要求不高的液压系统中。

二、制动和锁紧回路

制动和锁紧是两个不同的概念。制动是使运动着的工作部件在任意需要的位置停止运动，而锁紧则是让已经制动的工作部件不因重力或其他外力的作用而自行发生漂移或窜动，如起重机起吊的重物悬在一定高度时不下溜，工程机械支腿伸出后在工作时不“软腿”，液压操纵离合器结合后不松脱等。

（一）采用换向阀的制动和锁紧回路

采用换向阀的 O 型和 M 型机能可使执行元件进出油路密封，能方便地实现制动和锁紧。这种回路形式简单，无需附加其他元件。不过，由于换向阀阀芯与阀体之间采用的是间隙密封，各油口之间仍会有一定的泄漏，所以这种锁紧方法只能用于停留时间比较短，锁紧要求不太高的场合，长时间可靠的锁紧很难实现。

（二）采用液控单向阀、平衡阀的锁紧回路

液控单向阀又称液压锁，若安装在工作部件下降时的回油路上，就能使执行元件在制动状况下，回油通道严格封闭，对执行元件可靠地锁紧。图 5 – 22 所示的平衡阀回路实质上也是锁紧回路，其锁紧原理已在第五章中作了介绍。平衡阀还兼有限速作用，因此其广泛应用于同时有锁紧和限速要求的回路中。

（三）采用制动器的制动和锁紧回路

由于液压马达不可避免地存在着内部泄漏，所以在用液压马达作为执行元件的回路中，采用上述锁紧方法还不能防止液压马达在重物重力作用下缓慢转动。在这样的结构中，还需安装制动器，以确保液压马达和重物可靠地锁紧。

图 7－27 为起重机起升机构采用的制动器制动锁紧回路。制动器实际上是一个单作用活塞式液压缸，它依靠弹簧力上闸，油压作用力松闸。当换向阀处于中位时，液压马达制动，液压泵卸荷，制动器失压，此时液压马达依靠换向阀 M 型中位及制动器弹簧的双重锁紧作用，可实现长时间的可靠锁紧，液压马达即使有内泄漏也不会松闸转动。反之，当换向阀处于左位或右位时，液压泵输出的压力油驱动液压马达旋转，同时制动器在油压作用下松闸。图中换向阀 M 型中位可换成 H 型或 K 型，但 M 型最为理想。图中单向节流阀能使制动器迅速上闸，缓慢松闸。

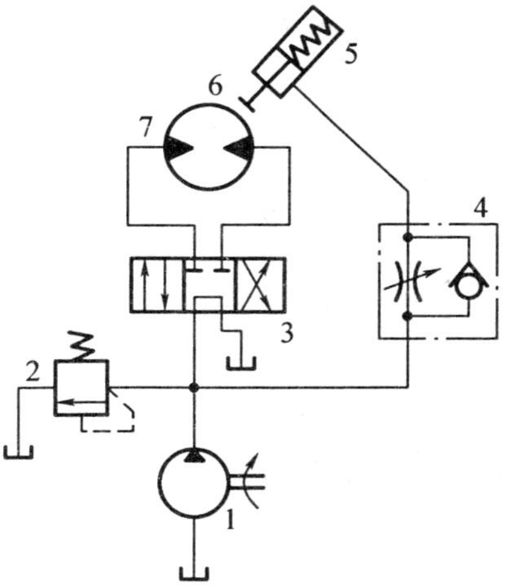

图 7－27 采用制动器的制动锁紧回路

第四节 多执行元件控制回路

具有多个执行元件的液压设备，各执行元件可能单独工作，也可能同时动作，或按一定顺序动作；有的执行元件可能快速动作，有的执行元件可能慢速动作。为了能够合理地正常运行，必须采用多执行元件控制回路进行控制。

一、顺序动作回路

在液压系统中，一个液压泵往往要驱动多个执行元件。如果要求各液压缸根据工作需要按照一定的顺序依次动作时，可采用顺序动作回路。按照控制方式的不同，顺序动作有压力控制和行程控制两大类。

（一）压力控制的顺序动作回路

压力控制的顺序动作回路是利用系统工作过程中压力的变化来控制各执行元件顺序动作的回路，它常用顺序阀、压力继电器这两个压力控制阀来实现。

1.采用顺序阀控制的顺序动作回路

如图 7－28 所示，液压油经减压阀、单向阀和二位四通换向阀右位后，油路分成两条。由于将顺序阀开启压力调到比定位缸 *A* 定位所产生的压力高（至少高 0.5 MPa），所以液压缸首先进入定位缸的上腔，向下推动活塞完成定位动作。定位动作完成后，油液的压力迅速升高，顺序阀打开，压力油进入夹紧缸 *B* 的上腔，推动其活塞下行，完成夹紧动作。加工完成后，电磁换向阀换向，两个液压缸同时返回。在该回路中，装有顺序阀，由此实现了定位缸、夹紧缸依顺序先后下降的目的。采用顺序阀进行顺序动作的基本方法是：将内控外泄式顺序阀安装在后动作缸的进油路上，使其开启压力比先动作缸正常运动时在顺序阀前产生的最大压力至少高 0.5 MPa。

2.采用压力继电器控制的顺序动作回路

如图 7－29 所示，当电磁铁 1YA 通电后，压力油进入 *A* 缸的左腔，推动活塞右移。当活塞运动到终点后，系统压力升高，安装在 *A* 缸进油路附近的压力继电器发出电信号，使电磁铁

2YA 通电，于是压力油又进入 *B* 缸的左腔，推动 *B* 缸活塞右移，实现自动顺序动作。为了防止乱发信号，压力继电器的压力调定值一方面应比 *A* 缸正常运动时的最大压力至少高 0.5 MPa，另一方面又要比溢流阀的调定压力至少低 0.5 MPa。*B* 缸油路中的节流阀以及与它并联的二通电磁阀 3YA 用来换接 *B* 缸运动速度，使缸实现快、慢速换接，并实现节流调速。

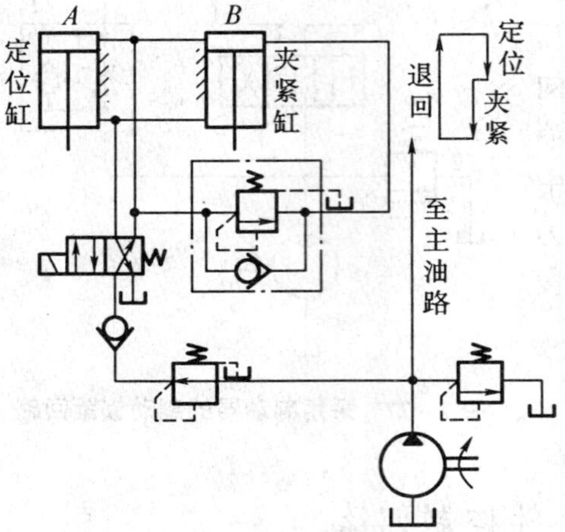

图 7-28　采用顺序阀控制的顺序动作回路

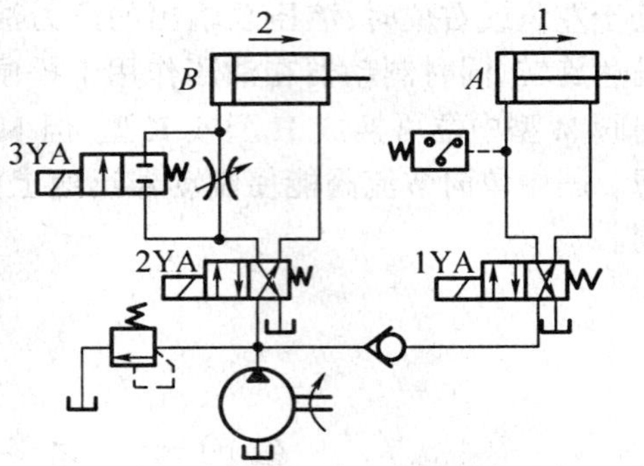

图 7-29　采用压力继电器控制的顺序动作回路

(二)行程控制的顺序动作回路

行程控制的顺序动作回路是利用执行元件运动到一定位置(或行程)时，发出控制信号，使下一执行元件自动实现顺序动作的回路。

1.采用行程阀控制的顺序动作回路

在图 7-30 所示的状态时，左、右液压缸的活塞都处于左端位置。当手动阀 *C* 处于右位时，缸 *A* 的活塞按箭头①的方向右行。当缸 *A* 运动到预定位置时，工作部件上的挡块压下行程阀（又称机动阀）*D*，使其上位接入系统，缸 *B* 的活塞按箭头②的方向右行。手动换向阀复位后，缸 *A* 先退回，实现动作③。随着挡块后移，行程阀复位，缸 *B* 退回，实现动作④。

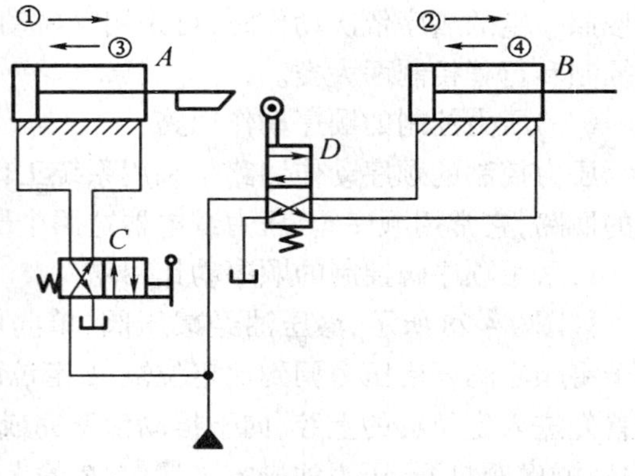

图 7-30　采用行程阀控制的顺序动作回路

该回路中的运动顺序①与②，③与④之间的转换，是依靠挡块推、压行程阀的阀芯使其位置变换实现的，动作可靠。但是，行程阀必须安装在液压缸某一行程位置处，而且改变其运动顺序较困难。

2.采用行程开关控制的顺序动作回路

在图 7-31 所示的回路中，在电磁换向阀电磁铁 1YA 通电后，缸 *A* 按箭头①的方向右行。当它右行到预定位置时，工作部件上的挡块压下行程开关 1ST。1ST 发出电信号，使右电磁阀电磁铁 2YA 通电，缸 *B* 按箭头②的方向右行。当缸 *B* 运行到预定位置时，挡块压下行程开关 2ST，发出电信号使 1YA 断电，则缸 *A* 按箭头③的方向左行。当缸 *A* 左行到原位时，挡块压下行程开关3ST，使2YA断电，则缸 *B* 按箭头④的方向左行。当缸 *B* 左行到原位时，挡块压下行程开关4ST，发出电信号使泵卸荷，整个工作循环结束。

这种用电信号控制的顺序动作回路，使用调整方便，便于更改动作顺序，应用较广泛。但这种回路工作的可靠性取决于电器元件的质量。

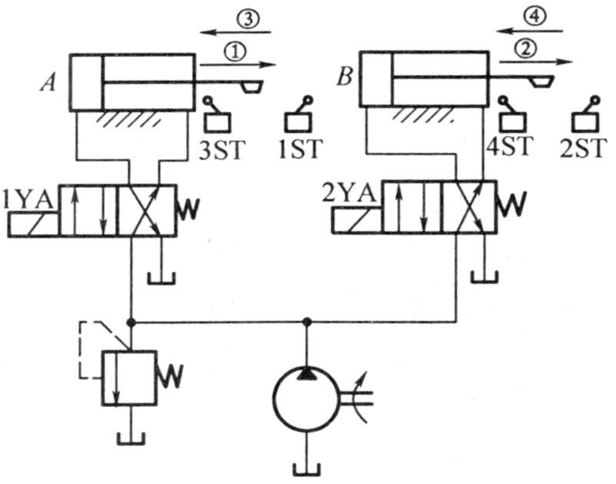

图7－31 采用行程开关控制的顺序动作回路

二、同步动作回路

在液压系统中使两个或两个以上的液压缸，在运动中保持相同位移或相同速度的回路称为同步动作回路。

(一)并联调速阀的同步回路

如图7－32所示，用两个单向调速阀分别串接在两个液压缸的进油路或回油路中，用以调节两缸运动速度，即可实现同步。换向阀左位工作时，液压缸输出的油液经调速阀排回油液。由于某种原因导致两缸速度不同步时，可通过调节两个调速阀的阀口大小，使两缸同步。这种回路简单，但因为两个调速阀的性能不可能完全一致，同时还受到载荷变化和泄漏的影响，同步精度会受到限制。另外，该回路只能实现单向同步。

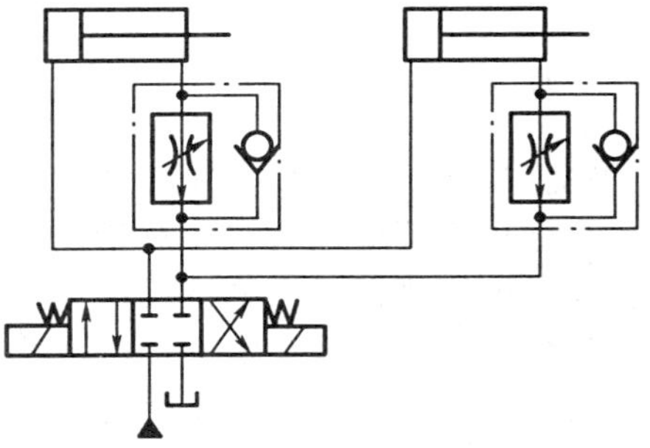

图7－32 并联调速阀的同步回路

(二)桥式同步回路

如果要求液压缸往、复运动双向同步，可采用图7－33所示的桥式同步回路。该回路的同步精度较高，绝对精度达0.5 mm，已能满足一般设备的要求。回路使用一个普通调速阀 *C* 和一个比例调速阀 *D*，各装在一个由单向阀组成的桥式整流回路中，分别控制缸 *A*、缸 *B* 的正反向运动。当两缸出现位置误差时，检测装置发出信号，调整比例调速阀的开口，修正误差，即可保证同步。

(三)带补偿措施的串联液压缸同步回路

在图7－34所示的回路中，两缸串联，*A* 和 *B* 腔面积相等，使进、出流量相等，两缸的升降便同步进行。但由于泄漏或摩擦力等原因，运行数次后可能出现累积误差，采用补偿措施可使同步误差在每一次下行运动中得以消除。例如，阀5在右位工作时，液压缸下降，若缸1的活塞先运动到底，它就触动电气行程开关1ST，使阀4通电，压力油便通过该阀和单向阀向缸2的 *B* 腔补油，推动活塞继续运动到底，误差即可消除。若缸先到底，触动行程开关2ST，阀3通电，控制压力油使液控单向阀反向通道打开，缸1的 *A* 腔通过液控单向阀回油，其活塞即可继续运动到底。这种串联液压缸同步回路只适用于负载较小的液压系统。

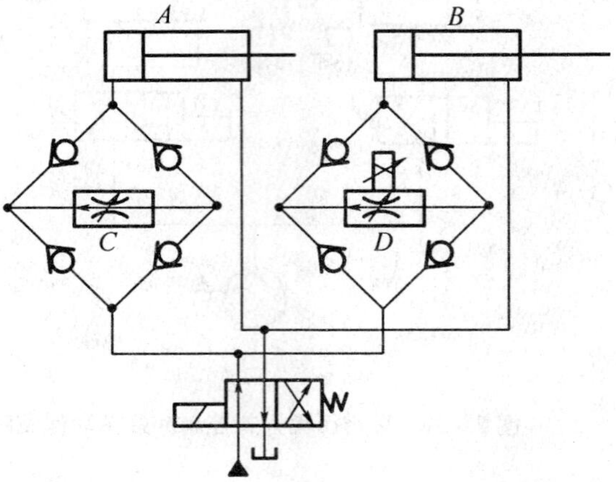

图 7－33　桥式同步回路

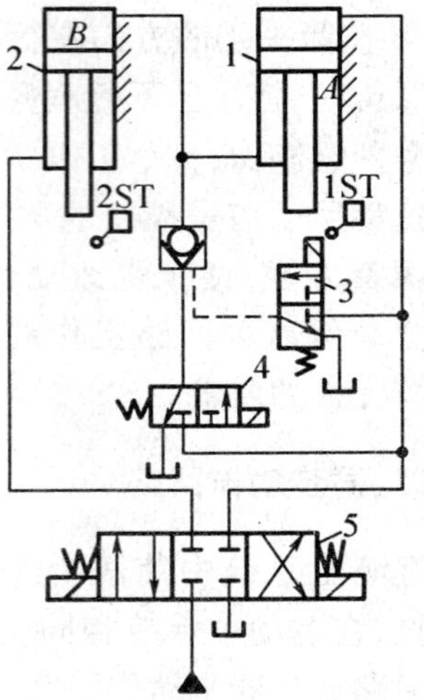

图 7－34　带补偿措施的串联液压缸同步回路

三、互不干扰回路

系统中多个执行元件由一台泵供油时，某个空载液压缸因为快速进给而大量吸收油液，致使执行工进的液压缸无法运动，这种现象就是干扰。消除干扰的措施很多，通常采用的方法是双泵或多泵快慢速分别供油回路。

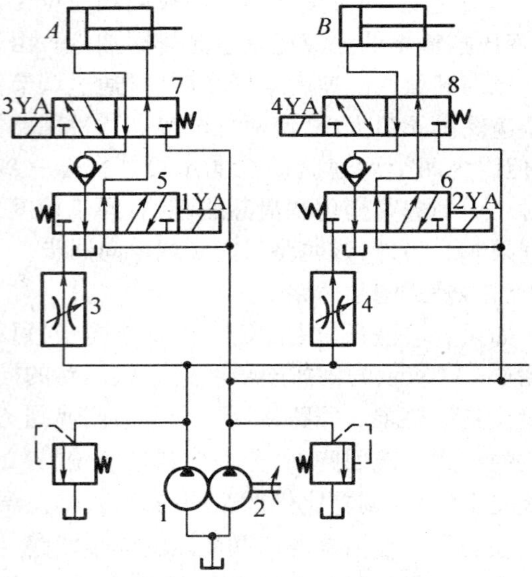

图 7－35　多缸互不干扰回路

图 7－35 所示为双泵供油多缸互不干扰回路，各缸快速进退皆由大泵 2 供油，任一缸进入工进，则改由小泵 1 供油，彼此无牵连，也就无干扰。图示状态各缸原位停止。当电磁铁 3YA、4YA 通电时，阀 7、阀 8 的左位工作，两缸都由大泵 2 供油作差动快进，小泵 1 供油在阀 5、阀 6 处被堵截。设缸 *A* 先完成快进，行程开关使电磁铁 1YA 通电，3YA 断电，此时大泵 2 对缸 *A* 的进油路被切断，而小泵 1 的进油路打开，缸 *A* 由调速阀 3 调速作工进，缸 *B* 仍作快进，互不影响。当各缸都转为工进后，它们全由小泵供油。此后，若缸 *A* 又率先完成工进，行程开关应使阀 5 和阀 7 的电磁铁都通电，缸 *A* 即由大泵 2 供油快退。当各电磁铁皆断电时，各缸皆停止运动，并被锁于所在位置。

思考题与习题

7－1　调压回路是如何分类的？

7－2 液压系统实现泵的卸荷有哪些方法？

7－3 用二位二通电磁阀使泵直接卸荷与用先导式溢流阀使泵卸荷的两种回路有什么不同？

7－4 液压系统的调速方法有哪些？

7－5 节流调速有何特点？进油节流调速与旁路节流调速有何区别？节流阀调速、调速阀调速在调速性能上有何区别？

7－6 比较容积调速三种闭式调速回路的区别。

7－7 液压系统中，在什么情况下要进行限速？不同的限速方法各有什么特点？

7－8 在液压系统中，执行元件的制动和锁紧有哪些方法？

7－9 采用顺序阀、压力继电器实现顺序动作的方法是什么？

7－10 在图 7－6 所示的减压回路中，设减压阀的手柄不动，夹紧缸处于夹紧状态，A，B，C 三点的压力分别为 p_A，p_B 和 p_C。当 $p_A = 15$ MPa 时，$p_B = 10$ MPa。当 $p_A =$ (20,12,10,5,0) MPa 时，p_B 和 p_C 值分别为多少？请将结果填入下表的空格中。

p_A/MPa	20	15	12	10	5	0
p_B/MPa		10				
p_C/MPa						

7－11 三个溢流阀的调定压力如图 7－36 所示，则泵的工作压力有几级，分别是多少？

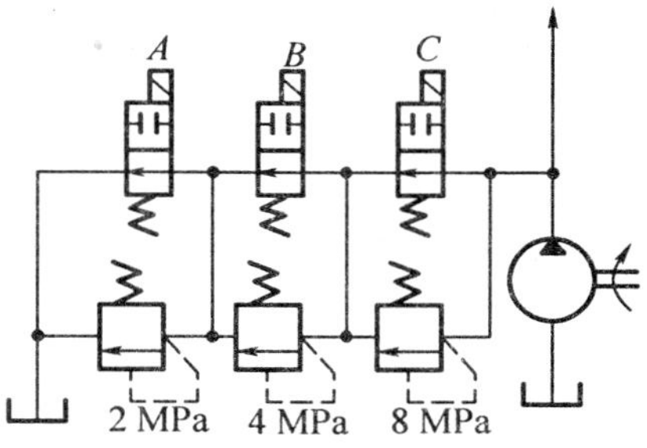

图 7－36 习题 7－11 图

7－12 在图 7－37 的两个回路中，负载 $F_A > F_B$，忽略管路压力损失，试分析哪个缸先动，哪个缸速度快？

7－13 图 7－38 所示回路为一快慢速换接回路。按设计要求，液压缸能实现快进、工进及快退动作，压力继电器用来控制活塞的换向。但在实际试车时，发现其动作失调。试分析图中出现的错误，并画出改正后的回路图。

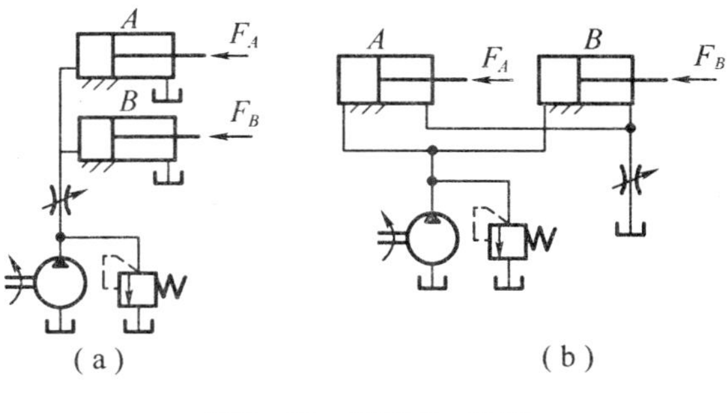

图 7－37 习题 7－12 图

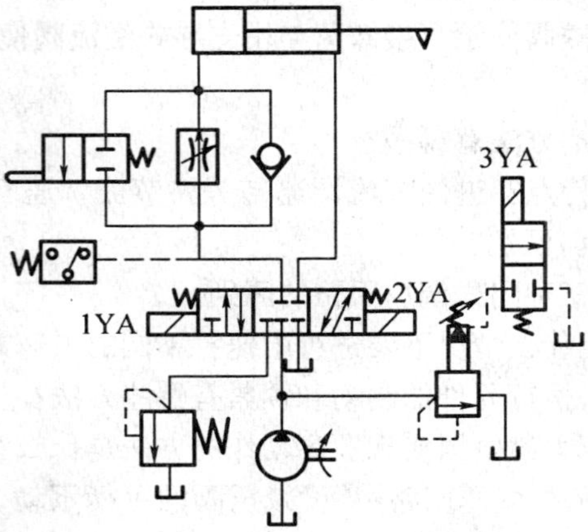

图 7-38 习题 7-13 图

7-14 图 7-39 所示的液压回路能完成“快进、一工进、二工进、快退”的动作循环，读懂回路图，编写电磁铁动作顺序表，并说明液控单向阀 1，2 在回路中所起的作用，填在下面的表格中。（注：调速阀 3 的开口大于调速阀 4 的开口）

动作	1YA	2YA	3YA	4YA
快进				
一工进				
二工进				
快退				

注：用“+”表示电磁铁通电，“-”表示电磁铁断电。

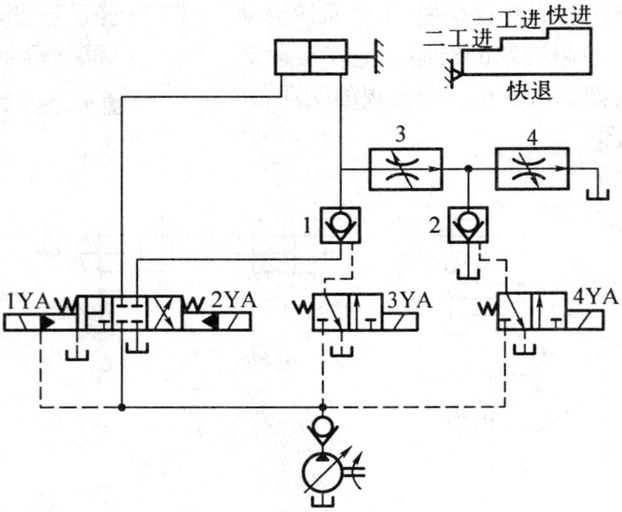

图 7-39 习题 7-14 图

7－15 图 7－40 是一个多缸动作顺序回路。该系统中具有进给和夹紧两个液压缸，要求完成的动作顺序如图 7－40(a)所示，试分析该系统并完成以下问题：

(1)写出序号 1 到 21 的液压元件名称；

(2)根据动作循环画出电磁阀通断表；

(3)指出序号为 7,10,14 的元件在系统中所起的作用；

(4)分析该系统中包含有哪几种液压基本回路。

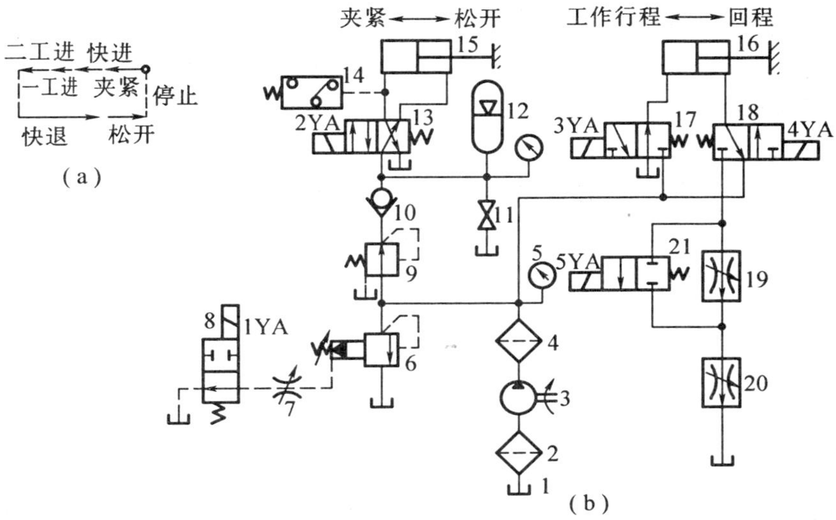

图 7－40 习题 7－15 图

7－16 在图 7－41 所示的回路中，溢流阀手柄拧得较紧，作安全阀使用。在实验中，在泵的出口安装压力表，测出的压力是活塞向右运动时大，还是向左运动时大，为什么？(提示：实验中，管路存在一定的压力损失，液压缸也有一定的运动阻力)

7－17 在图 7－23 所示的液压缸差动连接增速回路中，液压缸活塞直径为 20 mm，活塞杆直径为 10 mm，液压缸未受外载作用。在实验中，当油路连接成差动连接时，液压缸并没有向右运动，而是反向向左运动，试分析运动错乱的原因，并提出解决措施。

7－18 正确分析本章所有基本回路的组成和工作原理。

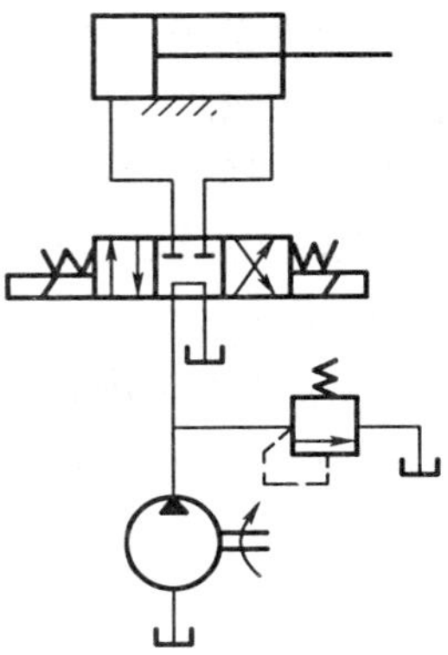

图 7－41 习题 7－16 图

第八章 液压传动系统

机器或机械设备中的液压传动部分被称为液压传动系统。当设备的工作主体采用液压传动时,则称其为液压设备。本章介绍的典型液压传动系统,是在现有的液压设备中,选出的几个有代表性的液压传动系统。

液压传动系统图反映了系统内所有元件的连接、控制情况,表达了执行元件实现动作的工作原理。在使用、调整、检修设备时,正确而迅速地读懂液压传动系统图是十分重要的,通常可按以下步骤进行:

(1)了解系统的任务、工作循环、应具备的性能和需要满足的要求;

(2)分析系统图中所有液压元件的作用及其组成的回路功能;

(3)分析油路,了解系统的工作原理及特点。

第一节 组合机床动力滑台液压传动系统

一、概述

组合机床是适用于大批量零件加工的一种金属切削机床。在机械制造业的生产线或自动线上,组合机床是不可缺少的设备。

在组合机床上,动力滑台是提供进给运动的通用部件。配备相应的动力头、主轴箱及刀具后,可以对工件进行钻孔、扩孔、镗孔、铰孔等多孔或阶梯孔的加工以及刮端面、铣平面、攻丝、倒角等工序。为了满足不同工艺方法的要求,动力滑台除提供足够大的进给力之外,还应能实现“快进—工进—停留—快退—原位停止”等自动工作循环。另外,还应根据工艺要求,对工进速度的大小进行调节。

现以 YT4543 型动力滑台为例分析其液压系统的工作原理和特点。YT4543 型动力滑台工作面尺寸为 450 mm × 800 mm,由液压驱动可实现“快进→一工进→二工进→死挡铁停留→快退→原位停止”的自动工作循环。快进、快退速度为 7.3 m/min,工进速度范围为(6.6 ~ 660)mm/min,最大进给推力为 45 kN。

二、YT4543 型动力滑台液压系统的工作原理

如图 8 – 1 所示,该系统由限压式变量叶片泵供油,用电液换向阀换向,用行程阀实现快进和工进的换接,用电磁阀实现两种工进的换接,自动工作循环简图如图 8 – 1 左上方所示。

1.快进

按下启动按钮,电液换向阀 4 的电磁铁 1YA 通电,其左位接入系统。

进油路:过滤器 1→泵 2→单向阀 3→换向阀 4 左位→行程阀 6 下位→液压缸 5 左腔。

由于滑台负载小,且进油路阻力小,故液压泵的工作压力低,外控外泄式顺序阀 13 关闭,液压缸的回油重新输入液压缸,液压缸实现差动连接。

回油路:液压缸 5 右腔→换向阀 4 左位→单向阀 12→行程阀 6 下位→液压缸 5 左腔。

由限压式变量叶片泵的性能可知，由于工作压力低，泵的输出流量较大，加之油路为差动连接，故此时液压缸为快速前进状态。

2.一工进

当滑台快进行程终了时，滑台上的挡块压下行程阀6的阀芯，切断快速运动进油路，使调速阀11和二位二通电磁阀9接入油路。

进油路：过滤器1→泵2→单向阀3→换向阀4左位→调速阀11→换向阀9左位→液压缸5左腔。

此时，滑台负载增加，且进油路接入调速阀11，故泵的工作压力升高，使顺序阀13控制油路压力提高，顺序阀13阀口打开，液压缸的回油经背压阀14流回油箱。

回油路：液压缸5右腔→换向阀4左位→顺序阀13→背压阀14→油箱。

由于泵的工作压力升高，泵的输出流量降低，加之油路为非差动连接，故此时液压缸为慢速运动状态。

另外，此时的油路实际上变成了由调速阀与限压式变量叶片泵组成的容积节流调速回路。调节调速阀11的阀口大小，即可任意改变液压缸的运动速度。

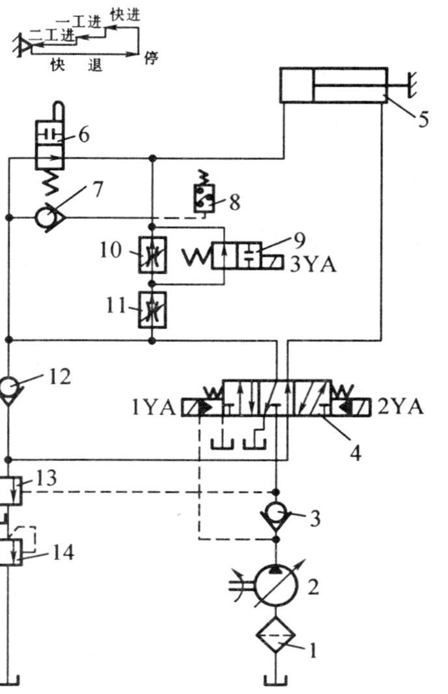

图8-1　YT4543型动力滑台液压系统

1—过滤器；2—变量泵；3—单向阀；4—电液换向阀；5—液压缸；6—行程阀；7,12—单向阀；8—压力继电器；9—电磁换向阀；10,11—调速阀；13—顺序阀；14—背压阀

3.二工进

当第一次工作进给结束时，滑台上的挡块压下行程开关(图中未画出)。行程开关发出电信号，使电磁阀9的电磁铁通电，阀口通流面积更小的调速阀10便接入进油路，使油路阻力增加，泵的工作压力进一步提高。

进油路：过滤器1→泵2→单向阀3→换向阀4左位→调速阀11→调速阀10→液压缸5左腔。

回油路：与第一次工作进给相同。

较高的工作压力使泵的输出流量进一步减小，液压缸的运动速度比一工进时更低。同样，调节调速阀10,11的阀口大小，也可实现容积节流调速。

4.死挡铁停留

当二工进结束时，滑台碰上固定不动的死挡铁(图中未画出)而被迫停了下来。设置死挡块可以提高滑台进给终点的位置精度。这时，液压缸左腔压力迅速升高，使压力继电器8动作，发出电信号给时间继电器(图中未画出)。时间继电器是一种延时发出电信号的电气元件，其延长时间可以调节。这样，滑台因时间继电器暂时未发出电信号而在加工进给结束时停留瞬间。

此时，液压泵的工作压力很大，液压泵的输出流量接近为零，微量的输出流量仅可用来补偿泄漏。

5.快退

滑台停留时间结束后,时间继电器发出电信号,使电磁铁1YA、3YA断电,2YA通电,阀4右位接入系统,液压缸因右腔进油而退回。

进油路:过滤器1→泵2→单向阀3→换向阀4右位→液压缸5右腔。

回油路:液压缸5左腔→单向阀7(换向阀6下位)→换向阀4右位→油箱。

由于滑台返回时负载小,且油液流动阻力小,故泵的工作压力很低,此时泵的输出流量又自动恢复到最大,加之液压缸进油腔有效作用面积较小,滑台快速退回。

6.原位停止

滑台快速退回到原位后,滑台上的挡块压下原位行程开关(图中未画出),发出电信号,使电磁铁2YA断电。至此,全部电磁铁皆断电,阀4处于中位,液压缸两腔油路被切断,滑台原位停止。这时泵的工作压力升高,输出流量接近于零。

系统中各电磁铁及行程阀的动作顺序可用动作顺序表来表示,见表8-1。电磁铁通电或行程阀压下时,表中记"+"号;反之,记"-"号。

表8-1 电磁铁和行程阀动作顺序表

动作	电磁铁			行程阀
	1YA	2YA	3YA	
快进	+	-	-	-
一工进	+	-	-	+
二工进	+	-	+	+
死挡铁停留	+	-	+	+
快退	-	+	-	+(-)
原位停止	-	-	-	-

三、YT4543型动力滑台液压系统的特点

该系统主要由下列基本回路组合而成:限压式变量泵和调速阀组成的容积节流调速回路,差动连接快速运动回路,行程阀快慢速换接回路,串联调速阀两次慢进换接回路,电液换向阀换向回路。这些回路的应用,决定了系统具有如下特点。

(1)采用了由限压式变量泵与调速阀组成的容积节流调速回路,既满足了系统要求调速范围大、低速稳定性好的要求,又提高了系统的效率。进给时,在回油路上增加了一个背压阀,能改善运动稳定性。

(2)采用限压式变量泵和差动连接两个措施实现快进,这样既能得到较高的快进速度,又不至于使系统效率过低。动力滑台快进、快退速度约为最大进给速度的10倍,如果采用定量泵的差动连接快速运动回路,泵流量虽可减少一半,但快进和工进所需的流量仍然相差甚大,工进时的流量损失大,能耗高。而采用限压式变量泵供油时,泵的流量能根据需要自动变化,只输出与液压缸需要相适应的流量;死挡铁停留时也只输出补偿系统泄漏所需要的流量,系统无溢流损失,效率高。

(3)采用行程阀和顺序阀使快进转换为工进,动作平稳可靠,换接的位置精度高;对于两

种工进速度的转换，由于工进速度低，加之采用安装方便、动作灵敏的电磁阀，因而转换过程中调速阀 10 的动作滞后和滑台惯性对换接位置的影响均很小，并使启动冲击和速度转换冲击较小，便于利用压力继电器发出电信号进行自动控制。

(4)在此系统(尤其是进给油路)中，未采用软管，因为软管在压力油的作用下膨胀，使动力滑台在速度切换时易产生“前冲”及“后坐”现象。为避免使用软管连接，进出液压缸的油液都从固定不动的活塞杆内通过。

(5)在滑台的工作循环中，采用死挡铁停留，不仅提高了进给位置精度，还扩大了滑台工艺使用范围，更适用于镗阶梯孔、锪孔和锪端面等工序。

第二节 液压机液压传动系统

一、概述

液压机是一种使用广泛的压力加工设备，常用于可塑性材料的冲压、弯曲、翻边、薄板拉深等压制工艺，也可从事校正、压装、塑料及粉末制品的压制成形工艺。液压机有多种规格型号，既有以乳化液为介质的水压机，又有以矿物油型液压油为介质的油压机，其压制力可从几十吨达到上万吨。

液压机多为立式，其中以四柱液压机的结构最为典型，应用也最广泛。这种液压机有 4 个立柱，在 4 个立柱之间安置上、下两个液压缸。主缸(上液压缸)驱动上滑块实现“快速下行→慢速加压→保压延时→快速返回→停止”的工作循环；顶出缸(下液压缸)驱动下滑块实现“向上顶出→向下退回→原位停止”的工作循环(见图 8－2)。上、下滑块的运动依次进行，不能同时进行。

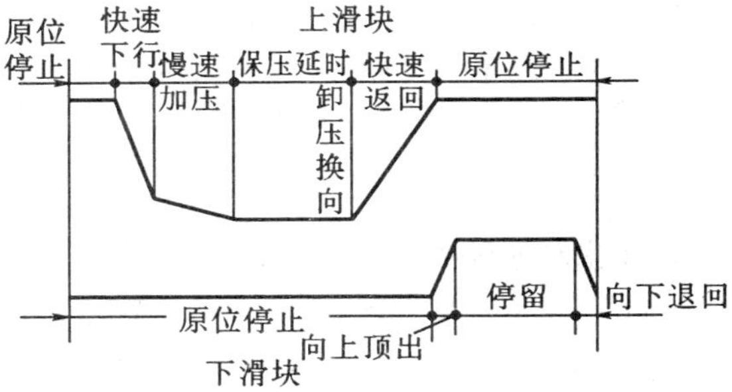

图 8－2 液压机的工作循环

二、YT32－315 型万能液压机液压系统工作原理

四柱式 YT32－315 型万能液压机的液压系统如图 8－3 所示。该系统主要由能变量的轴向柱塞泵 1 供油，控制油路的压力油则由低压齿轮泵 2 提供。现以一般的定压成形压制工艺为例，说明该液压机液压系统的工作原理。

(一)主缸工作循环

1.快速下行

启动高压泵 1 和低压泵 2，电磁铁 1YA、2YA 通电。1YA 通电后，来自泵 2 的控制压力油通过阀 12 流入阀 16 和阀 18 的控制油口，使阀 16 的反向通道被打开，阀 18 的右位接入系统。2YA 通电后，阀 10 的右位接入系统，使阀 9 亦在右位工作。此时，主油路的油液流动路线为

进油路：泵 1→阀 9 右位→阀 14→主缸上腔。

回油路：主缸下腔→阀 16→阀 18 →油箱(大部分油液)。
└→阀 9 右位 → 阀 8 中位 → 油箱(小部分油液)。

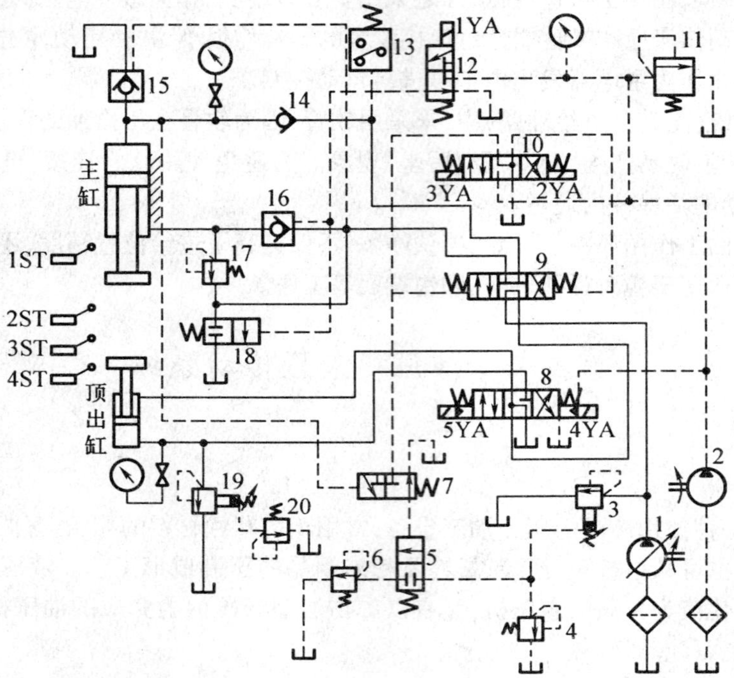

图 8－3　YT32－315 型液压机液压系统

1—变量泵；2—定量泵；3，4，6，11，17，19，20—溢流阀；5，7，9，18—液动换向阀；
8—电液换向阀；10，12—电磁换向阀；13—压力继电器；14—单向阀；
15—充液阀；16—液控单向阀

由于主缸回油阻力很小，加之重力方向与运动方向相同，因而主缸活塞连同上滑块在自重作用下快速下行。此时，液压泵的工作压力很小，液压泵向主缸上腔输入最大流量。但主缸上腔仍因供油不足而形成真空度，故充液阀 15 被吸开，充液油箱的油液补入主缸上腔。

2.减速加压

当上滑块快速下行到将要接触工件的位置时，主缸上的挡块压下行程开关 2ST，使 1YA 断电，阀 16、阀 18 关闭，主缸下腔回油通过背压阀 17 流入油箱。此时，主油路的油液流动路线为

进油路：与快速下行相同。

回油路：主缸下腔→阀 17→阀 9 右位→阀 8 中位→油箱。

由于回油有一定的背压，回油阻力加大，使主缸上腔油压升高，阀 15 自动关闭，通过压力反馈，泵 1 输出的流量自动减少。因此，主缸活塞连同上滑块慢速下行。

当上滑块上的压模接触工件后，负载阻力急剧增加，主缸上腔便自动增压，进行压制加工，泵 1 的输出流量也急剧减小，主缸以极慢的速度对工件加压。

3.保压延时

当主缸上腔油压增加到压力继电器 13 的调定值时，压力继电器发出电信号，使 2YA 断电，阀 9 恢复到中位，泵 1 油液通过阀 9 的 M 型中位卸荷。主缸上腔被活塞密封环、单向阀 14 和充液阀 15 所封闭，处于保压状态。同时，压力继电器使时间继电器（图中未画出）通电，时间继电器开始保压延时，保压的时间可在 0～20 min 内调整。

4、卸压快退

保压时间结束后，时间继电器发出电信号，使3YA通电，阀10阀芯右移，来自泵2的控制压力油通过阀10左位使阀9左位接入系统，为主缸回程创造了条件。但是，由于主缸上腔油压高，直径大，行程长，缸内油液在加压过程中受到压缩而储存的能量相当大，在这种状态下如果立刻接油箱，则液体内积蓄的弹性能量会突然释放出来，产生强烈的液压冲击，造成机器和管路的剧烈振动，发出很大的噪声。为此，主缸上腔必须先缓慢卸压，然后再回程。

由于来自主缸上腔压力油的作用，液动阀7的左位早已接入系统。当3YA通电后，控制压力油便由阀10左位、阀7左位流入阀5的控制油路，使阀5上位也接入系统，泵1出口及主缸下腔的油压就等于阀6调定的低压值(2 MPa)。此时，充液阀内的卸荷阀芯(参看图5-2(c)结构)在较低的控制油压作用下先行打开，使主缸上腔缓慢放油而卸压。当主缸上腔油压降到一定数值以下时，阀15的反向通道被完全打开，主缸上腔油液可以通畅地通过阀15向充液油箱排油。阀7、阀5亦因主缸上腔卸压而相继复位，主缸下腔油压随即上升，达到克服回程负载所需的压力值，活塞带动上滑块快速退回。

5、停止

当上滑块退回到一定位置时，挡块压下行程开关1ST，使3YA断电，阀9处于中位，主缸活塞停止运动，且由于阀16和阀17在油路中的支撑作用，使上滑块在上方悬空停止。

(二)顶出缸工作循环

主缸挡块在压下行程开关1ST使3YA断电的同时，也使4YA通电，阀8右位接入系统，泵1压力油经阀9中位、阀8右位进入顶出缸下腔，上腔油液流回油箱，顶出缸向上作顶出运动。

当顶出缸顶出工件达到预定位置时，顶出缸挡块压下行程开关3ST，发出电信号，使电磁铁4YA断电，5YA通电，阀8左位接入系统，顶出缸上腔接入压力油，下腔接通回油，顶出缸活塞向下退回。

当顶出缸退回至挡块压下行程开关4ST时，发出电信号，使5YA断电，阀8恢复中位，顶出缸原位停止。至此，一个压制工艺动作循环即告完成。

系统图中各电磁铁动作顺序见表8-2。

表8-2 电磁铁动作顺序表

动作		1YA	2YA	3YA	4YA	5YA
主缸	快速下行	+	+	-	-	-
	慢速加压	-	+	-	-	-
	保压延时	-	-	-	-	-
	卸压快退	-	-	+	-	-
	停止	-	-	-	-	-
顶出缸	顶出	-	-	-	+	-
	退回	-	-	-	-	+
	停止	-	-	-	-	-

三、液压机液压系统的特点

液压机液压系统具有如下特点。

(1)系统采用高、低压泵组作为动力源,功率利用合理。主油路系统由一个压力补偿式变量轴向柱塞泵供油,在工作过程中基本维持恒功率输出,系统效率高。

(2)为便于压力变换和调节,保证安全,主缸系统采用远程调压阀 4 和 6(调定压力分别为 25 MPa 和 2 MPa)的双级远程调压和安全阀 3(调定压力为 27.5 MPa);顶出缸的压力可根据需要由溢流阀 19,20 加以调节。

(3)主缸系统采用先缓慢卸压、后换向退回的油路结构,主缸换向引起的振动和噪声较小。

(4)主缸采用了充液油箱自动补油的措施,以实现快速下行,提高生产率。

(5)主缸、顶出缸换向阀串联互锁,使其中一缸必须在另一缸静止不动时才能动作,以保证两缸的动作协调与安全。

第三节 汽车起重机液压传动系统

一、概述

汽车起重机简称汽车吊,是一种应用广泛的流动性起重机械。液压起重机安装在标准的或专用的汽车底盘上,结构紧凑,使用灵活机动,并可在有冲击、振动、温差变化较大的不利环境下作业,适用于大型设备安装和货物装卸等作业。作为起重用的汽车起重机,无论是机械方面还是液压方面,对工作系统的安全性和可靠性要求都特别高。

图 8-4 为某型汽车起重机的外形图。它由汽车 1、转台 2、支腿 3、吊臂变幅液压缸 4、基本臂 5、吊臂伸缩液压缸 6 和载重升降机构 7 等组成,其最大起重量为 8 t,最大起升高度为 11.5 m。

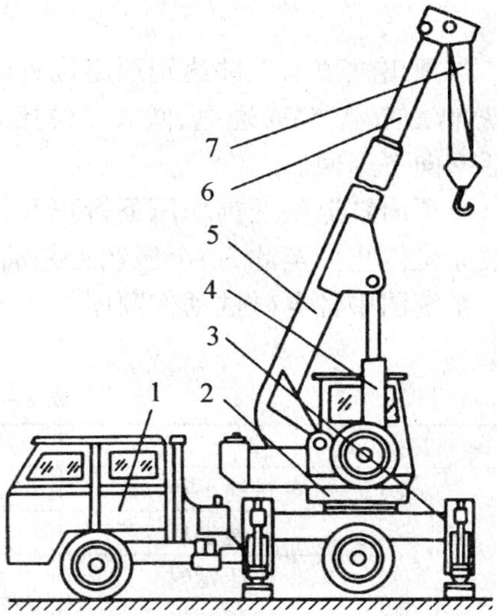

图 8-4 汽车起重机外形图

1—汽车;2—转台;3—支腿;4—吊臂变幅液压缸;5—基本臂;6—吊臂伸缩液压缸;7—载重升降机构

汽车起重机起重作业的所有机构均采用液压传动操纵,具有使载荷作垂直升降作业的起升机构,改变吊臂作业半径的变幅机构,改变吊臂工作方位的回转机构,增加作业高度、扩大作业空间的吊臂伸缩机构,提高支撑能力、增加稳定性的支腿收放机构等。该机的起重作业与汽车运行驾驶室是分开的,动力则由汽车发动机提供。

二、液压系统的工作原理

汽车起重机的液压系统如图 8-5 所示。该系统属中高压系统,由轴向柱塞泵供油。整个系统由支腿收放、转台回转、吊臂伸缩、吊臂变幅、吊重升降五个工作油路所组成。其中,前、后支腿收放支路的换向阀 *A*,*B* 组成多路阀 1,其余四支路的换向阀 *C*,*D*,*E*,*F* 组成另一多路阀 2。各换向阀均为 M 型中位机能的三位四通手动阀,相互串联组合。根据起重作业的具体要求,操纵各阀不仅可以分别控制各执行元件的运动方向,还可以通过控制阀芯的位移量来实现节流调速。

系统中除液压泵、安全阀、多路阀 1 及支腿液压缸外,其余元件都安装在可回转的转台

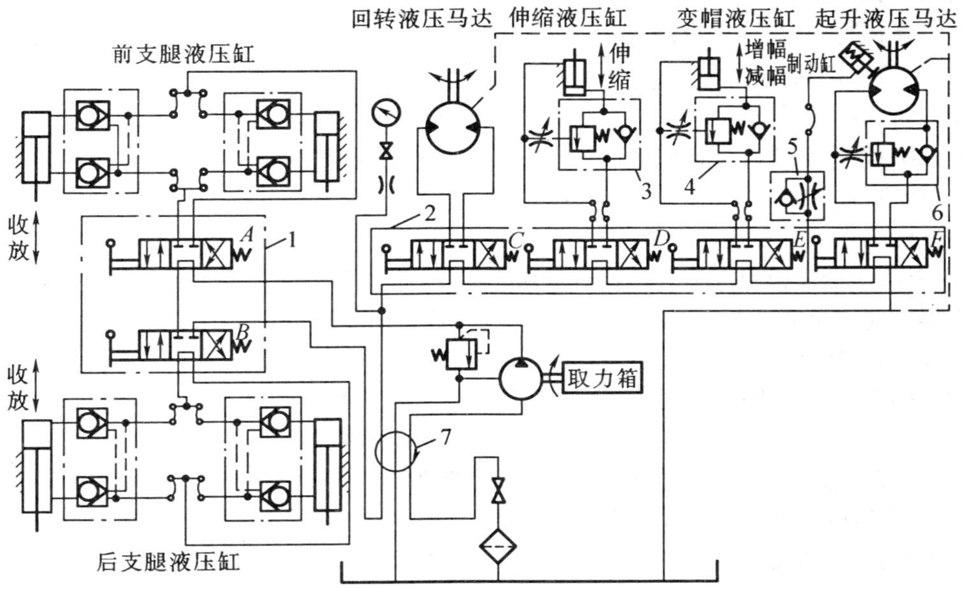

图 8-5 汽车起重机液压系统

1,2—多路换向阀;3,4,6—平衡阀;5—单向节流阀;7—中心回转接头

上方,油箱也装在转台上方,兼作配重。转台上方与下方的油路通过中心回转接头 7 连通。

1.支腿收放油路

由于汽车轮胎支撑能力有限,且为弹性变形体,作业时很不安全,故在起重机作业前必须放下前、后支腿,使汽车轮胎架空,用支腿支撑载荷。而在汽车行驶时,又必须将支腿收起,轮胎着地。为此,在汽车的前、后端各设置两个支腿。支腿实际上是单杆双作用活塞式液压缸,活塞杆用来支撑地面。前支腿两个液压缸同时用一个手动换向阀 *A* 控制其收、放动作,后支腿两个液压缸用阀 *B* 来控制其收、放动作。为确保支腿在支撑、提起后能可靠地锁紧,在每一个支腿液压缸的油路中均设置了一个双向液压锁。

若阀 *A* 在左位工作,则前支腿放下,其油路为

进油路:液压泵→阀 *A*→液控单向阀→前支腿液压缸无杆腔。

回油路:前支腿液压缸有杆腔→液控单向阀→阀 *A*→阀 *B*→阀 *C*→阀 *D*→阀 *E*→阀 *F*→油箱。

后支腿液压缸油液流动路线与前支腿油路相同。

2.转台回转油路

转台回转油路的执行元件是一个大转矩液压马达,它能双向驱动转台回转。通过齿轮、蜗轮蜗杆机构减速,转台可以获得 1 r/min ~ 3 r/min 的低速。马达由手动换向阀 *C* 控制正、反转,依靠 M 型中位实现制动和锁紧。转台回转油路为

进油路:液压泵→阀 *A*→阀 *B*→阀 *C*→回转液压马达。

回油路:回转液压马达→阀 *C*→阀 *D*→阀 *E*→阀 *F*→油箱。

3.吊臂伸缩油路

吊臂由基本臂和伸缩臂组成,伸缩臂套装在基本臂内。吊臂伸缩液压缸驱动吊臂作伸

缩运动,伸缩和制动由换向阀 D 控制。油路中设置了平衡阀 3(外控内泄式单向顺序阀),既可防止吊臂在制动状态时因自重作用而向下滑行,也可防止伸缩臂在缩回时因自重作用而产生加速,实现锁紧和限速双重作用。设阀 D 在左位工作,则吊臂缩回,其油路为

进油路:液压泵→阀 A→阀 B→阀 C→阀 D→伸缩液压缸有杆腔。

回油路:伸缩液压缸无杆腔→阀 3→阀 D→阀 E→阀 F→油箱。

4.吊臂变幅油路

吊臂变幅是用变幅液压缸来改变吊臂的倾斜角度,从而改变起重机的幅度大小。与吊臂伸缩一样,吊臂变幅也同样有锁紧和限速要求,故油路中也设置了平衡阀 4。增幅或减幅运动由换向阀 E 控制,其油液流动路线类同于吊臂伸缩油路。

5.载重升降油路

载重的起升和下降作业由一个大转矩液压马达驱动卷筒来完成。液压马达的正、反转由换向阀 F 控制。油路与前面油路相同,也设置了平衡阀 6,以实现锁紧和限速。由于液压马达的内泄漏比较大,当重物制动在空中时,尽管油路中设有平衡阀,重物仍会缓慢下行,为此在液压马达的输出轴上还装有制动器。当起升机构工作时,在系统油压作用下,制动器液压缸使闸块松开,当液压马达停止转动时,在制动器弹簧作用下,闸块将轴抱紧制动。若重物悬空制动后再次起升,如果制动器立即松闸,由于马达的进油路可能未来得及建立足够的油压,就会造成重物短时失控下滑。为避免这种现象发生,在制动器油路中串接一个单向节流阀 5,使松闸能缓慢进行,松闸时间也可用节流阀来调节。

汽车起重机液压系统动作原理见表 8-3。

表 8-3　汽车起重机液压系统动作原理

手动阀位置						系统工作情况						
A	B	C	D	E	F	前支腿液压缸	后支腿液压缸	回转液压马达	伸缩液压缸	变幅液压缸	升降液压马达	制动器液压缸
左	中	中	中	中	中	放下	不动	不动	不动	不动	不动	制动
右	中	中	中	中	中	收起	不动	不动	不动	不动	不动	制动
中	左	中	中	中	中	不动	放下	不动	不动	不动	不动	制动
中	右	中	中	中	中	不动	收起	不动	不动	不动	不动	制动
中	中	左	中	中	中	不动	不动	正转	不动	不动	不动	制动
中	中	右	中	中	中	不动	不动	反转	不动	不动	不动	制动
中	中	中	左	中	中	不动	不动	不动	缩回	不动	不动	制动
中	中	中	右	中	中	不动	不动	不动	伸出	不动	不动	制动
中	中	中	中	左	中	不动	不动	不动	不动	减幅	不动	制动
中	中	中	中	右	中	不动	不动	不动	不动	增幅	不动	制动
中	中	中	中	中	左	不动	不动	不动	不动	不动	正转	松开
中	中	中	中	中	右	不动	不动	不动	不动	不动	反转	松开

三、汽车起重机液压系统的特点

汽车起重机的液压系统有如下特点。

(1)各执行元件的调速方法均有两种,一是调节手动换向阀的阀口大小,二是调节发动机的转速。

(2)伸缩机构臂架下降、变幅机构臂架减小倾角、升降机构载荷下降时均会因自重和载荷的重力作用而产生加速运动,均要限速。限速方法也有两种,一是调节手动换向阀的阀口大小,二是采用平衡阀来限速。

(3)针对各机构的作业情况,其制动后的锁紧方法各有不同。转台回转机构在制动后依靠换向阀 M 型中位锁紧,吊臂伸缩和变幅机构在制动后依靠换向阀 M 型中位和平衡阀锁紧,载重升降机构在制动后依靠换向阀 M 型中位、平衡阀及外抱制动器锁紧,而支腿收放机构在制动后依靠换向阀 M 型中位和双向液压锁锁紧。

(4)各换向阀串联组合,不仅各机构可以独立动作,而且在轻载作业时,可实现复合动作,以提高工作效率。所有换向阀均采用手动换向阀,不仅可以灵活方便地对执行元件进行换向动作,还可以实现制动、锁紧、使泵卸荷、顺序动作、调速、限速等作用。

(5)溢流阀在不同情况下起着不同的作用。在一般情况下,起安全、限压作用。当采用手动换向阀进行节流调速时,节流阻力使压力升高,强行把溢流阀打开,液压泵的部分油液经溢流阀溢回油箱,此时溢流阀起溢流、稳压作用。

第四节　装卸堆码机液压传动系统

一、概述

在现代化的仓库里,采用装卸堆码机进行纺织品包、木箱、油桶等货物的装卸、堆码,可把装卸工人从传统的人背肩扛的繁重劳动中解放出来。堆码机主要由液压马达驱动的行走底盘和一个六自由度的圆柱坐标式机械手两部分组成。机械手可以完成升降、俯仰、臂伸缩、回转、手腕翻转和手指夹紧等动作。图 8－6 为装卸堆码机液压系统图。该系统由一台定量泵供油,构成了一个单泵供油的开式系统。此外,该系统采用蓄电池供电、直流电动机驱动的工作方式,在仓库中工作时没有污染。由于该机采用了液压驱动的机械手,所以比常用的叉车更为方便、灵活,堆码的高度和深度都大大高于叉车。

二、装卸堆码机液压系统的工作原理

1.底盘行走机构

液压系统所使用的液压泵由直流电动机驱动。当脚踏换向阀 5 左位接入系统时,底盘行走液压马达开始工作,驱动底盘行走,其油液流动路线为

进油路:泵 3→阀 6→换向阀 5 左位→液压马达 18 左腔。

回油路:液压马达 18 右腔→换向阀 5 左位→过滤器 11→油箱。

脚踏换向阀 5 右位接入系统,底盘后退。

系统压力由阀 10 调节;在底盘行走困难时,可按增力按钮,使二位二通阀 9 通电,溢流阀的控制油口堵死,由阀 8 调压,使系统压力升高,行走机构行走顺利;单向阀 16,17 和安全

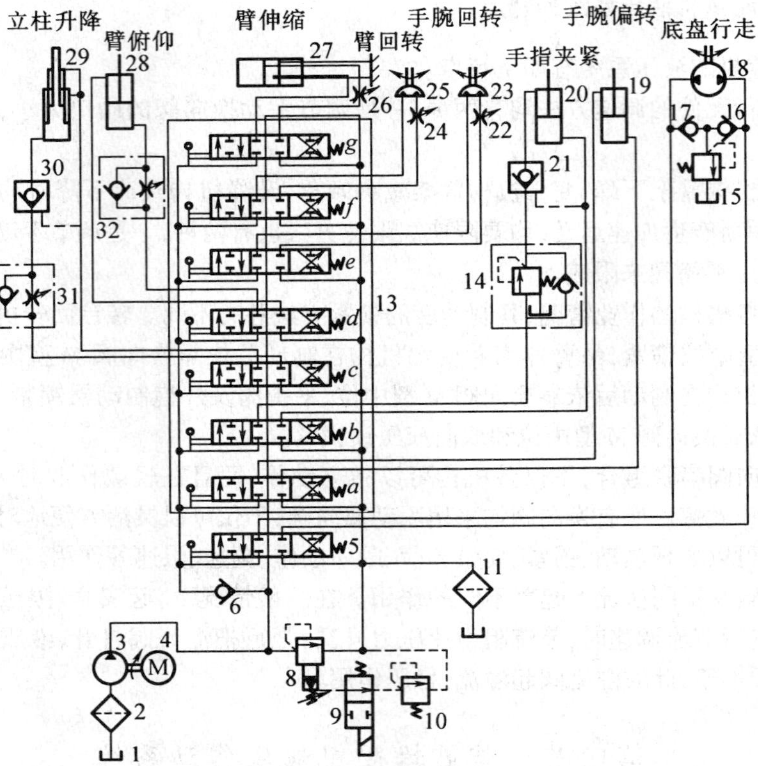

图 8－6　装卸堆码机液压系统

阀15用以底盘行走机构实现缓冲和补油。

2.立柱升降

立柱升降采用伸缩式液压缸,主要是为了降低该机非工作状态的高度,使之伸出时有较大的高度,而缩回时的体积又比较紧凑。

当液压马达驱动行走机构运行到预定位置后,阀 5 复位,此时操纵阀 c 的手动操纵杆,使阀 c 的右位接入系统,立柱上升,此时的油液路线为

进油路:泵 3→阀 6→阀 c 右位→阀 31→阀 30→伸缩缸下腔。

回油路:伸缩缸下腔→阀 c 右位→过滤器 11→油箱。

当立柱上升到所需要的高度时,阀 c 复位,此时由液控单向阀 30 锁紧。

当操纵阀 c 手动操纵杆至左位时,立柱下降,其油液流动路线为

进油路:泵 3→阀 6→阀 c 左位→伸缩缸上腔。

回油路:伸缩缸下腔→阀 30→阀 31→阀 c 左位→过滤器 11→油箱。

回路中单向节流阀用以控制立柱下降速度,提高稳定性。

3.臂回转

臂回转动作由手臂回转缸来实现。当操纵阀 f 分别至左位、右位时,摆动缸带动机械手手臂往、复转动,转动速度可由节流阀 24 调节。

4.手指夹紧

手指夹紧缸负责夹紧货物的工作,手指的夹紧、松开由阀 b 控制。不同的货物要求有

不同的夹紧力，夹紧力的大小可由单向减压阀 14 来调节。为使货物被夹紧后能保持一定的时间，特意在回路中设置了液控单向阀 21。

其余动作，如手臂俯仰、手臂伸缩等动作在此不一一细述。

三、装卸堆码机液压传动系统的特点

装卸堆码机液压传动系统有如下特点。

(1)本系统采用了并联式多路换向阀，使该机操作集中、方便和直观，同时体积小、质量轻。

(2)采用了二级调压回路，在不同的工况下，可使用不同的压力，减少了系统的功耗。

(3)在需要保压的地方都设置了液控单向阀，使工作可靠，确保安全；换向阀均采用手动式或脚踏操纵，动作可靠，且操作方便。

(4)按不同的工作要求，在系统中配置了多种类型的液压执行元件，有双作用活塞式液压缸(缸筒固定与活塞杆固定两种)、双作用伸缩式液压缸、液压马达和摆动缸等。

思考题与习题

8－1　分析图 8－1 所示的动力滑台液压系统，回答下列问题。

(1)系统由哪些基本回路所组成？

(2)定出快进、一工进、二工进、快退速度公式，说明速度快、慢的原因。

(3)什么工况下可进行调速，属于何种调速方法，如何调速？

(4)阀 14 的作用是什么？

8－2　根据图 8－3 所示的液压机液压系统，回答以下问题：

(1)液压缸主缸的工作循环是如何实现的？

(2)为使液压机安全可靠和平稳地工作，系统中采取了哪些措施？

(3)液压机液压系统的主要特点是什么？

8－3　在图 8－5 所示的汽车起重机液压系统中，执行元件是如何实现调速、限速和锁紧的，阀 3,4,6 能否换成液控单向阀？

8－4　图 8－7 所示为车床液压传动系统。试按其工作循环图中的提示进行阅读，正确填写电磁通断表。

工作循环	电磁铁通电					
	1YA	2YA	2YA	4YA	5YA	6YA
1	装件夹紧					
2	横快进					
3	横工进					
4	纵工进					
5	横快退					
6	纵快退					
7	卸下工件					

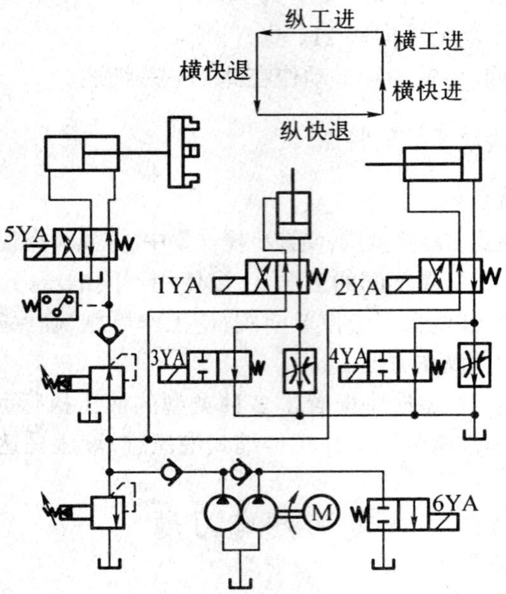

图 8-7 习题 8-4 图

第九章　液压伺服系统

液压伺服系统又称液压随动系统，也称液压跟踪系统，是根据液压传动原理建立起来的一种自动控制系统。在这种系统中，执行元件能够自动、快速而准确地按照输入信号的变化规律而动作，同时系统还起到将信号功率放大的作用。液压伺服系统除具有液压传动的所有优点外，还具有体积小、质量轻、抗负载刚性大和控制精度高等显著优点，因而在车辆、机床、船舶、航空、冶金、军工等各方面获得广泛应用。

液压伺服系统是液压传动的一个重要组成部分，目前已发展成为相对独立的分支。要系统、深入学习液压伺服系统，必须具备一定的自动控制理论基础。本章仅就液压伺服系统的基本原理、性能及液压伺服系统在工程中的应用作一简要介绍。

第一节　概　　述

一、液压伺服系统的工作原理

图 9－1 所示为一简单液压伺服系统的工作原理图。该系统由四通滑阀 1、液压缸 2、定量泵、溢流阀等组成，阀体与缸体固连，液压泵向系统提供恒定压力的液压油，其压力由溢流阀控制。

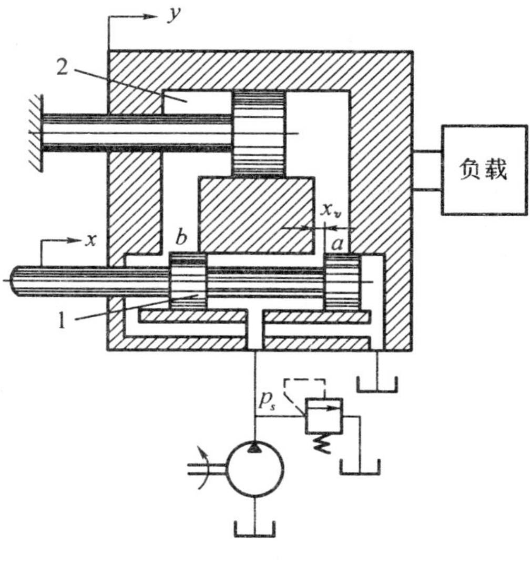

图 9－1　液压伺服系统的工作原理

1—滑阀；2—液压缸

当滑阀阀芯处于中间位置，即没有信号输入时，阀口 a，b 关闭，液压缸没有流量输入，液压缸不动，系统没有输出，处于静止状态。

若给滑阀阀芯输入一个向右移动一段距离 x 的位移信号，则阀口 a，b 处便有相应开口量 $x_v = x$，压力油经窗口 a 进入液压缸右腔，推动液压缸缸体右移，液压缸左腔油液经窗口 b 流回油箱。由于阀体与缸体连成一体，所以阀体随缸体一起右移，其结果使阀的开口量 x_v 减小。当缸体输出位移量 y 与阀芯输入位移量 x 相同时，阀的开口量重新恢复到 $x_v = 0$，液压缸停止在一个新的位置上，系统处于新的平衡状态。如果给阀芯连续输入向右的位移信号，则缸体将随此信号连续向右运动。反之，若给阀芯输入一个向左的位移信号，则缸体也将跟随阀芯向左运动。

通过上述分析可以看出，液压伺服系统具有以下特点。

1. 随动

系统的输出量（也称输出信号）能够自动、快速而精确地复现输入量（也称输入信号）的变化规律。

2.放大

具有力的放大作用。移动阀芯所需的力很小,只需几牛顿至几十牛顿,但液压缸输出的力却很大,可达数千至数万牛顿。其输出的能量是由液压泵供给的。

3.反馈

把输出量的全部或一部分按一定方式回送到输入端,并与输入量比较称为反馈,回送的信号称为反馈信号。若反馈信号不断地抵消输入信号的作用,则称为负反馈,负反馈是自动控制系统具有的主要特征。图9-1中的负反馈是通过阀体与缸体的刚性连接来实现的。液压缸的输出位移 y 连续不断地回送到阀体上,与阀芯的输入位移 x 相比较,其结果使阀的开口减小。此例的反馈是一种机械反馈,反馈还可以是电气的、气动的、液压的或者它们的组合形式。

4.偏差

输入信号与反馈信号的差值称为偏差。图9-1中的偏差就是滑阀的开口量 x_v。只要滑阀有一定的偏差,液压缸就会运动,液压缸的运动又力图消除这一偏差,伺服系统正是依靠这一偏差信号工作的。

综上所述,液压伺服控制的基本原理是:随着输入信号的输入,引起系统中输入环节与输出环节间产生偏差,该偏差将压力能输入到系统,执行元件产生随动动作,由于执行元件的动作而又自动消除这一偏差。

液压伺服系统的工作原理可用方块图来表示,如图9-2所示。因为系统有反馈,方块图自行封闭,形成闭环。所以,液压伺服系统是一种闭环控制系统,能够实现高精度控制。

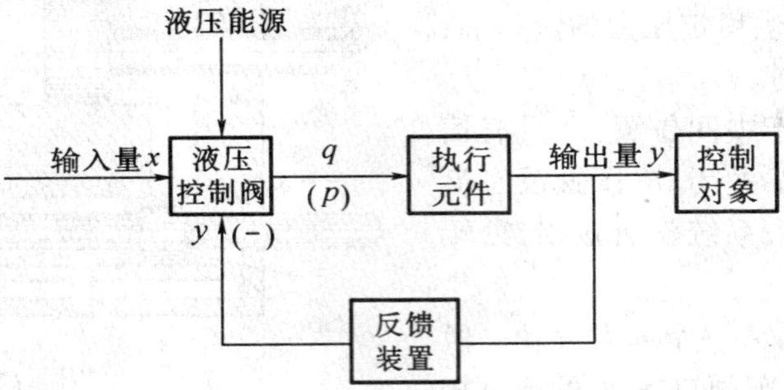

图9-2 液压伺服系统工作原理方块图

二、液压伺服系统的分类

液压伺服系统可以从不同的角度加以分类。

(1)按输出的物理量分,有位移伺服系统、速度伺服系统、加速度伺服系统和力(或压力)伺服系统等;

(2)按控制信号分,有机液伺服系统、电液伺服系统和气液伺服系统等;

(3)按功用分,有实现仿形的伺服系统、实现放大的伺服系统和实现同步的伺服系统等;

(4)按控制元件分,有阀控系统和泵控系统两大类。在机械设备中,以阀控系统应用较多,故本章着重介绍阀控系统。

第二节 液压伺服阀

液压伺服控制是以液压伺服阀为核心的高精度控制系统。液压伺服阀是一种通过改变输入信号，连续、成比例地控制流量和压力的液压控制阀，它的性能直接影响系统的工作性能。液压伺服阀主要有机液伺服阀和电液伺服阀两种。

一、机液伺服阀

机液伺服阀将小功率的位移信号转换为大功率的液压信号，所以也称为液压放大器。常用的机液伺服阀有滑阀、喷嘴挡板阀和射流管阀等。其中，滑阀的结构形式有多样，应用比较普遍。

（一）滑阀

根据滑阀控制边（起节流作用的工作边）数目的不同，滑阀可分为单边滑阀、双边滑阀和四边滑阀。

1.单边滑阀

单边滑阀的工作原理如图 9－3 所示，该阀只有一个边起控制液流的作用。压力油进入液压缸的有杆腔后，经过活塞上的固定节流孔 a 进入无杆腔，压力由 p_s 降为 p_1，然后再经过阀口流回油箱。若液压缸不受外载作用，则 $p_1A_1=p_sA_2$，液压缸不动。当阀芯左移时，开口量 x_v 增大，无杆腔压力 p_1 减小，于是 $p_1A_1\leqslant p_sA_2$，缸体也向左移动。因为阀体与缸筒刚性连接成一个整体，故阀体也左移，又使 x_v 减小，直至平衡。

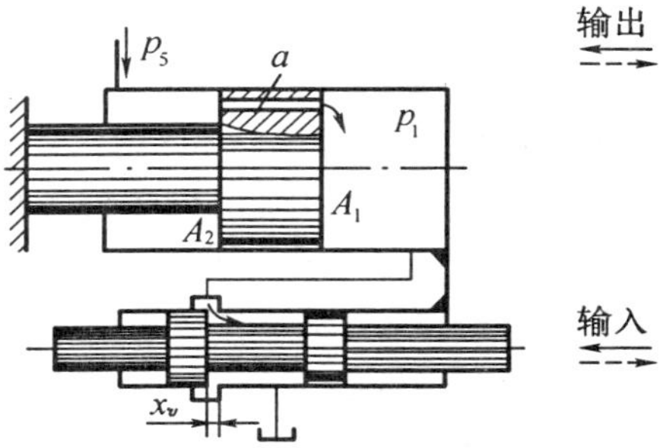

图 9－3 单边滑阀的工作原理

2.双边滑阀

双边滑阀的工作原理如图 9－4 所示。压力为 p_s 的工作油液一路直接进入液压缸的有杆腔，腔内压力为 p_2，$p_2=p_s$；另一路经滑阀左腔控制边的开口 x_{v1} 和液压缸无杆腔相通，并经滑阀右控制边的开口 x_{v2} 流回油箱。显然，液压缸无杆腔的压力 $p_1<p_s$。当 $p_1A_1=p_2A_2=p_sA_2$ 时，缸筒受力平衡，静止不动。当滑阀阀芯左移时，x_{v1} 减小，x_{v2} 增大，液压缸无杆腔压力 p_1 减小，$p_1A_1<p_2A_2$，缸体也向左移动；反之，当阀芯右移时，缸体也向右移动。双边滑阀比单边滑阀的灵敏度高，精度也高。

3.四边滑阀

四边滑阀的工作原理如图 9－5 所示。滑阀有 4 个工作边，开口 x_{v1}，x_{v2} 分别控制进入液压缸两腔的压力油，开口 x_{v3}，x_{v4} 分别控制液压缸两腔的回油。当滑阀左移时，液压缸左腔的进油口 x_{v1} 减小，回油口 x_{v3} 增大，p_1 减小；与此同时，液压缸右腔的进油口 x_{v2} 增大，回油口 x_{v4} 减小，p_2 增大，使活塞也向左移动。与双边滑阀相比，四边滑阀同时控制液压缸两腔的压力和流量，故调节灵敏度更高，工作精度也更高。

综上所述，单边、双边和四边滑阀的控制作用是相同的，均起到换向和节流作用。控制边数越多，控制性能就越好，但其结构工艺就越复杂。这是因为有 4 个边起节流作用，因而轴向有3个关键尺寸必须保证；双边滑阀有 2 个边起节流作用，因而轴向只有 1 个关键尺寸；单边滑阀只有 1 个边起节流作用，因而轴向没有关键尺寸。通常情况下，四边滑阀多用于精度要求高的系统，单边、双边滑阀用于一般精度的系统。另外，四边滑阀可用于单、双杆活塞缸，而单边、双边滑阀一般只用于单杆活塞缸。

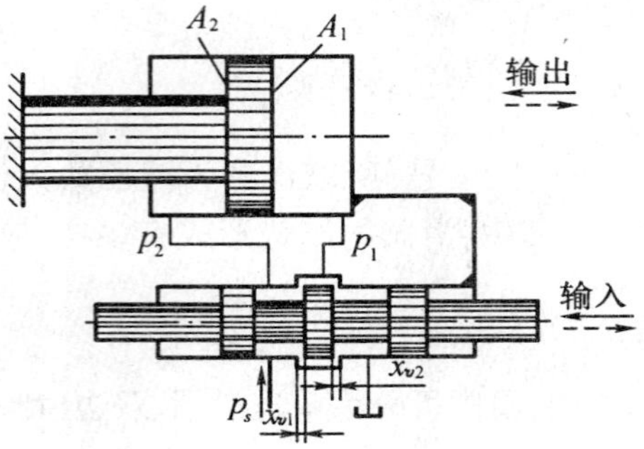

图 9－4　双边滑阀的工作原理

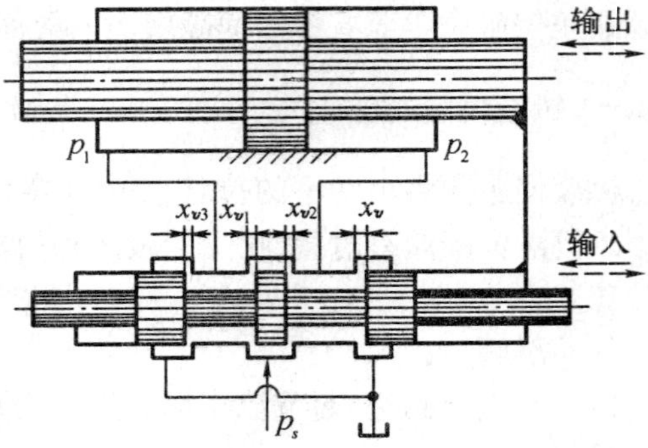

图 9－5　四边滑阀的工作原理

(二)喷嘴挡板阀

喷嘴挡板阀有单喷嘴式和双喷嘴式，两者的工作原理基本相同。双喷嘴挡板阀的工作原理如图 9－6所示，它主要由挡板 1、喷嘴 2 和 3，固定节流小孔 4 和 5 等元件所组成。喷嘴与挡板间的间隙 δ_1 和 δ_2 构成了两个可变节流口。当挡板处于中间位置时，两个喷嘴与挡板的间隙相等，即 $\delta_1 = \delta_2$，液阻相等。因此，$p_1 = p_2$，液压缸不动。压力油经小孔 4 和 5、缝隙 δ_1 和 δ_2 流回油箱。挡板向左偏摆，则 δ_1 减小，δ_2 增大，p_1 上升，p_2 下降，液压缸便左移。因喷嘴和挡板连接在一起，故喷嘴也向左移，形成负反馈。当喷嘴跟随缸体移动到挡板两边对称位置时，液压缸便停止运动。若挡板反向偏摆，则液压缸也反向运动。

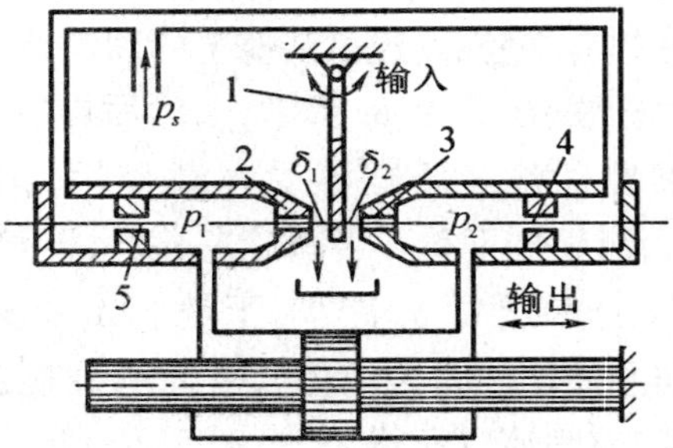

图 9－6　双喷嘴挡板阀的工作原理

1—挡板；2,3—喷嘴；4,5—固定节流口

与滑阀相比，喷嘴挡板阀的优点是结构简单，加工方便，挡板运动阻力小，惯性小，反应快，灵敏度高，对油液污染不太敏感。缺点是无用的功率损耗大，因而只能用于小功率系统中，常用于多级放大液压控制阀中的前置级。

(三)射流管阀

射流管阀的工作原理如图 9－7 所示，主要由射流管 1 和接收板 2 组成。射流管可绕支撑点 O 摆动，压力油从管道进入射流管后经喷嘴射出，经接收孔 a，b 进入液压缸两腔。液体的压力能通过射流管的喷射转换为液体的动能。液体被接收后，又将其动能转换为压力能。当射流管在中位时，两接收孔内的压力相等，液压缸不同。当射流管向左偏摆时，进入孔 a 的油液压力大于进入孔 b 的油液压力，液压缸也向左移动。由于接收板与缸体连接在一起，因此接收板也向左移动，形成负反馈。当喷嘴恢复到中间位置时，液压缸便停止运动。

射流管阀的最大优点是抗污染能力强，工作可靠，寿命长。这是因为它的喷嘴孔直径较大,不易堵塞。另外,它的输出功率比喷嘴挡板高。它的缺点是射流管运动部件惯性大,能量损耗大,特性不易预测。射流管阀常用于对抗污染能力有特殊要求的场合。

二、电液伺服阀

电液伺服阀既是电液转换元件,也是功率放大元件,它能将小功率的电信号转换为大功率的液压信号。电液伺服阀具有体积小、结构紧凑、放大系数高、控制性能好等优点,在电液伺服系统中得到广泛应用。

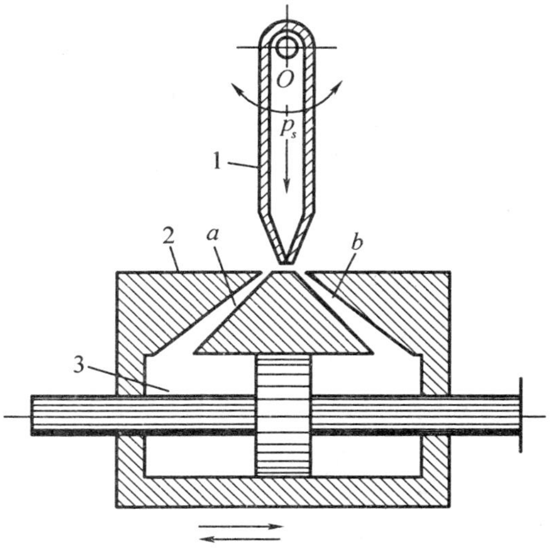

图 9-7 射流管阀的工作原理

1—射流管;2—接收板;3—液压缸

图 9-8 是一种典型的电液伺服阀的结构原理图,它由电磁和液压两部分组成。电磁部分是一个力矩马达,液压部分是一个两级液压放大器,第一级是双喷嘴挡板阀,称前置放大器,第二级是零开口四边滑阀,称功率放大器。

力矩马达主要由一对永久磁铁 1、导磁体 2 和 4、衔铁 3、线圈 5 和弹簧管 6 等组成,它把输入的电信号转换为力矩输出。永久磁铁把上、下两块导磁铁磁化成 N 极和 S 极。当没有控制电流时,衔铁由弹簧管支撑在上、下导磁体的中间位置,力矩马达无输出。当有控制电流时,衔铁被磁化。如果衔铁的左端为 N 极,右端为 S 极,则由于同性相斥、异性相吸的原理,衔铁逆时针方向偏转,同时弹簧管弯曲变形,产生反力矩,直到电磁力矩与弹簧管反力矩相平衡为止。电流越大,产生的电磁力矩也越大,衔铁偏转的角度 θ 就越大。

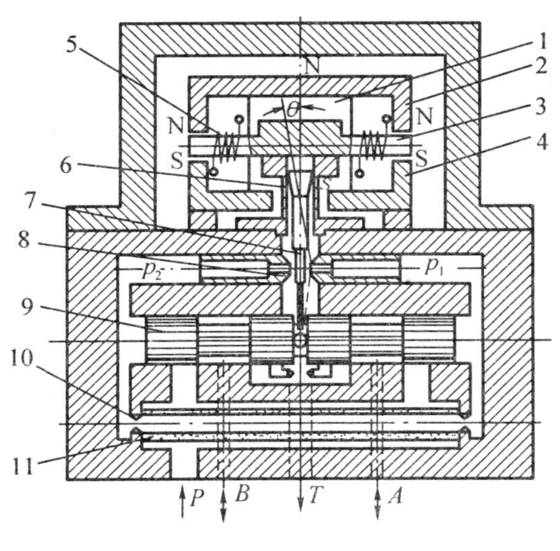

图 9-8 电液伺服阀的结构原理

1—永久磁铁;2,4—导磁体;3—衔铁;5—线圈;6—弹簧管;7—挡板;8—喷嘴;9—滑阀;10—固定挡板;11—过滤器;*A*,*B*—油口;*P*—输入口;*T*—回油口

力矩马达产生的力矩很小,无法直接操纵滑阀以产生足够的液压功率。所以,液压放大器一般都采用两极放大。在图 9-8 所示的结构中,力矩马达、喷嘴挡板阀和滑阀三者通过挡板 7 下端的反馈杆建立协调关系。衔铁、挡板、反馈杆、弹簧管是连接在一起的组合件,反馈管具有弹性,其端部小球卡在滑阀阀芯的中间,将滑阀产生的位移转换为力,反馈到衔铁上。

当没有控制电流时,衔铁、挡板均处于中位,$p_1 = p_2$,滑阀阀芯不动,4 个阀口均关闭,因此无液压信号输出。当有控制电流时,设衔铁逆时针偏转,则挡板向右偏移,p_1 升高,p_2 降低,推动滑阀阀芯左移。此时,反馈杆产生弹性变形,对衔铁挡板组件产生一个反力矩,一方面带动挡板向中位移动,从而使滑阀阀芯两端压力差相应地减小;另一方面产生反作用力阻止滑阀阀芯继续向左移。最终，当作用在衔铁挡板组件上的电磁力矩与弹簧管反力矩、反馈管反力矩达到平衡时，阀芯停止运动，取得一个平衡位置，并有相应的流量输出。输入电流越大，滑阀阀芯的位移就越大。当控制电流反向时，衔铁顺时针方向偏转，滑阀阀芯右移，输出压力油也反向流动。

综上所述，滑阀阀芯的位置是由反馈杆组件弹性变形力反馈衔铁上与电磁力平衡而决定的，故称此阀为力反馈式电液伺服阀。因为采用两极液压放大，所以又称为力反馈两极电液伺服阀。

第三节　液压伺服系统实例

液压伺服系统应用非常广泛，本节介绍的汽车液压转向助力系统和车床仿形刀架液压伺服系统为机液伺服系统，介绍的机械手伸缩运动伺服系统为电液伺服系统。

一、汽车液压转向助力系统

为了减轻驾驶员操作方向盘的体力劳动，提高汽车的转向灵活性，在汽车上常采用转向助力器，这种助力器也是一种机液伺服系统。图 9－9 所示是液压转向助力器的工作原理图，它主要由液压缸和控制滑阀所组成。液压缸活塞 1 的右端铰接在车架上，液压缸缸体 2 和控制滑阀阀体连在一起，形成负反馈，由方向盘 5 通过摆杆 4 控制滑阀阀芯 3 移动。当缸体前后移动时，通过纵拉杆、扇形板 6、横拉杆，驱动车轮向左或向右偏转，从而操纵汽车转向。控制滑阀的阀芯和阀体做成负开口。

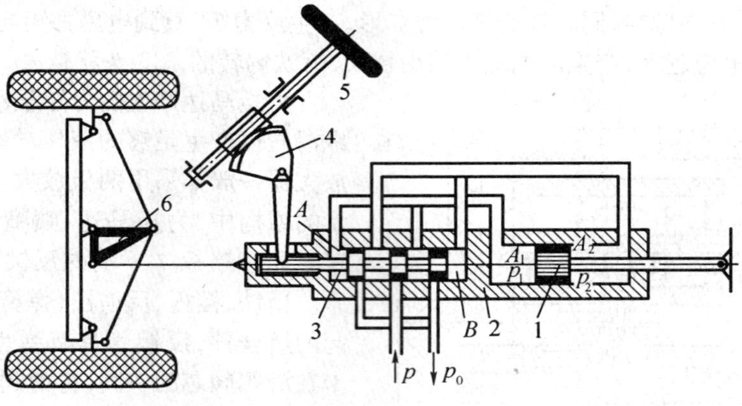

图 9－9　液压转向助力器工作原理图

1—活塞；2—缸体；3—阀芯；4—摆杆；5—方向盘；6—扇形板

若方向盘不动，阀芯处于图示位置时，因液压缸左、右腔油液被封闭，缸体固定不动，汽车保持直线行驶，滑阀阀芯的这一相应位置通常称为平衡位置。由于控制滑阀为负开口，因而可以防止引起不必要的扰动。

当方向盘向左转动时，通过摆杆带动阀芯向右移动，液压缸右腔进油，左腔回油，使液压缸缸体向右移动，带动扇形板向逆时针方向摆动，使车轮向左偏转，实现向左转弯。

缸体向右移动，滑阀阀体也随缸筒右移，使阀口开度减小。当阀体的移动距离等于阀芯的移动距离时，阀体与阀芯的相对位置又恢复到原来的位置，阀口开度为零，缸体停止移动，车轮不再继续偏转，车辆按车轮已经偏转的角度向左转弯。

反之，当方向盘向右转动时，车辆就以一定的转弯半径向右转弯。

在实际转向过程中，只要司机连续地转动方向盘，缸体就会连续地跟随阀芯的移动而运动，直到达到理想的转弯半径为止。方向盘不动，车轮不偏转；方向盘转过多少角度，车轮就相应偏转某个角度。因此，转向助力器是一个典型的伺服元件。司机转动方向盘从而移动阀芯只需一个不大的力，而由于油压力对缸体的作用，使缸体对车轮产生很大的推力，起到"加力"作用。

二、车床仿形刀架液压伺服系统

图 9－10 所示为卧式车床液压仿形刀架工作原理图，图中采用的是正开门双边滑阀。

仿形刀架安装在车床溜板 6 上面，工作时随溜板作纵向移动。样件 1 安装在床身后侧固定不动。液压缸的活塞杆固定在刀架的底座上（安装在溜板上），液压缸体连同刀架 8 可在刀架底座的导轨上沿液压缸轴向移动。

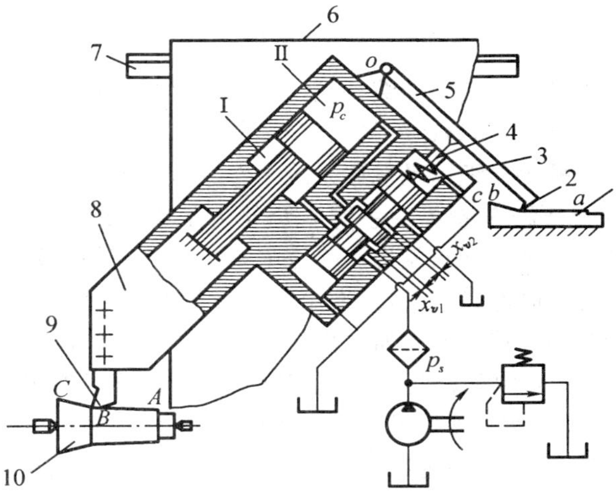

图 9－10 车床仿形刀架的工作原理

1—样件；2—触头；3—弹簧；4—杆；5—杠杆；6—溜板；7—导轨；8—刀架；9—车刀；10—工件

液压缸有杆腔Ⅰ与供油路相通，其压力等于供油压力 p_s。液压缸无杆腔Ⅱ经滑阀开口 x_{v1}，x_{v2} 分别与供油路和回油路相通。假定液压缸有杆腔有效作用面积为 A，液压缸无杆腔有效作用面积为 $2A$。当阀芯处于中间位置时，$x_{v1}=x_{v2}$，$p_c=p_s/2$，液压缸处于相对平衡状态。

滑阀一端有弹簧 3，经杆 4 使杠杆 5 的触头 2 压紧在样件 1 上。车削圆柱面时，溜板沿床身导轨纵向移动，触头便沿样件 ab 段水平滑动。这时阀芯不动，液压缸也不动，刀架跟随溜板一起只作纵向移动，车刀 9 在工件 10 上车出 AB 段圆柱面。

车削圆锥面时，触头沿样件 BC 段滑动，触头就绕支点 O 抬起，杠杆 5 带动阀芯上移，使开口 x_{v1} 增大，x_{v2} 减小，液压缸无杆腔压力 p_c 增大，推动缸体连同阀体和刀架沿轴后退。阀体后退又使开口 x_{v1} 减小，x_{v2} 增大，实现负反馈。在溜板不断地作纵向进给的同时，样件的台肩不断地将触头抬起，液压缸体也就带动车刀不断地后退。这两种运动的合成就使车刀车出 BC 段圆锥面。

仿形刀架的液压缸轴线多与主轴中心线安装成 45°～60°的斜角，目的是为了车削直角的台肩。图 9－11 所示为进给运动合成示意图，其中 v 纵表示溜板带动刀架的纵向进给速度，v 仿表示仿形刀架液压缸体的运动速度，v 合表示刀架的合成运动速度。

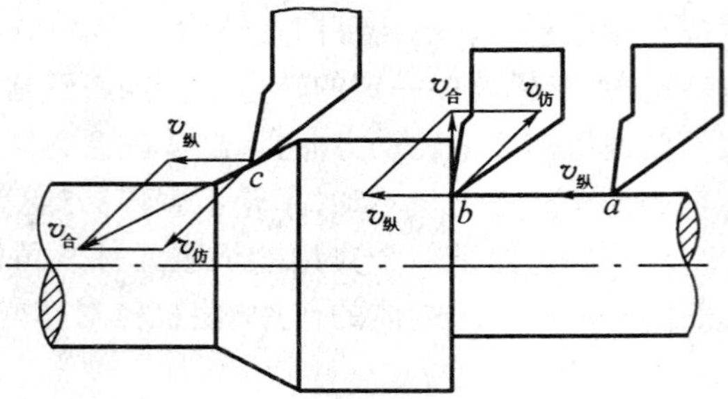

图 9-11　进给运动合成示意图

三、机械手伸缩运动伺服系统

机械手能完成伸缩、回转、升降、手腕动作等一系列动作，每一个动作的伺服原理基本相同，现仅介绍伸缩运动的工作原理。

机械手伸缩运动伺服系统工作原理如图 9-12 所示。系统主要由电放大器 1、电液伺服阀 2、液压缸 3、机械手手臂 4、齿轮齿条机构 5、电位器 6 和步进电动机 7 等元件组成。指令信号由步进电动机发出。步进电动机将数控装置发出的脉冲信号转换成角位移，其输出转角与输入脉冲数成正比，输出转速与输入脉冲频率成正比。步进电动机的输出轴与电位器的动触头连接。电位器输出的微弱电压经放大器放大后产生相应的信号电流控制电液伺服阀，从而推动液压缸产生相应的位移，其位移又通过齿条带动齿轮转动。由于电位器固定在齿轮上，因此最终又使触头回到中位，从而控制机械手的伸缩运动。当控制装置发出一定数量的脉冲时，步进电机就带动电位器的动触头转动。若顺时针转过一定的角度 θ，这时电位器输出电压为 u，经放大器放大后输出电流为 i，使电液伺服阀产生一定的开口量。这时，电液伺服阀处于左位，压力油进入液压缸的左腔，推动活塞带动机械手手臂右移，液压缸右腔回油经伺服阀流回油箱。此时，机械手手臂上的齿条带动齿轮也作顺时针转动。当转动角度等于 θ 时，动触头回到电位器中位，电位器输出电压为零，放大器输出电流也为零，电液伺服阀回到零位，没有流量输出，手臂即停止运动。当数控装置发出反向脉冲时，步进电动机逆时针方向转动，机械手手臂缩回。

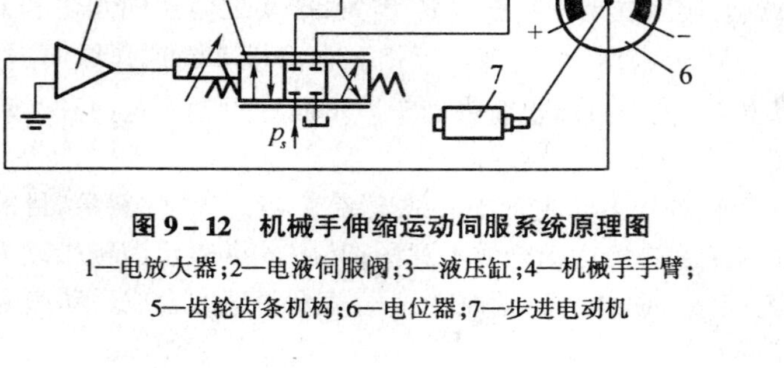

图 9-12　机械手伸缩运动伺服系统原理图

1—电放大器；2—电液伺服阀；3—液压缸；4—机械手手臂；
5—齿轮齿条机构；6—电位器；7—步进电动机

思考题与习题

9-1　液压伺服系统具有哪些特点?

9-2　比较单边、双边和四边滑阀的区别。

9-3　说明喷嘴挡板阀的工作原理。

9-4　说明汽车液压转向助力系统方向盘右转时的转向原理。

9-5　说明车床仿形刀架液压伺服系统的工作原理。

第十章　液压系统的安装、使用和维护

设计制造一台性能优良的液压设备固然重要，而正确地安装、使用和维护液压设备也非常重要。液压系统的故障分突发性和磨损性两种。对于前者，如零部件的损坏、管路破裂等，一般与制造、装配及操作是否符合规程等因素有关，这些故障常发生在系统工作的初期和中期；对于磨损性故障，如密封件失效、工作速度变慢等，往往发生于系统工作的后期，主要是由于零部件的自然磨损引起的，其发生频率与日常维护保养的好坏有着密切的关系。我们必须从思想上重视安装、使用和维护保养，同时还要掌握安装、使用和维护技术，建立必要的维护和保养制度。本章就这方面的问题作一简略介绍。

第一节　液压系统的安装与清洗

一、液压系统的安装

（一）安装前的准备工作

安装前应做如下准备工作：

（1）首先应熟悉有关技术资料，如液压系统图、电气原理图、管路布置图、液压件清单及有关产品样本等，准备好有关物资。

（2）对需要安装的液压元件，一般应先用洁净的油液清洗，并进行认真校验，必要时须进行密封和压力试验，确保达到性能要求。

（3）对系统中所用的仪器、仪表应进行严格的调试，确保其准确、灵敏、可靠。

（4）检查各油管，确保每根油管完好无损。全部管路在正式安装前要进行配管试装，试装合适后将油管拆下，用温度为 10 ℃ ~ 60 ℃的 10% ~ 20% 的稀硫酸或稀盐酸溶液洗 30 min ~ 40 min，取出后再用 30 ℃ ~ 40 ℃的苏打水中和，最后用温水清洗、干燥、涂油。

（二）液压元件的安装

（1）液压泵、液压马达与原动机、工作部件间的同轴度偏差应在 0.1 mm 以内，轴线间的倾角不得大于 1°，不得用敲击方式安装联轴器，单向泵、单向马达的旋转方向及进出油口方向不得接反。

（2）液压缸有多种安装方式，对于底座式或法兰式液压缸可通过在底座或法兰前设置挡块的方法，力求安装螺钉不直接承受负载，以减小倾覆力矩；对于轴销式或耳环式液压缸，则应使活塞杆顶端的连接头方向与耳轴方向一致，以保证活塞杆的稳动性；对于行程较长、工作时油温较高的液压缸，一端应保持浮动，以补偿热膨胀的影响。

（3）方向阀一般应保持轴线水平安装。板式连接控制阀的各油口处的密封圈在安装后应有一定压缩量以防泄漏。固定螺钉应均匀拧紧，不要拧偏，也不要用锤子敲打或硬扳，应使元件的安装平面与底板安装平面全面接触。

（4）液压辅助元件应严格按设计要求的位置安装，并注意整齐、美观。应尽量考虑使用、维护和调整的方便，如压力表应装在振动小、易观察处，蓄能器应安装在易充气的地方，过滤器应尽量安装在易于拆卸、检查的位置，冷却器应注意水质、水量、水温及结冰等问题。

（三）液压管路的安装

（1）管道的布置要整齐，油管长度要尽量短，管道的直角转弯应尽量少，各平行与交叉的油管之间应有 10 mm 以内的空隙，刚性差的油管应予以可靠地固定。系统管路复杂时，可将其高压油管、低压油管、回油管和吸油管等分别涂上不同的颜色或编号加以区别，以便安装和维修。

（2）各油管接头要紧固可靠，密封良好，不得漏气。扩口管接头用油管端面要先锪平，油管扩口必须用专门工具进行。

（3）液压泵吸油管的高度一般不大于 500 mm。吸油管上安装的过滤器，应采用过滤精度低的粗滤器，以减小吸油阻力。吸油管道的接合处应涂以密封胶，保证密封良好。

（4）回油管应伸到油箱油面以下，以防油液飞溅而混入气泡。回油管端应加工成 45°斜面，使回油平稳。回油管口不应靠近泵的吸油口，以免液压泵吸入温度较高的油液。凡外部有泄油管的阀（如减压阀、顺序阀等），其泄油口与回油管道连通时不允许有背压，否则应单独设回油管。

（5）系统中的主要管道和过滤器、蓄能器、压力表、流量计等辅助元件应能自由拆装而不影响其他元件。布置活接头时，应保证其拆装方便。

（6）高压管路必须使用按其工作压力选定的油管，不许使用有缝钢管或有缺陷的油管。

二、液压系统的清洗

当液压系统安装连接工作完成以后，必须对系统内部进行清洗，要求高的系统可分两次进行，以洗掉系统内存留的金属粉末、铁锈、密封材料、油漆等。这是因为液压元件中高精度零部件较多，零件间的配合间隙也很小，万一装配过程中有杂质混入，将会引起元件的磨损或卡死等不良现象，影响系统的正常工作，甚至造成重大事故。

第一次清洗以主系统为主，清洗液可用液压系统工作用油或试车油，但不要用对液压元件有腐蚀性的煤油、汽油、酒精等。清洗油的用量一般为油箱容量的 60% ~ 70%。注入清洗液之前要把油箱洗净，并在系统主回油路上临时接入过滤器。另外，应将溢流阀及其他阀的排油回路在阀的进口处临时断开，将液压缸两端的油管直接连通。清洗初期，主回油路上的过滤器应用 80 ~ 100 目的过滤网，当达到清洗时间的 60%时，换用 150 目的过滤网。连接好清洗油路后，一边使泵运转，一边将油加热至 50 ℃ ~ 80 ℃，则油管内的橡胶渣等杂质被清除。为了提高清洗效果，应使泵作间歇运动，并在清洗过程中不断轻轻敲击油管，使管道各处微粒都被清洗干净。清洗时间视系统复杂程度等具体情况而定，短则几十分钟，长则十几个小时。第一次清洗结束后，应将系统中的油液全部排出，然后再清洗油箱并用绸布擦净。

第二次清洗是对整个液压系统进行清洗。首先将油路恢复到正常运转时的状态，然后在 油箱内注入实际工作所用的油液并启动液压泵对系统进行清洗，清洗时间一般为 2 ~ 4 小时。清洗结束时过滤器的过滤网上应无杂质。

第二节 液压系统的调试

新设备及修理后的设备，在安装和几何精度检验合格后必须进行调试，使其液压系统的性能达到预定的要求，即具有可靠协调的工作循环并获得各参数所要求的准确数值。

液压系统的调试又称试车，分空载试车和负载试车两步。

试车之前，应先检查电动机、电磁阀电源的电压和频率，电压的变化应在 +10% ~ -15%范围内。此外，应将油箱中的油液加至规定的高度，将各控制手柄置于关闭或卸荷状态，将各压力阀的调压手柄松开。还应检查各仪表起始位置是否正确，检查各液压件的管道连接是否可靠，检查运动涉及的各空间大小以保证试车时不发生碰撞。待各处按试车要求调整好之后，方可进行空载试车。

一、空载试车

1. 液压泵的检查

从断续直至连续启动原动机，观察泵的转向及工作情况。若泵不排油，应对液压泵、原动机进行仔细检查。

2. 压力阀的调整

各压力阀应从泵源附近开始依次调整。调整开始时应使工作部件处于“制动”位或低速运动状态，速度由低到高，边观察压力表及油路工作情况边调整，直至调至其规定数值。这时，须检查系统各管道连接处、液压元件接合面处是否有漏油。若未发现异常情况，即可将压力阀的锁紧螺帽拧紧并将相应的压力表油路关闭，以防压力数值变动使压力表损坏。

3. 流量阀的调整

调整时，应先使执行元件的速度处于较大状态，然后逐渐关小流量阀，并观察系统能否达到最低速度，其平稳性如何，最后按工作要求的速度来调定流量阀的阀口开度。

4. 液压缸的排气

使液压缸运动速度由低到高、行程由小到大运动，直到全行程快速往复运动，再用排气阀或排气塞排除系统中的空气。对于精度要求高的液压缸，应特别注意排气操作。排气时，应先将排气阀打开，调节流量阀使流量加大，然后使液压缸全程往复运动多次，即可使缸内空气排出。缸内空气排完后，应将排气阀关闭。

5. 行程控制元件位置的调整

行程挡块常用于控制行程阀、行程开关的动作，以使工作部件获得预定的运动行程或运动的自动转换。所以行程挡块的位置应按设计要求在试车前一一仔细调好并牢固地紧固在预定的位置。死挡块的位置也应按要求事先调好。

上述各项工作往往是互相联系、穿插进行的，常常需要反复地测试、调整。复杂的液压系统可能有多个液压泵、多个执行元件，各执行元件的运动常需按一定的顺序进行，更需要花费较多的时间进行仔细地调试。

各工作部件在空载的条件，按预定的工作循环或工作顺序连续运转 2 ~ 4 小时后，应检查油温及液压系统所要求的各项精度。待一切正常后，方可进入负载试车阶段。

二、负载试车

负载试车时应注意以下方面。

(1)对于工作压力低于 16 MPa 的液压系统，其试验压力为工作压力的 1.5 倍；对于工作压力高于 16 MPa 的系统，其试验压力为工作压力的 1.25 倍。

(2)试车中，应逐级升高压力，每升高一级压力宜稳压(2 ~ 3)min。达到试验压力后，保压 10 min，然后降至工作压力，进行全面检查，以系统所有焊缝和接口处无漏油、管内无永久变形、安全过载保护装置工作可靠为合格。

(3)为保障安全,负载试车期间,不得锤击管道,在试车区域 5 m 范围内不得同时进行明火作业。如有故障须处理,必须先卸压。

第三节 液压系统的使用和维护

为保证液压系统处于良好性能状态,延长其使用寿命,应对其合理使用,并重视其日常检查和维护。

一、液压系统使用注意事项

液压系统使用时的注意事项有如下几方面。

(1)操作者必须熟悉液压元件控制装置的操作要领,熟悉各液压元件的调节转动方向与压力、流量大小变化的关系等,严防调节错误造成事故。

(2)泵启动前应检查油温。若油温低于 10 ℃,则应空载运转数分钟才能加载运转;若室温在 0 ℃以下或高于 35 ℃,则应采取加热或冷却措施后再启动。工作中应随时注意油液温升。正常工作时,一般液压系统中的油箱油液温度不应超过 60 ℃。

(3)使用中应注意经常检查过滤器并及时更换滤芯。较完善的过滤器上有压差指示器及堵塞报警装置,可根据压差指示及时更换滤芯。正常情况下约工作 500 小时后更换滤芯。如滤芯堵塞很快,则说明系统有故障。

(4)及时检查更换油液。对于新投入使用的液压设备,使用三个月左右即应清洗油箱,更换新油,以后则应按设备使用说明书的要求每隔半年或2 000小时左右进行清洗、换油一次。在高温、高湿、高粉尘下连续运转的设备,要缩短换油期。

(5)设备若长期不用,应将各调节手柄全部放松,防止元件内弹簧产生永久变形而影响元件的性能。

二、液压设备的维护保养

为了使液压设备长期保持良好的工作状态,避免某些重大故障的发生,应特别重视经常性的日常维护保养。维护保养分日常保养、定期保养和综合保养三种。

(1)日常保养。日常保养通常是用目视、耳听及手触感觉等比较简单的方法,在泵启动前、启动后及停止运转前检查油量、油温、压力、漏油、噪声、振动等情况,并随之进行维护和保养。

(2)定期保养。定期保养的内容包括:分析日常保养中发现异常现象的原因并进行排除,对需要维修的部位进行分解检修等。定期保养的间隔时间,一般与过滤器滤芯的更换间隔时间相同,通常为 2~3 个月。

(3)综合保养。综合保养大约每年一次,其主要内容是检查液压装置的所有元件和部件,判断其性能和寿命,并对产生故障的部位进行检修或元件更换。

液压设备的维护保养均应做好记录,以作为设备出现故障查找原因或设备大修的依据。

第四节 液压系统的故障诊断

液压系统在运行中可能出现的故障是多种多样。这些故障有的是由某一液压元件失灵而引起的,有的是系统中多个液压元件的综合性因素造成的,有的是因为液压油被污染造成的,也有的是由机械、电器以及外界的因素引起的。虽然这些故障不能象机械故障那样直接观察到,进行检测也不如电气系统方便,但由于液压元件均在润滑充分的条件下工作,液压系统均有可靠的过载保护装置,故很少发生金属零件破损、严重磨损等现象。液压系统有些故障用调整方法即可排除,有些故障可用更换易损件(如密封圈等)、液压油、标准液压元件或清洗液压元件的方法排除,只有少数故障是因设备使用年久、精度超差需经修复才能恢复其性能。因此,只要熟悉设备的液压系统原理图,熟悉各液压元件的结构、性能、作用及安装位置,了解设备的使用和维护情况,认真分析故障可能产生的原因,并采用先外后内、先调后拆、先洗后修的步骤,大多数故障是能很快排除的。

一、故障诊断步骤

故障诊断有如下步骤。

(1)熟悉性能和资料。在查找故障原因之前,要了解设备的性能,熟悉液压系统的工作原理及每个组成元件的作用。

(2)调查情况。向操作者询问出现故障前后系统的工作状况及异常情况,产生故障的部位和故障现象,同时了解过去这类故障的排除经过。

(3)现场观察。若设备还能启动运行,应当亲自启动设备,操纵有关控制元件,观察故障现象,查找故障原因。

(4)查阅设备技术档案。主要了解档案中与本次故障相似的历史记载。

(5)归纳分析。对现场观察到的情况、操作者提供的情况及历史资料进行综合分析,找出产生故障的可能原因。

(6)组织实施。在摸清情况的基础上,制订出切实可行的排除措施,并组织实施。

(7)总结经验。对故障经过分析予以排除,并取得了成功。这些经验都应进行很好地总结,积累维修工作实际经验是开展故障诊断的重要手段。

(8)纳入设备技术档案。将本次故障的现象、部位及排除方法作为历史资料纳入设备技术档案,以便今后查阅。

二、故障诊断方法

设备故障诊断,一般分为简易诊断和精密诊断。

1.简易诊断

简易诊断又称为主观诊断,它是靠维修人员利用简单的诊断仪器和个人实际经验对液压系统的故障进行诊断,判断产生故障的原因和部位,这是最常用的方法。简易诊断主要通过以下几个途径进行:

(1)看。看工作部件运动速度有无变化和异常现象;看油液是否清洁和变质,油量是否满足要求,黏度是否合适,油面是否有泡沫等;看各管接头、结合面、液压泵轴伸出处和液压缸活塞杆伸出处是否泄漏;看工作部件有无爬行现象和各组成元件有无振动现象。

(2)听。听液压泵和系统工作时的噪声是否过大,溢流阀等元件是否有尖叫声;听液压缸换向时冲击声是否过大,是否有活塞撞击缸盖的声音,听油路板或集成块内是否有微细而连续不断的泄漏声。

(3)摸。摸泵体、阀体和油箱外壁的温度;摸工作部件、管道和压力阀等的振动,若感觉到有高频振动,应查找原因;摸工作部件低速运动时的爬行;摸挡块、电气行程开关和行程阀等的紧固螺钉是否松动。

(4)嗅。用嗅来判断油液是否发臭变质。

(5)阅。查阅设备技术档案中有关的故障分析与修理记录;查阅点检和定检卡;查阅交接班记录及维护保养记录。

(6)问。询问设备操作者,了解平时运行情况。问什么时候换的油,什么时候清洗或换过滤芯;问液压泵有无异常现象;问发生故障前液压阀是否调节过,有哪些异常现象;问发生故障前密封件或液压元件是否更换过;问过去常出现哪些故障,是怎样发生的。

总之,对所有客观情况都全面了解之后,才判别产生故障的原因和部位。这种诊断方法因不同人的感觉不同、判断能力的差异和实际经验的不同,其结果会有差别为了弄清液压系统产生的故障的原因,有时还需要停机拆卸某些液压元件并对其进行定量测试。

2.精密诊断

精密诊断又称客观诊断,它常在主观诊断的基础上对有疑问的异常现象采用各种检测仪器进行定量测试分析,从而找出故障原因和部位。对于重要的液压设备可进行运行状态监测和故障早期诊断,在故障的萌芽阶段就作出诊断,显示故障部位和程度并发出警报,以便早期处理和维修,避免故障突然发生而造成恶劣后果。状态监测和故障早期诊断是一个问题的两个方面,也是两个关键。状态监测靠硬件,通过传感器等硬件把液压系统运行中必要的物理量(如压力、速度、噪声、振动、液压油的温度和污染程度等)采集起来送到计算机实时处理,作出判断(诊断)。故障诊断要靠软件,即专家系统。各种液压系统状态监测用的硬件基本相同,但作出诊断用的专家系统却因液压系统的不同而有所差异。由于目前液压系统故障诊断用的专家系统较少且不十分成熟,因此这种技术应用较少。

思考题与习题

10-1　液压系统的安装是如何进行的?

10-2　液压系统使用中要注意哪些方面?

10-3　液压系统故障诊断的步骤和方法怎样?

第十一章 气压传动基本概念

气压传动是以净化后的压缩空气为工作介质，在密封容器内进行能量交换、控制与传递的一种传动与控制技术。由于空气取之不尽，用之不竭，投资小，污染少，能耗小，所以气压传动与控制技术被大量应用于机械加工、汽车制造、交通运输、电子工业、机器人等工业领域中，尤其在轻工业领域中应用更多。

第一节 气压传动的工作原理及组成

一、气压传动系统的工作原理

现以气动剪切机为例，介绍气压传动的工作原理。

图 11－1 所示为气动剪切机的工作原理图，图示位置为剪切前的情况。空气压缩机 1 产生的压缩空气经后冷却器 2、油水分离器 3、储气罐 4、分水滤气器 5、减压阀 6、油雾器 7 到达换向阀 9。部分气体经节流通路 a 进入换向阀 9 的下腔，使上腔弹簧压缩，换向阀阀芯位于上端；大部分气体经换向阀 9 后由 b 路进入气缸 10 的上腔，而气缸的下腔经 c 路、换向阀与大气相通，故气缸活塞处于最下端位置。当上料装置把工料 11 送入剪切机并到达规定位置时，工料压下行程阀 8，此时换向阀阀芯下腔压缩空气经 d 路、行程阀排入大气，在弹簧的推动下，换向阀阀芯向下运动至下端，压缩空气则经换向阀后由 c 路进入气缸的下腔，上腔经 b 路、换向阀与大气相通，气缸活塞向上运动，剪刃随之上行剪断工料。工料剪下后，即与行程阀脱开，行程阀阀芯在弹簧作用下复位，d 路堵死，换向阀阀芯上移，气缸活塞向下运动，又恢复到剪断前的状态。图 11－1(b)所示为用图形符号绘制的剪切机气动系统原理图。

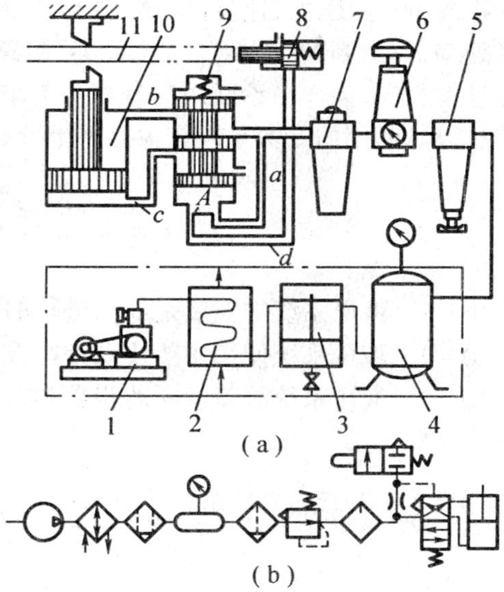

图 11－1 气动剪切机的工作原理

(a)结构原理图；(b)图形符号图

1—空气压缩机；2—后冷却器；3—油水分离器；4—储气罐；5—分水滤气器；6—减压阀；7—油雾器；8—行程阀；9—换向阀；10—气缸；11—工料

由以上分析可知，剪刃克服阻力剪断工料的机械能来自于压缩空气的压力能；负责提供压缩空气的是空气压缩机；气路中的换向阀、行程阀起改变气体流动方向、控制气缸活塞运动方向的作用。因此，气压传动是利用空气压缩机将原动机输出的机械能转变为空气的压力能，然后在控制元件的控制和辅助元件的配合下，通过执行元件把空气的压力能又转变为机械能，从而完成直线运动或回转运动,并对外做功。

二、气压传动系统的组成

根据气动元件的不同功能,可将气压传动系统分成四部分。

(1)气源装置。气源装置是获得压缩空气的装置和设备,包括空气压缩机、储气罐等,它将原动机供给的机械能转变为气体的压力能。

(2)气动执行元件。气动执行元件是将压缩空气的压力能转变为机械能的装置,如作直线运动的气缸,作回转运动的气动马达等。

(3)气动控制元件。气动控制元件是控制压缩空气的流量、压力、方向以及执行元件工作程序的元件,如各种压力阀、流量阀、方向阀、逻辑元件等。

(4)辅助元件。辅助元件是使压缩空气净化、润滑、消声以及用于元件间连接等所需的装置,如各种过滤器、油雾器、消声器、转换器、显示器、传感器、放大器和管件等。

按选用的控制元件类型分,气压传动系统可分为气阀控制气动系统、逻辑元件控制气动系统、射流元件控制气动系统。本书重点介绍气阀控制气动系统。

第二节 气压传动的优缺点

一、气压传动的优点

气压传动能够得到迅速发展和广泛应用的原因,是由于它具有如下优点:

(1)工作介质是空气,来源方便,使用后直接排入大气无污染,不需要设置专门的回气装置;

(2)空气的黏度很小,流动时压力损失较小,节能,高效,适用于集中供应和远距离输送;

(3)气动动作迅速,反应快,维护简单,调节方便,特别适合于一般设备的控制;

(4)工作环境适应好,特别适合在易燃、易爆、潮湿、多尘、强磁、振动、辐射等恶劣条件下工作,外泄漏不污染环境,在食品、轻工、纺织、印刷、精密检测等环境中采用最为适宜;

(5)成本低,过载能自动保护。

二、气压传动的缺点

气压传动与其他传动相比,具有以下缺点:

(1)空气具有可压缩性,不易实现准确的速度控制和很高的定位精度,负载变化时对系统的稳定性影响较大;

(2)空气的压力较低,只适用于载荷较小的场合;

(3)排气噪声较大,高速排气时应加消声器;

(4)因空气无润滑性能,故在气路中应设置给油润滑装置。

第三节 气体的物理性质

气压传动的工作介质来自于空气。自然空气是由多种成分组成的混合气体,主要成分是氮(约占78%)、氧(约占21%)以及少量的氩气、二氧化碳和其他成分。若在工业污染严重的环境中，成分组成则更加复杂。

一、黏性

气体在流动时产生内摩擦力的性质称为气体的黏性，黏性的大小用黏度来表示。气体黏度的变化主要受温度的影响，且随着温度的升高而增大，空气的运动黏度与温度的变化关系如表 11－1 所示。压力的变化对黏度的影响很小，可以忽略不计。

表 11－1　空气的运动黏度与温度的关系(压力为 0.1 MPa)

温度 t/℃	0	5	10	20	30	40	60	80	100
运动黏度 $\upsilon/10^{-5}\ m^2\cdot s^{-1}$	1.33	1.42	1.47	1.57	1.66	1.76	1.96	2.10	2.38

二、湿度

空气中或多或少总含有水蒸气，即自然界中的空气为湿空气。在一定温度下，空气中含有的水蒸气越多，空气就越潮湿。当空气中水蒸气的含量超过一定限度时，空气中就会有水滴析出，这表明湿空气能容纳水蒸气的含量是有一定限度的。把这种极限状态的湿空气称为饱和空气。

空气中含有水蒸气的多少对气压传动系统有直接的影响，因此各种气动元件对含水量有明确的规定，并且常采取一定的措施防止水分的带入。湿空气中所含水分的程度常用湿度来表示。

1.绝对湿度

绝对湿度是指单位体积湿空气中所含水蒸气的质量，用 χ 表示，单位为 kg/m^3。即

$$\chi=\frac{m_s}{V}$$

式中　m_s——湿空气中水蒸气的质量；

V——湿空气的体积。

在一定温度下，湿空气达到饱和状态时，称此条件下的绝对湿度为饱和绝对湿度，用 χ_b 表示。

绝对湿度只能说明湿空气中实际所含水蒸气的多少，而不能说明湿空气所具有的吸收水蒸气能力的大小。因此，要了解湿空气的吸湿能力及其偏离饱和状态的程度，还需引入相对湿度的概念。

2.相对湿度

相对湿度是指在温度和总压力不变的条件下，其绝对湿度与饱和绝对湿度的比值，用 φ 表示。即

$$\varphi=\frac{\chi}{\chi_b}\times100\% \tag{11-1}$$

当空气绝对干燥时，$\varphi=0$；当空气达到饱和时，$\varphi=1$。气动技术中规定，各种阀的工作介质的相对湿度应小于 95%。

三、气体状态方程

(一)理想气体状态方程

所谓理想气体,是指不计黏性的假想气体。空气在压力不高、温度较低的情况下可以看作为理想气体。理想气体的状态变化应符合下列关系

$$pV/T = 常数 \tag{11-2}$$

或

$$p/\rho = RT \tag{11-3}$$

式中 p——气体的绝对压力;

V——气体的体积;

T——气体的绝对温度;

ρ——气体的密度;

R——气体常数,干空气 $R=287.1\ \mathrm{J/(kg\cdot K)}$,水蒸气 $R=462.05\ \mathrm{J/(kg\cdot K)}$。

(二)理想气体变化过程

1.等容变化过程

一定质量的气体,在状态变化过程中容积保持不变的过程称为等容变化过程,即

$$\frac{p_1}{T_1}=\frac{p_2}{T_2} \tag{11-4}$$

等容变化过程中,气体的压力与绝对温度成正比。例如密闭气罐中的气体,在加热或冷却时,气体状态的变化就可看成是等容过程。

2.等压变化过程

一定质量的气体,在状态变化过程中压力保持不变的过程称为等压变化过程,即

$$\frac{V_1}{T_1}=\frac{V_2}{T_2} \tag{11-5}$$

等压变化过程中,气体的体积与绝对温度成正比。

3.等温变化过程

一定质量的气体,在状态变化过程中温度保持不变的过程称为等温变化过程,即

$$\frac{p_1}{p_2}=\frac{V_2}{V_1} \tag{11-6}$$

等温变化过程中,气体的压力与体积成反比。在气动技术中,对于气体状态缓慢变化的过程都可看作是等温过程。

4.绝热变化过程

一定质量的气体,在状态变化过程中与外部无热量交换的过程称为绝热变化过程。变化前后状态参数之间的关系有

$$p_1V_1^k=p_2V_2^k \tag{11-7}$$

式中 k——绝热指数。对于干空气,$k=1.4$;对于饱和蒸汽,$k=1.3$。

在气压传动中,快速动作可被认为是绝热变化过程。如压缩机的活塞在气缸中的运动是极快的,以致缸中气体的热量来不及与外界发生热交换,这个过程就被认为是绝热变化过程。

思考题与习题

11－1　气压传动是由哪几部分组成的，各自的用途是什么？

11－2　气压传动有哪些优缺点？

11－3　什么是气体的黏性？

11－4　什么是气体的绝对湿度、相对湿度，如何计算？

11－5　气体压力、体积、温度之间的关系如何？

第十二章 气压传动元件

第一节 气 源 装 置

气源装置又称动力源，是气动系统的重要组成部分。其作用是为气动系统提供满足要求的压缩空气。一般的气源装置由三部分组成：空压机，存储、净化压缩空气的设备，连接传输压缩气体的管路及其他辅助元件等。

一、空气压缩机

空气压缩机是将电动机输出的旋转机械能转换成压缩空气压力能的装置，是气动系统的动力源。

（一）空气压缩机的分类

空气压缩机的种类很多，按工作原理可分为容积式和速度式两大类。在气压传动中，一般采用容积式空气压缩机。

按输出压力分类，有低压压缩机（$0.2\ \mathrm{MPa} < p \leqslant 1\ \mathrm{MPa}$）、中压压缩机（$1\ \mathrm{MPa} < p \leqslant 10\ \mathrm{MPa}$）、高压压缩机（$10\ \mathrm{MPa} < p \leqslant 100\ \mathrm{MPa}$）和超高压压缩机（$p > 100\ \mathrm{MPa}$）。

按输出流量分类，有微型压缩机（$q \leqslant 1\ \mathrm{m^3/min}$）、小型压缩机（$1\ \mathrm{m^3/min} < q \leqslant 10\ \mathrm{m^3/min}$）、中型压缩机（$10\ \mathrm{m^3/min} < q \leqslant 100\ \mathrm{m^3/min}$）和大型压缩机（$q > 100\ \mathrm{m^3/min}$）。

（二）空气压缩机的工作原理

在容积式空气压缩机中，最常用的是活塞式空气压缩机，工作原理如图 12－1 所示。曲柄 8 作回转运动，带动气缸活塞 3 作直线往复运动。当活塞 3 向右运动时，气缸腔 2 因容积增大而形成局部真空，在大气压的作用下，吸气阀 9 打开，大气进入气缸腔，此过程为吸气过程；当活塞 3 向左运动时，气缸腔内的气体被压缩，压力升高，吸气阀关闭，排气阀 1 打开，压缩空气排出，此过程为排气过程。单级单缸的空气压缩机就这样循环往复运动，不断产生压缩空气，而大多数空气压缩机是由多缸多活塞组合而成。

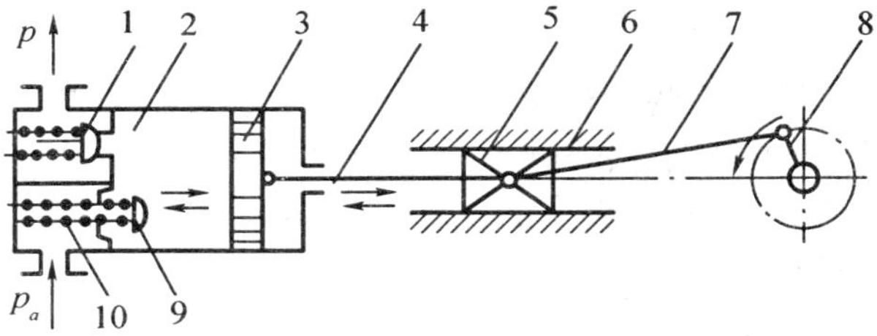

图 12－1 活塞式空气压缩机

1—排气阀；2—气缸腔；3—活塞；4—活塞杆；5—滑块；6—滑道；7—连杆；8—曲柄；9—吸气阀；10—弹簧

（三）空气压缩机的选用

空气压缩机是依据气动系统所需的工作压力和流量两个主要参数来选择的。

若气动系统中各气动装置对供气气源有不同的压力要求，应按其中最高压力要求，再加上压缩空气流过各气动元件的压力损失，作为选用空气压缩机输出压力的依据。气动系统中的某些装置要求较低的气源压力时，可采用减压方式供给。

目前，气动系统的最大工作压力一般为 0.5 MPa～0.8 MPa，因此可选用额定排气压力为

0.7 MPa～1 MPa低压空气压缩机，特殊需要也可选用中、高压空气压缩机。

在确定空气压缩机的排气量时，应该满足各气动设备所需的最大耗气量(应转变为自由空气耗气量)之和。

二、气源净化装置

一般使用的空压机都采用油润滑，在空压机中空气被压缩，温度可升高到140 ℃～170 ℃，这时部分润滑油变成气态，加上吸入空气中的水和灰尘，形成了水汽、油汽、灰尘等混合杂质。如果将含有这些杂质的压缩空气供气动设备使用，将会产生极坏的影响。

(1)混在压缩空气中的油汽聚集在储气罐中形成易燃物，甚至有爆炸的危险；同时油分在高温汽化后形成有机酸，使金属设备腐蚀，影响设备的寿命。

(2)混合杂质沉积在管道和气动元件中，使通流面积减小，流通阻力增大，致使整个系统工作不稳定。

(3)压缩空气中的水汽在一定压力和温度下会析出水滴，在寒冷季节会使管道和辅件因冻结而破坏或使气路不畅通。

(4)压缩空气中的灰尘对气动元件的运动部件产生研磨作用，使之磨损严重，影响它们的寿命。

由此可见，在气动系统中设置除水、除油、除尘和干燥等气源净化装置是十分必要的。下面具体介绍几种常用的气源净化装置。

(一)后冷却器

后冷却器的作用是把空压机排出的压缩空气的温度由120 ℃～180 ℃冷却至40 ℃～50 ℃，并使其中大部分的水、油转化成液态，以便于析出。后冷却器一般安装在空压机的出口管路上。

后冷却器的结构形式有蛇管式、列管式、散热片式、套管式等，冷却方式有水冷式和风冷式两大类，一般采用水冷式。水冷式是通过强迫冷却水沿压缩空气流动方向的相反方向流动来进行冷却的，压缩空气的出口温度比环境温度高10 ℃～15 ℃左右。图12－2所示为蛇管式后冷却器的结构示意图。热的压缩空气由管内流过，冷却水从管外水套中流动进行冷却，在安装时应注意压缩空气和水的流动方向。

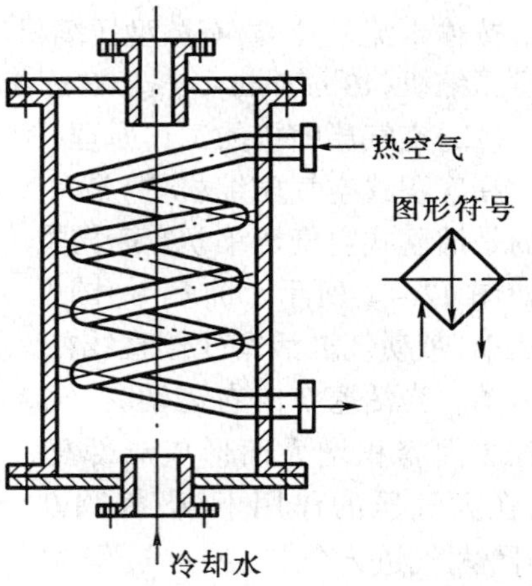

图12－2　蛇管式后冷却器

(二)油水分离器

油水分离器的作用是将经后冷却器降温析出的水滴、油滴等杂质从压缩空气中分离出来，其结构形式有环形回转式、撞击挡板式、离心旋转式、水浴式等。图12－3所示为撞击挡板式油水分离器，压缩空气从入口进入分离器壳体，气流受隔板的阻挡被撞击折向下方，然后产生环形回转而上升，油滴、水滴等杂质由于惯性力和离心力的作用析出并沉降于壳体的底部，由排污阀定期排出。为达到较好的效果，气流回转后上升速度应缓慢。

(三)干燥器

经过以上净化处理的压缩空气已基本满足一般气动系统的需求，但对于精密的气动装置和气动仪表用气，还需经过进一步的净化处理后才能使用。干燥器的作用是进一步除去压缩空气中的水、油和灰尘，其方法主要有吸附法和冷冻法。吸附法是利用具有吸附性能的吸附剂（如硅胶、铝胶或分子筛等）吸附压缩空气中的水分而使其干燥。冷冻法是利用制冷设备使压缩空气冷却到一定的露点温度，析出所含的多余水分，从而达到所需要的干燥度。

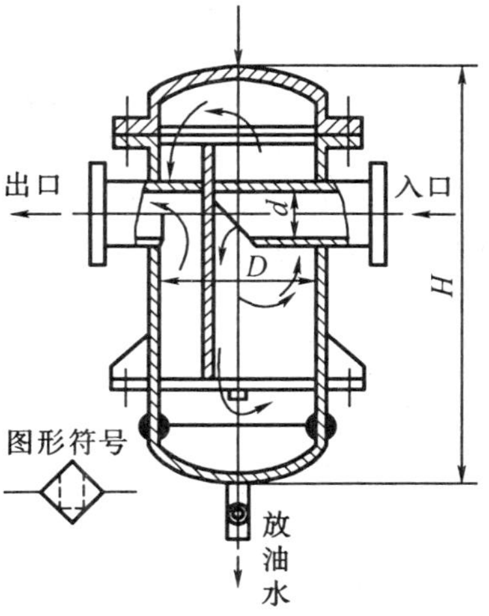

图 12－3　撞击挡板式油水分离器

图 12－4 所示为吸附式干燥器的结构原理图。它的外壳为一金属圆筒，里面设置有栅板、吸附剂、滤网等，其工作原理是：压缩空气由进气管 18 进入干燥器内，通过上吸附层、铜丝过滤网 16、上栅板 15、下吸附层 14 之后，湿空气中的水分被吸附剂吸收而干燥，再经过铜丝网 12、下栅板 11、毛毡层 10、铜丝网层 9 过滤气流中的灰尘和其他固体杂质，最后干燥、洁净的压缩空气从出气管 6 输出。

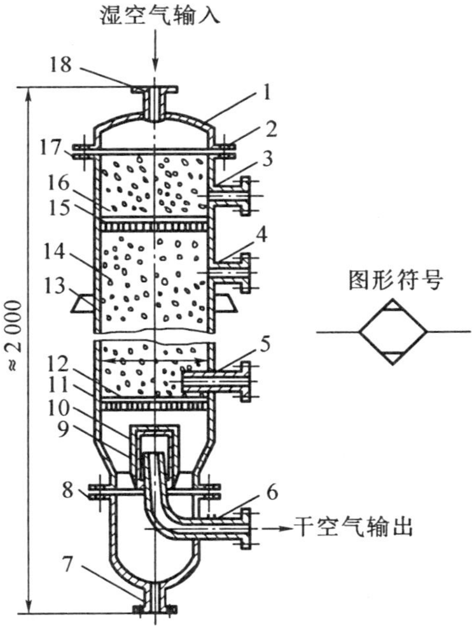

图 12－4　吸附式干燥器

1—顶盖；2—法兰；3，4—再生空气排气管；5—再生空气进气管；6—出气管；7—排水管；8，17—密封垫；9，12，16—铜丝过滤网；10—毛毡层；11—下栅板；13—支撑板；14—吸附层；15—上栅板；18—湿空气进气管

在使用一定时间之后，吸附剂中的水分达到饱和状态，吸附剂失去继续吸湿的能力，就需要设法将吸附剂中的水分排除，使吸附剂恢复到干燥状态，即重新恢复吸附剂吸附水分的能力，这就是吸附剂的再生。图 12－4 中的管 3，4，5 即是供吸附剂再生时使用的。工作时，先将压缩空气的进气管 18 和出气管 6 关闭，然后从再生空气进气管 5 向干燥器内输入干燥热空气（温度一般高于 180 ℃），热空气通过吸附层，使吸附剂中的水分蒸发成水蒸气，随热空气一起经再生空气排气管 3，4 排入大气中。经过一段时间的再生以后，吸附剂即可恢复吸湿的性能。在气动系统中，为保证供气的连续性，一般设置两套干燥器，一套使用，另一套对吸附剂再生，交替工作。

（四）储气罐

储气罐的作用是消除压力波动，以保证供气的连续性、稳定性，储存一定数量的压缩空气以备应急时使用，进一步分离压缩空气中油分、水分和杂质颗粒。

图 12－5 所示为立式储气罐的结构示意图和图形符号。

（五）分水滤气器

分水滤气器又称二次过滤器，其主要作用是分离水分，过滤杂质，其滤灰效率可达 70% ~99%。

QSL型分水滤气器在气动系统中应用很广,其滤灰效率大于95%,分水效率大于75%,工作原理如图12-6所示。从输入口进入的压缩空气被旋风叶子1导向,沿存水杯3的四周产生强烈的旋转,空气中夹杂的较大的水滴、油滴在离心力的作用下从空气中分离出来,沉到杯底。当气流通过滤芯时,气流中的灰尘及部分雾状水分被滤芯拦截滤去,较为洁净干燥的气体从输出口输出。为防止气流的漩涡卷起存水杯中的积水,在滤芯的下方设置了挡水板4。为保证分水滤气器的正常工作,应及时打开放水阀5,放掉存水杯中的污水。

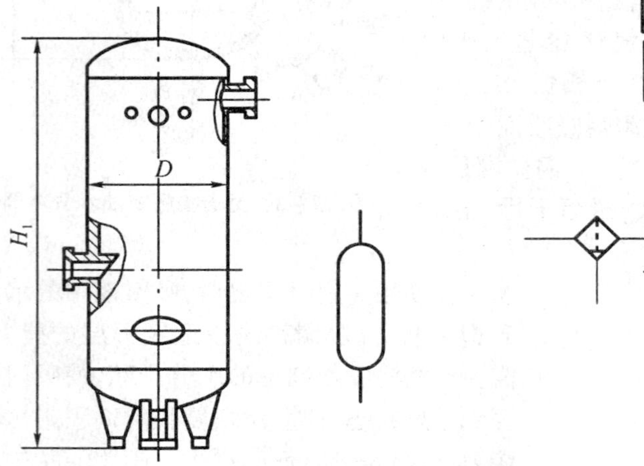

图12-5 立式储气罐

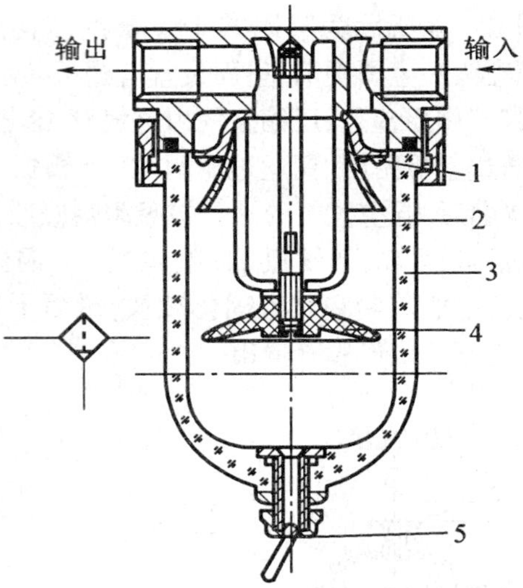

图12-6 分水滤气器

1—旋风叶子;2—滤芯;3—存水杯;4—挡水板;5—排水阀

第二节 辅助元件

一、油雾器

在气动系统中,各种气阀、气缸、气马达等,其可动部分都需要润滑,但以压缩空气为动力的气动元件都是密封气室,不能用一般方法注油,只能以某种方法将油混入气流中,带到需要润滑的地方。油雾器就是这样一种特殊的注油装置,它使润滑油雾化后注入到空气流中,随空气进入需要润滑的部件。用这种方法加油,具有润滑均匀、稳定,耗油量少和不需要大的储油设备等特点。

图12-7所示为一种固定节流式普通型油雾器的结构原理图。压缩空气从气流入口1进入,大部分气体从主气道流出,一小部分气体由小孔2通过特殊单向阀10进入储油杯5的上腔A,使杯中油面受压,迫使储油杯中的油液经吸油管11、单向阀6和可调节流阀7滴入透明的视油器8内,然后再滴入喷嘴小孔3,被主管道通过的气流引射出来,雾化后随气流由出口4输出,送入气动系统。透明的视油器8可供观察滴油情况,上部的节流阀7可用来调节滴油量。

这种油雾器可以在不停气的情况下加油,实现不停气加油的关键零件是特殊单向阀

10。当没有气流输入时,阀中的弹簧把钢球顶起,封住加压通道,阀处于截止状态,如图 12-8(a)所示;正常工作时,压缩气体推开钢球进入油杯,油杯内气体的压力加上弹簧的弹力使钢球悬浮于中间位置,特殊单向阀 10 处于打开状态,如图 12-8(b)所示;当进行不停气加油时,放松加油孔的油塞,储油杯中的气压立刻降至大气压,输入的气体压力把钢球压至下端位置,使特殊单向阀 10 处于反向关闭状态,这样便封住了油杯的进气道,不致使油杯中的油液因高压气体流入而从加油孔中喷出。此外由于单向阀 6 的作用,压缩空气也不能从吸油管倒流入油杯。所以可在不停气的情况下,从油塞口往杯内加油。当加油完毕拧紧油塞后,由于截止阀有少许的漏气,A 腔内压力逐渐上升,直至把钢球推至中间位置,油雾器重新正常工作。

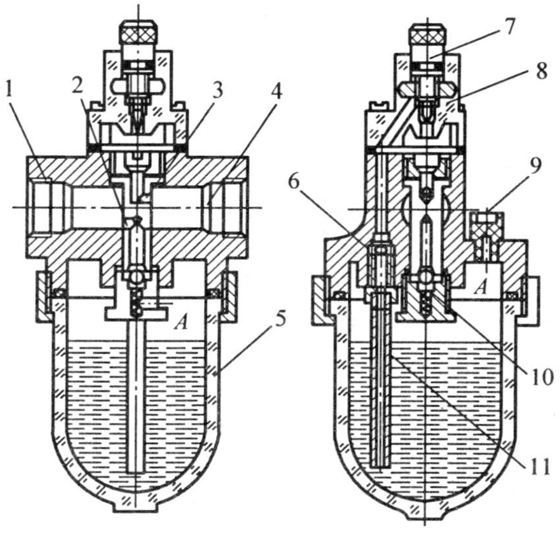

图 12-7 油 雾 器

1—气流入口;2,3—小孔;4—出口;5—储油杯;6—单向阀;7—节流阀;8—视油器;9—旋塞;10—单向阀;11—吸油管

油雾器一般应安装在分水滤气器、减压阀(调压阀)之后,尽量靠近换向阀。应避免将油雾器安装在换向阀与气缸之间,以免造成浪费。

在使用油雾器时应注意,目前有相当部分的气动元件是由带有润滑脂的材料制成,在使用这些元件时是不需要润滑的。如果有油液进入,反而会将润滑脂洗去,使元件内部处于无润滑状态,加快元件中密封件的磨损,引起元件失效。所以在选择气动系统的元件时,应当考虑或者全面选择需要润滑的气动件且配备油雾器,或者全部选择免润滑的气动件且无需配备油雾器,避免两种不同种类元件混合使用。

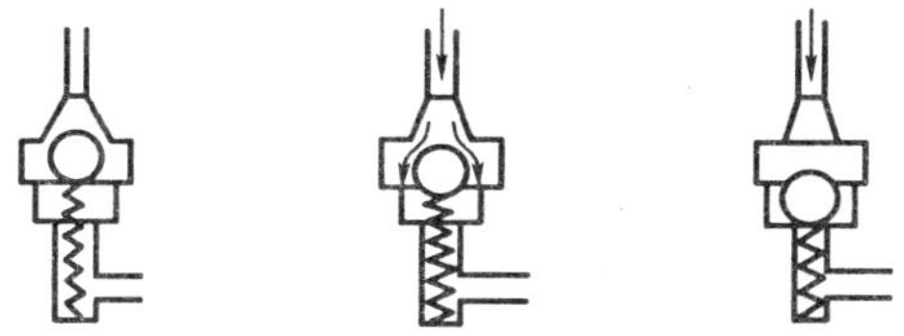

(a) (b) (c)

图 12-8 特殊单向阀

(a)不工作时;(b)工作时(进气);(c)不停气加油时

二、消声器

与液压回路不同,气动回路不设排气管道,压缩空气使用后直接排入大气。由于阀内的气路十分复杂且又十分狭窄,压缩空气以近声速的流速从排气口排出,空气急剧膨胀和压力变化将产生高频噪声。排气速度和排气压力越高,噪声也越高。为此,一般需安装消声器来降低噪声。

(一)吸收型消声器

吸收型消声器主要依靠吸声材料降低噪声。如图 12-9 所示,QXS 型消声器就是吸收型的。消声套是多孔的吸声材料,用聚苯乙烯颗粒或铜珠烧结而成。当有压气体通过消声套排出时,引起吸声材料细孔和狭缝中的空气振动,使一部分声能由于摩擦转换成热能,从而降低了噪声。这种消声器结构简单,吸声材料的孔眼不易堵塞,可以较好地消除中、高频噪声,消声效果大于 20 dB。气动系统的排气噪声主要是中、高频噪声,尤其是高频噪声居多,所以这种消声器适合在一般气动系统中使用。

(二)膨胀干涉型消声器

膨胀干涉型消声器的直径比排气孔径大得多,气流在里面扩散、碰壁反射,互相干涉,降低了噪声的强度,这种消声器的特点是排气阻力小,可消除中、低频噪声,但结构不够紧凑。

(三)膨胀干涉吸收型消声器

膨胀干涉吸收型消声器是上述两种消声器的结合,它是在膨胀干涉型消声器的壳体内表面敷设吸声材料而制成。图 12－10 所示为膨胀干涉吸收型消声器的结构图。这种消声器的入口开设了许多中心对称的斜孔,使得高速进入消声器的气流被分成许多小的流束,在进入无障碍的扩张室 A 后,气流被极大地减速,碰壁后反射到 B 室,气流束的相互撞击、干涉而使噪声减弱,然后气流经过吸音材料的多孔侧壁排入大气,噪声又一次被削弱。这种消声器的效果比前两种更好。

在一般使用场合,可根据换向阀的通径选用吸收型消声器。对消声效果要求高的场合,可选用后两种消声器。

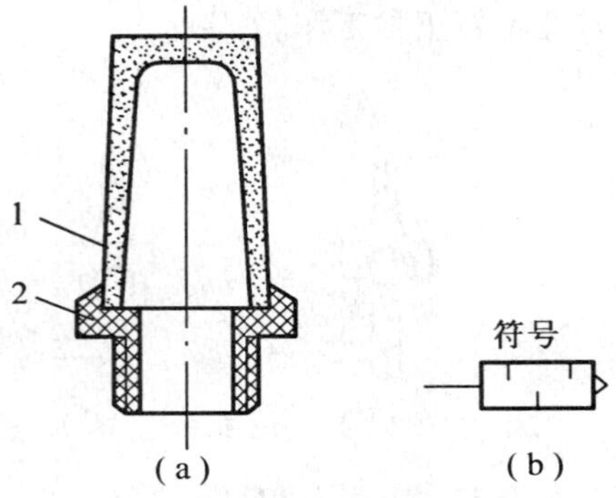

图 12－9　吸收型消声器

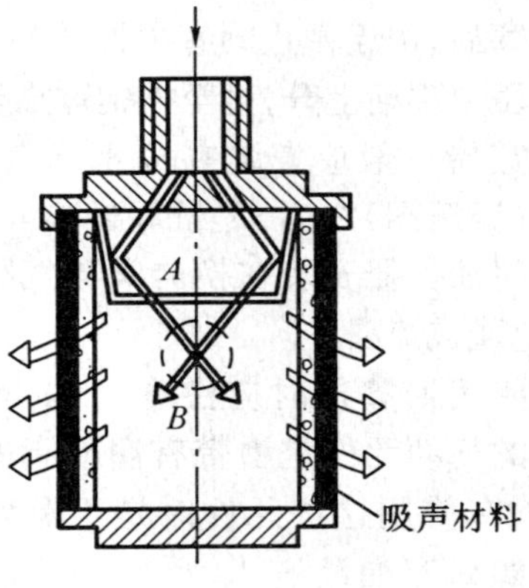

图 12－10　膨胀干涉吸收型消声器

三、气液转换器

气液转换器是将气体压力能转换成液体压力能的能量转换装置,图 12－11 所示为一种直接作用式气液转换器结构原理图。压缩空气由上部输入管进入,作用在液体油面上,液压油即以相同的压力由转换器下部的排油孔输出到液压缸,使液压缸产生动作。

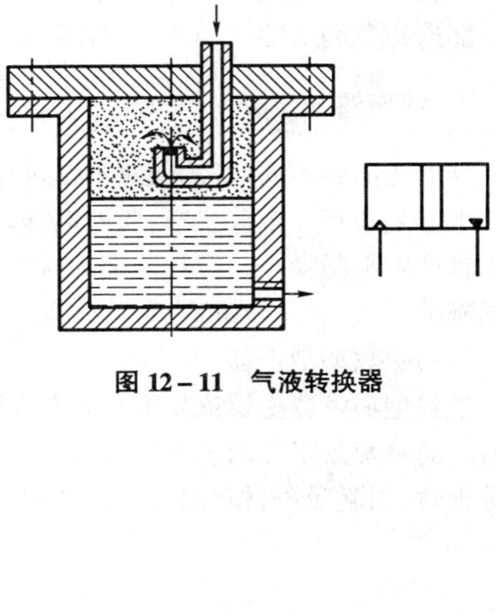

图 12－11　气液转换器

四、延时器

气动延时器的工作原理如图 12－12 所示，当输入气体分两路进入延时器时，由于节流口 1 的作用，膜片 2 下腔的气压首先升高，使膜片堵住喷嘴 3，切断气室 4 的排气通路。同时，输入气体经节流口 1 向气室缓慢充气。当气室的压力逐渐上升到一定压力时，膜片 5 堵住上喷嘴 6，切断低压气源的排空通路，于是输出口便有信号输出。输出信号 S 发出的时间在输入信号 A 以后，延迟了一段时间，延迟时间的大小取决于节流口的大小、气室的大小及膜片 5 的刚度。当输入信号消失后，膜片 2 复位，气室内的气体经下喷嘴排空；膜片 5 复位，气源经上喷嘴排空，输出端无输出。节流口 1 可调时，该延时器称为可调式，反之称为固定式。

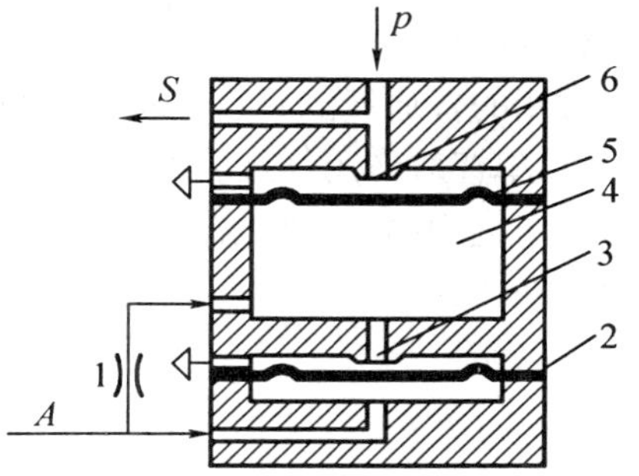

图 12－12 延时器工作原理

1—节流口；2，5—膜片；3，6—喷嘴；4—气室

第三节 气动执行元件

气动执行元件是将压缩空气的压力能转化成机械能，实现直线、摆动或回转运动的元件。气动执行元件有气缸和气动马达两大类。

一、气缸

（一）气缸的分类

气缸是气动系统中使用最多的一种执行元件，根据使用条件不同，其结构、形状也有很多种。

(1)按压缩空气对活塞的作用方向数分，气缸有单作用气缸和双作用气缸。

单作用气缸只在一个方向的运动依靠压缩空气来完成，活塞的复位依靠弹簧力、自重或其他外力。双作用气缸的往返运动都靠压缩空气来完成。

(2)按气缸的结构特征分，气缸有活塞式、柱塞式、叶片式、膜片式及气液阻尼式等。

(3)按气缸的安装形式分，气缸有固定式、轴销式、回转式和嵌入式等。

(4)按气缸的功能分，气缸有如下六种。

①普通气缸　包括单作用式和双作用式气缸，常用于无特殊要求的场合。

②缓冲气缸　气缸的一端或两端带有缓冲装置，以防止和减轻活塞运动到端点时对气缸缸盖的撞击。

③气－液阻尼缸　气缸与液压缸串联，可控制气缸活塞的运动速度，并使其速度相对稳定。

④摆动气缸　用于要求气缸叶片轴在一定角度内绕轴线回转的场合，如夹具转位、阀门的启闭等。

⑤冲击气缸　是一种以活塞杆高速运动形成冲击力的高能缸，可用于冲压、切断等。

⑥步进气缸　是一种根据不同的控制信号，使活塞杆伸出相应的不同位置的气缸。

(二)常用气缸的结构

1.普通气缸

常用的普通气缸有单杆双作用和单杆单作用两种气缸。

(1)单杆双作用气缸。图12-13所示为普通双作用气缸的结构原理图,其工作原理与普通液压缸相同,通过无杆腔和有杆腔交替进气和排气,驱动活塞杆伸出和退回,实现往复直线运动。

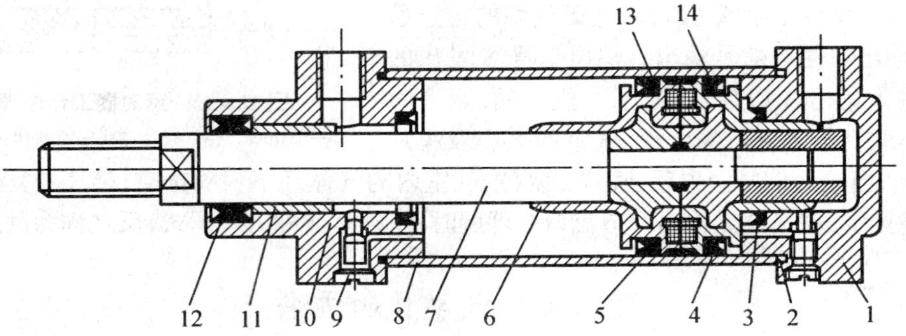

图12-13 普通双作用气缸

1—后缸盖;2—密封圈;3—缓冲密封圈;4—活塞密封圈;5—活塞;6—缓冲柱塞;7—活塞杆;8—缸筒;9—缓冲节流阀;10—导向套;11—前缸盖;12—防尘密封圈;13—磁铁;14—导向环

(2)单杆单作用气缸。单杆单作用气缸通过气体压力驱动活塞向一个方向运动,复位靠另一侧的弹簧力作用。在弹簧一侧留有气孔与大气相通。

2.气-液阻尼缸

气-液阻尼缸是由气缸和液压缸组合而成,它以压缩空气为能源,利用油液的不可压缩性来控制流量,调节活塞的运动速度,获得活塞的平稳运动。与普通气缸相比,它传动平稳,停位精确,噪声小;与液压缸相比,它不需要液压源,经济性好。由于同时具有气动和液压的优点,因此得到了越来越广泛的应用。

图12-14为串联式气-液阻尼缸的工作原理图。若压缩空气自 A 口进入气缸左侧,则推动活塞向右运动。因液压缸活塞与气缸活塞共用一个活塞杆,故液压缸也将向右运动。此时液压缸右腔排油,油液由 A' 口经节流阀对活塞的运行产生阻尼作用,调节节流阀即可改变阻尼缸的运动速度;反之,压缩空气自 B 口进入气缸右侧,活塞向左移动,液压缸左侧排油,此时单向阀开启无阻尼作用,活塞快速向左运动。

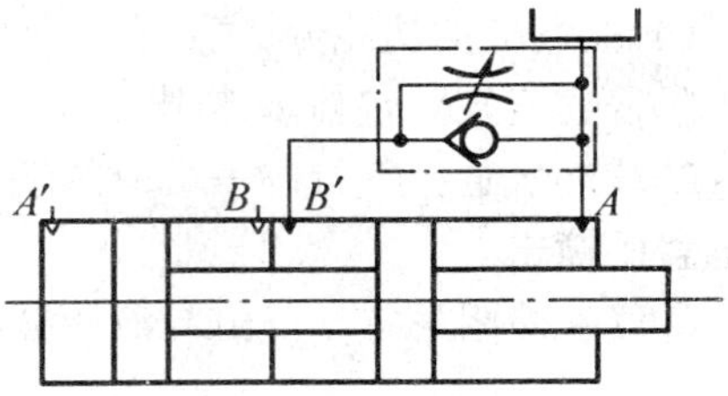

图12-14 串联式气-液阻尼缸

3.膜片式气缸

图12-15所示为薄膜气缸,它主要由膜片和中间硬芯相连来代替普通气缸中的活塞,依靠膜片在气压作用下的变形来使活塞杆前进。活塞的位移较小,一般小于40 mm;平膜片的行程则为其有效直径的1/10,有效直径的定义为

$$D_m = (D^2 + Dd + d^2)/3$$

这种气缸的特点是结构紧凑，重量轻，维修方便，密封性能好，制造成本低，广泛应用在化工生产过程的调节器上。

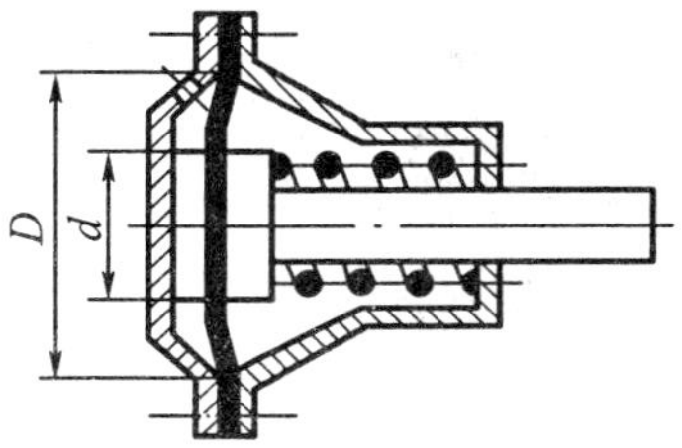

图 12－15 薄膜气缸

4. 摆动式气缸(摆动马达)

摆动式气缸是将压缩空气的压力能转变成气缸输出轴的有限回转的机械能，多用于安装位置受到限制，或转动角度小于 360°的回转工作部件，例如夹具的回转、阀门的开启、转塔车床转位以及自动线上物料的转位等场合。

图 12－16 为单叶片式摆动气缸的工作原理图，定子 3 与缸筒 4 固定在一起，叶片 1 和转子 2(输出轴)连接在一起。当左腔进气时，转子顺时针转动；反之，转子逆时针转动。转子可做成图示的单叶片式，也可做成双叶片式。这种气缸的耗气量一般都较大，气缸的输出转矩和角速度等技术性能与摆动式液压缸相似，故不再重复。

5. 冲击式气缸

冲击式气缸将压缩空气的能量转化为动能，使活塞高速运动，输出能量，产生较大的冲击力，打击工件做功。图 12－17 所示为普通型冲击气缸的结构示意图。它与普通气缸相比，增加了储能腔及带有喷嘴、具有排气小孔的中盖。该气缸的工作原理如图 12－18 所示。

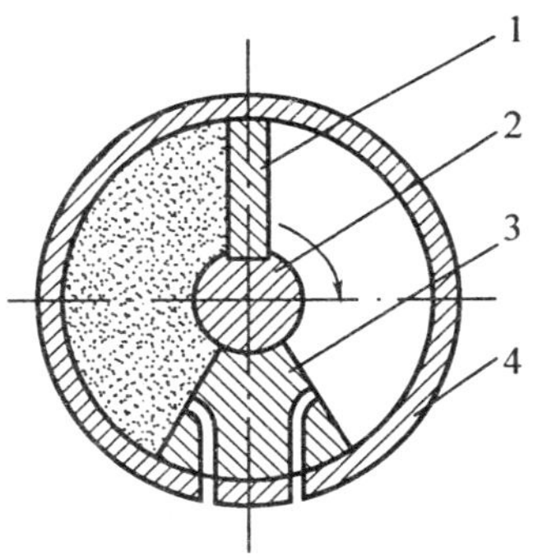

图 12－16 摆 动 气 缸

1—叶片；2—转子；3—定子；4—缸筒

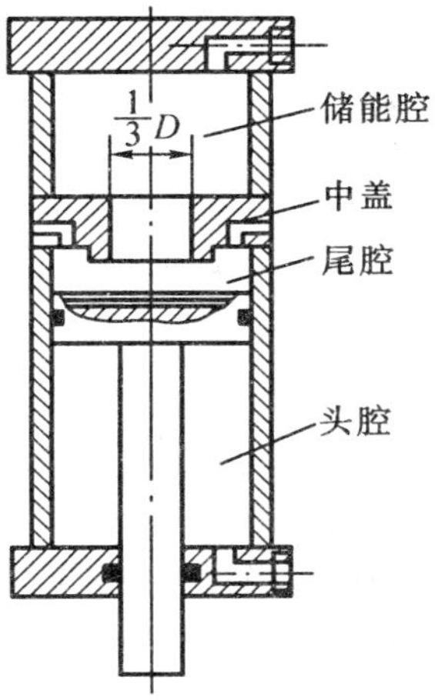

图 12－17 普通型冲击气缸

如图 12－18(a)所示，当压缩空气由 A 孔进入头腔时，由于储能腔与尾腔通大气，活塞上移，封住中盖上的喷嘴口，中盖与活塞间的环形空间(即尾腔)经小孔口与大气相通。

如图 12－18(b)所示，控制阀切换，储能腔进气，压力 p_1 逐渐上升，作用在与中盖喷嘴口密封接触的活塞一小部分面积上的力也逐渐增大。与此同时，头腔排气，压力 p_2 逐渐降低，使作用在头腔活塞面上的力逐渐减小。

如图 12－18(c)所示，当活塞上下两边的力不能保持平衡时，活塞即离开喷嘴口向下运动。在喷嘴打开的瞬间，储能腔的气压突然加到尾腔的整个活塞面上，于是活塞在很大的压差作用下加速向下运动，使活塞、活塞杆等运动部件在瞬间达到很高的速度（约为同样条件下普通气缸速度的10~15倍），以很高的动能冲击工件。

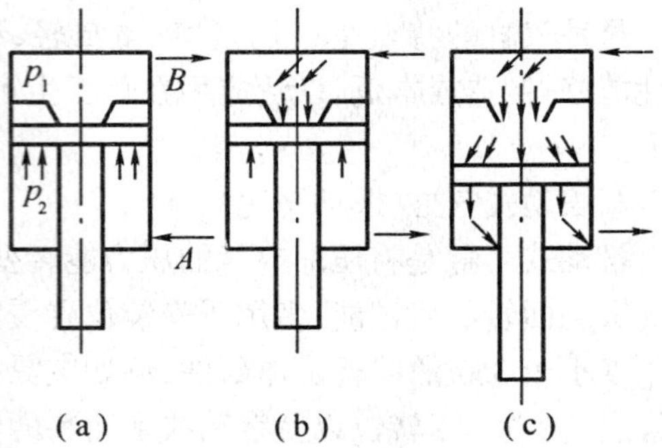

图 12-18 普通型冲击气缸的工作过程

二、气动马达

气动马达是把压缩空气的压力能转换成机械能的能量转换装置。在气压传动中使用最广泛的是叶片式气动马达和活塞式气动马达，本节以叶片式气动马达为例简单介绍气动马达的工作原理和它的主要技术性能。

（一）叶片式气动马达

图12-19所示为双向旋转叶片式气动马达的工作原理图。当压缩空气从进气口A进入气室后立即喷向叶片1，作用在叶片的外伸部分，产生转矩，带动转子2作逆时针转动，输出旋转的机械能，废气从排气口C排出，残余气体则经B排出（二次排气）；若进、排气口互换，则转子反转，输出相反方向的机械能。转子转动的离心力和叶片底部的气压力、弹簧力（图中未画出）使得叶片紧密地抵在定子3的内壁上，以保证密封效果，提高容积效率。

（二）径向活塞式气动马达

图12-20所示是径向活塞式气动马达的工作原理图。压缩空气经进气孔（图中未画出）进入分配阀（又称配气阀）后再进入气缸筒3内（图示进入气缸Ⅰ和Ⅱ），推动活塞4及连杆组件5运动，驱动曲轴6旋转。在曲轴旋转的同时，带动固定在曲轴上的分配阀同步运动，使压缩空气随着分配阀角度位置的改变而进入不同的缸内，依次推动各个活塞运动，并由各活塞及连杆带动曲轴连续运转。与此同时，与进气缸相对应的气缸则处于排气状态。

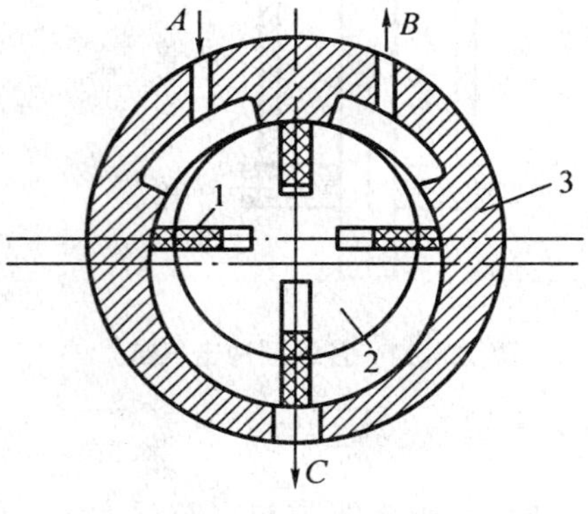

图 12-19 双向旋转的叶片式马达

1—叶片；2—转子；3—定子

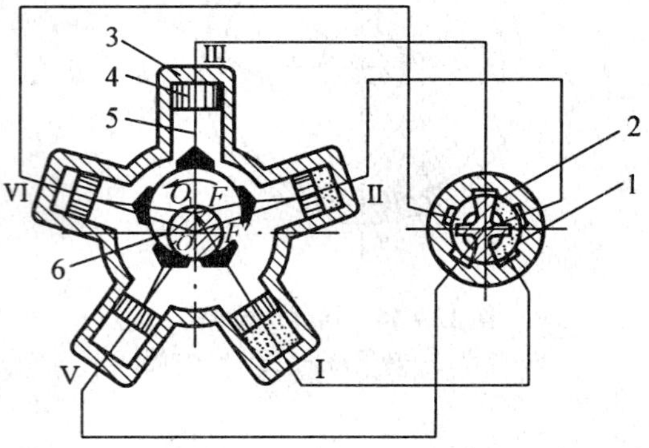

图 12-20 径向活塞式气动马达

1—分配阀套；2—分配阀芯；3—气缸筒；
4—活塞；5—连杆；6—曲轴

第四节 气动控制元件

气动控制元件是控制和调节压缩空气的压力、流量、方向和发送信号的重要元件，用来满足执行元对作用力、运动速度和运动方向的要求。利用它们可以组成各种气动控制回路，使气动执行元件按设计的程序正常进行工作。气动控制阀的功用、工作原理等和液压控制阀相似，仅在结构上有些差异。

一、方向控制阀

方向控制阀是通过控制压缩空气的流动方向和气路的通断，控制执行元件的启动、停止及运动方向的气动控制元件。

(一)单向型控制阀

1.单向阀

单向阀是指气体只能向一个方向流动而不能反向流动的阀。单向阀的工作原理、结构和图形符号与液压阀中的单向阀基本相同，只不过在气动单向阀中，阀芯和阀座之间有一层胶垫（密封垫），如图 12－21 所示。

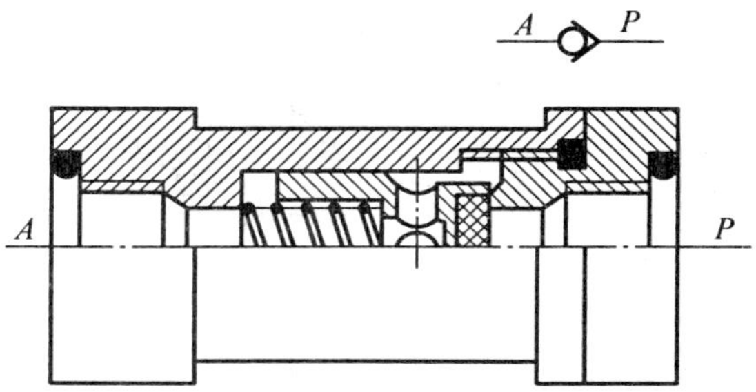

图 12－21 单向阀

在气动系统中，为防止储气罐中的压缩空气倒流回空气压缩机，在它们两者之间就装有单向阀。单向阀还与其他的阀组合成单向节流阀、单向顺序阀等。

2.或门型梭阀

在气压传动系统中，当两个通路 P_1 和 P_2 均可与通路 A 相通但不允许 P_1 与 P_2 相通时，就要采用或门型梭阀。由于阀芯像织布梭子一样来回运动，因而称为梭阀。该阀的结构相当于两单向阀的组合。在气动逻辑回路中，该阀起到“或”门的作用，是构成逻辑回路的重要元件。

图 12－22 为或门型梭阀的结构简图，当通路 P_1 进气时，将阀芯推向右边，通路 P_2 被关闭，于是气流从 P_1 进入通路 A；反之，气流则从 P_2 进入 A；当 P_1、P_2 同时进气时，哪端压力高，A 就与哪端相通，另一端自动关闭。

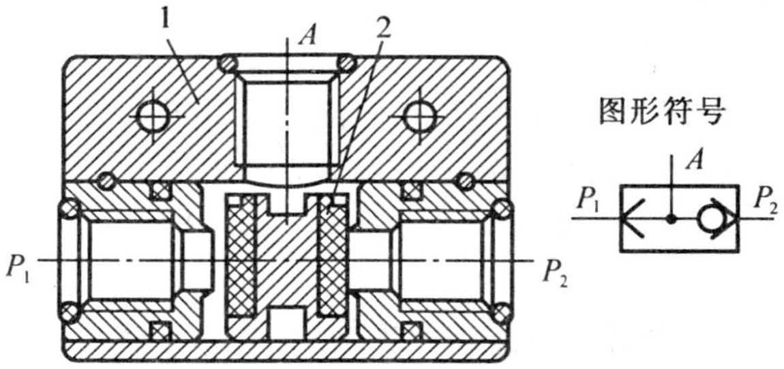

图 12－22 或门型梭阀的结构简图

1—阀体；2—阀芯

或门型梭阀在逻辑回路和程序控制回路中被广泛采用，图 12－23 是或门型梭阀在手动－自动回路中的应用。当电磁阀通电或压下手动阀时，通过梭阀的作用，均可使换向阀换位，使气缸换向。

3.与门型梭阀(双压阀)

与门型梭阀又称双压阀,相当于两个单向阀的组合,图 12－24 是与门型梭阀(双压阀)的工作原理图。当 P_1 或 P_2 单独有输入时,阀芯被推向右端或左端[如图 12－24(a)、(b)所示],此时 A 口无输出;只有当 P_1 和 P_2 同时有输入时,A 口才有输出[如图 12－24(c)所示]。当 P_1 和 P_2 气体压力不等时,则气压低的通过 A 口输出。图 12－24(d)为该阀的图形符号。

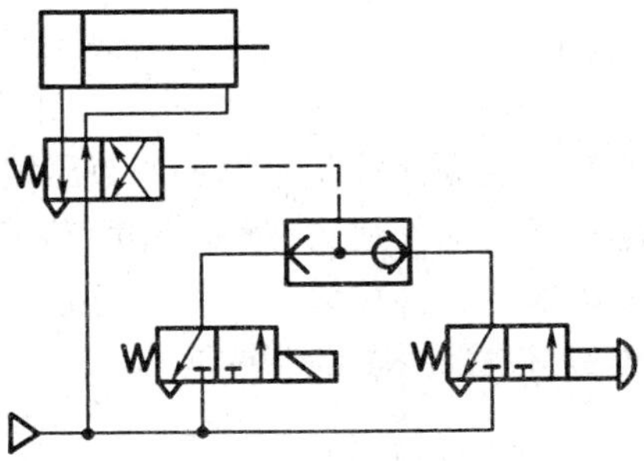

图 12－23　或门型梭阀应用回路

与门型梭阀的应用很广泛,图 12－25 为该阀在钻床控制回路中的应用。行程阀 1 为工件定位信号,行程阀 2 是夹紧工件信号。当两个信号同时存在时,与门型梭阀(双压阀)3 才有输出,使换向阀 4 切换,钻孔缸 5 进给,钻孔开始。

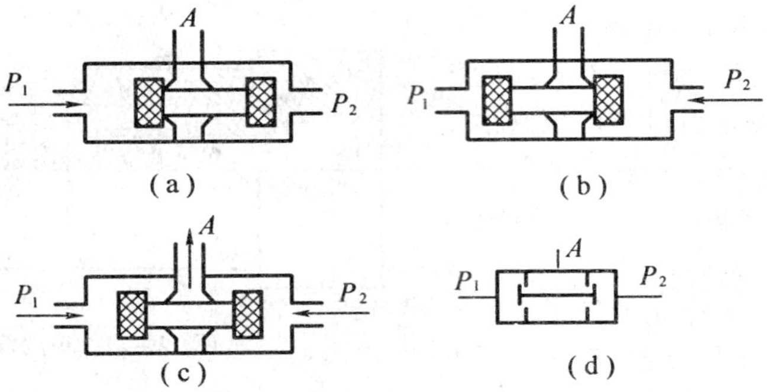

图 12－24　与门型梭阀

4.快速排气阀

快速排气阀简称快排阀,它是为加快气缸运动速度作快速排气用的。通常气缸排气时,气体是从气缸经过管路由换向阀的排气口排出的。如果从气缸到换向阀的距离较长,而换向阀的排气口又较小时,排气时间就较长,气缸动作速度也较慢。此时,若采用快速排气阀,则气缸内的气体就能直接由快排阀排往大气中,提高气缸的运动速度。实验证明,安装快速排气阀后,气缸的运动速度可提高 4～5 倍。

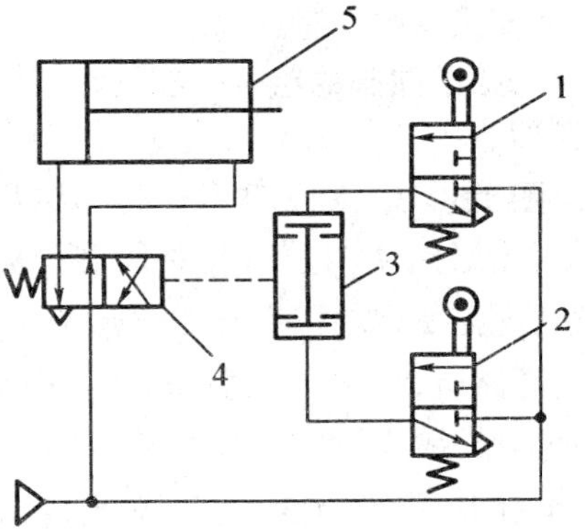

图 12－25　与门型梭阀应用回路

1,2—行程阀;3—双压阀;4—换向阀;5—钻孔缸

快速排气阀的工作原理如图 12－26 所示。当进气腔 P 进入压缩空气时,将密封膜片迅速下推,关闭排气口 O,使进气腔 P 的压缩空气经膜片上的孔与工作腔 A 相通;当 P 腔没有压缩空气进入时,在 A 腔压力作用下,密封膜片迅速上移,关闭 P 腔,使 A 腔通过阀口经 O 腔快速排气。图 12－26 右侧图为该阀的图形符号。

图 12－27 是应用快速排气阀的一个回路,气缸往复运动排气都直接通过快速排气阀而

不通过换向阀，这样能使气缸往复运动加速。在实际使用中，快速排气阀应配置在需要快速排气的气动执行元件附近，否则会影响快排效果。

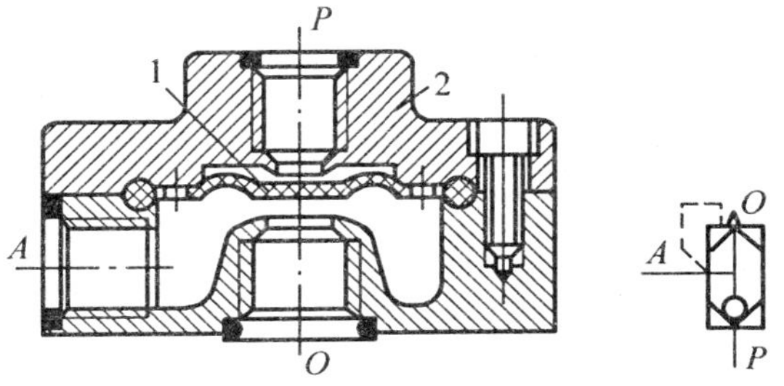

图 12-26 快速排气阀

1—膜片；2—阀体

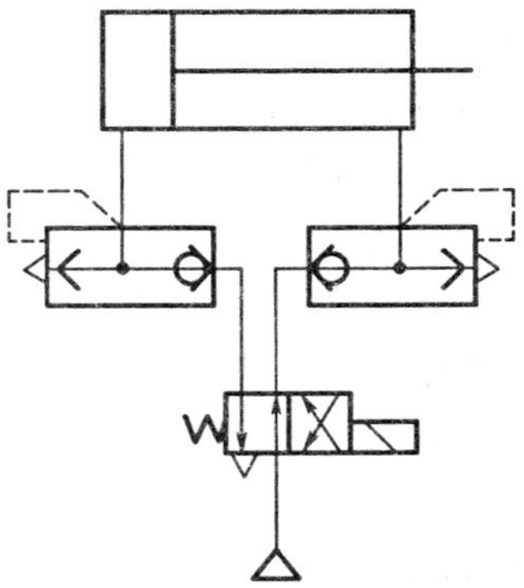

图 12-27 快速排气阀应用回路

(二)换向型控制阀

换向型控制阀(简称换向阀)通过改变气体通道，使气体流动方向发生变化，从而改变气动执行元件的运动方向。换向型控制阀有气压控制、电磁控制、人力控制、机械控制等多种控制操作方式。

1.气控换向阀

气控换向阀是利用气体压力来使主阀芯运动而使气体改变流向的。按控制方式不同可分为加压控制、卸压控制和差压控制三种。

加压控制是指所加的气控信号压力是逐渐上升的，当气压增加到阀芯的动作压力时，主阀便换向；卸压控制是指所加的气控信号压力是逐渐减小的，当减小到某一压力值时，主阀换向；差压控制是指主阀芯在两端压力差的作用下换向。

气控换向阀按主阀结构不同，又可分为截止式和滑阀式两种主要形式，滑阀式气控阀的结构和工作原理与液动换向阀基本相同，在此仅介绍截止式换向阀的工作原理。图 12-28 所示为单气控截止式换向阀的工作原理图。当没有输入控制信号 K[如图 12-28(a)所示]时，阀芯在弹簧及 P 腔压力作用下关闭，使 P 与 O 相通，阀处于排气状态；当输入控制信号 K[如图 12-28(b)所示]时，主阀芯下移，打开阀口，使 P 与A 相通。该阀属常闭型二位三通阀，当 P 与 O 换接时便成为常通型二位三通阀，图 12-28(c)为其图形符号。

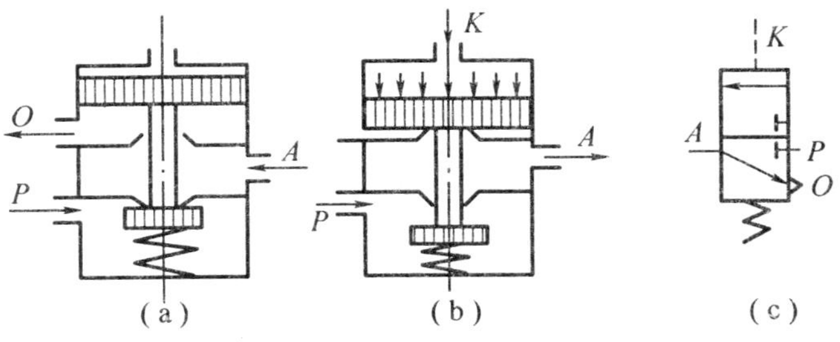

图 12-28 单气控截止式换向阀

2. 电磁换向阀

气压传动中的电磁换向阀和液压传动中的电磁换向阀一样，也由电磁铁控制部分和主阀两部分组成，按控制方式不同分为电磁铁直接控制(直动)式电磁阀和先导式电磁阀两种。它们的工作原理分别与液压阀中的电磁阀和电液动阀类似，只是工作介质不同而已。

(1)直动式电磁阀。由电磁铁的衔铁直接推动换向阀阀芯换向的阀称为直动式电磁阀。直动式电磁阀分为单电磁铁和双电磁铁两种，单电磁铁换向阀的工作原理如图 12－29 所示，图 12－29(a)为原始状态，图 12－29(b)为通电时的状态，图 12－29(c)为该阀的图形符号。从图中可知，这种阀阀芯的移动靠电磁铁，而复位靠弹簧，因而换向冲击较大，故一般只制成小型的阀。若将阀中的复位弹簧改成电磁铁，就成为双电磁铁直动式电磁阀，如图 12－30 所示。图 12－30(a)为 1 通电、2 断电时的状态，图 12－30(b)为 2 通电、1 断电时的状态，图 12－30(c)为其图形符号。由此可见，这种阀的两个电磁铁只能交替得电工作，不能同时得电，否则会产生误动作。

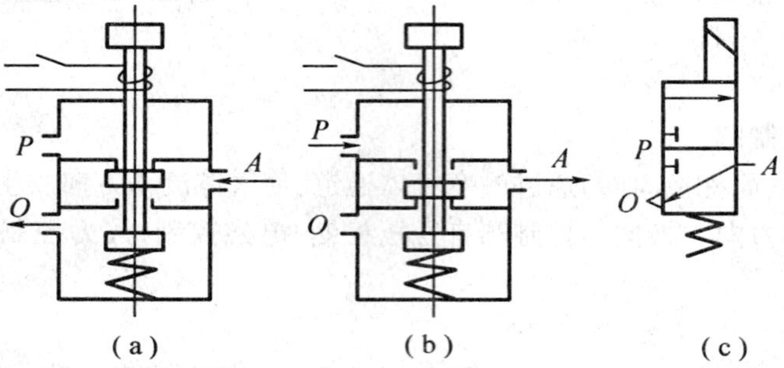

图 12－29　单电磁铁换向阀工作原理

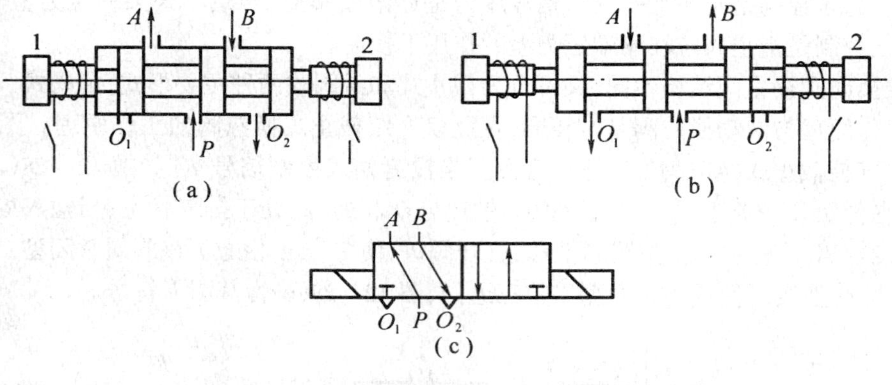

图 12－30　双电磁铁直动式换向阀工作原理

直动式双电磁铁换向阀亦可构成三位阀，即电磁铁 1 得电(2 失电)、电磁铁 1,2 同时失电和电磁铁 2 得电(1 失电)三个切换位置。在两个电磁铁均失电的中间位置，可形成三种气体流动状态(类似于液压阀的中位机能)，即中间封闭(O 形)，中间加压(P 形)和中间泄压(Y 形)。

(2)先导式电磁阀。由电磁铁首先控制从主阀气源节流出来的一部分气体，产生先导压力,去推动主阀阀芯换向的阀,称为先导式电磁阀。该电磁控制部分实际上是一个电磁阀,称为电磁先导阀,由它控制用以改变气流方向的阀,称为主阀。由此可见,先导式电磁阀由电磁先导阀和主阀两部分组成,一般电磁先导阀都单独制成通用件,既可用于先导控制,也可用于气流量较小的直接控制。先导式电磁阀也分为单电磁铁控制和双电磁铁控制两种,图 12-31 为双电磁铁控制的先导式换向阀的工作原理图,图中控制的主阀为二位阀。同样,主阀也可为三位阀。

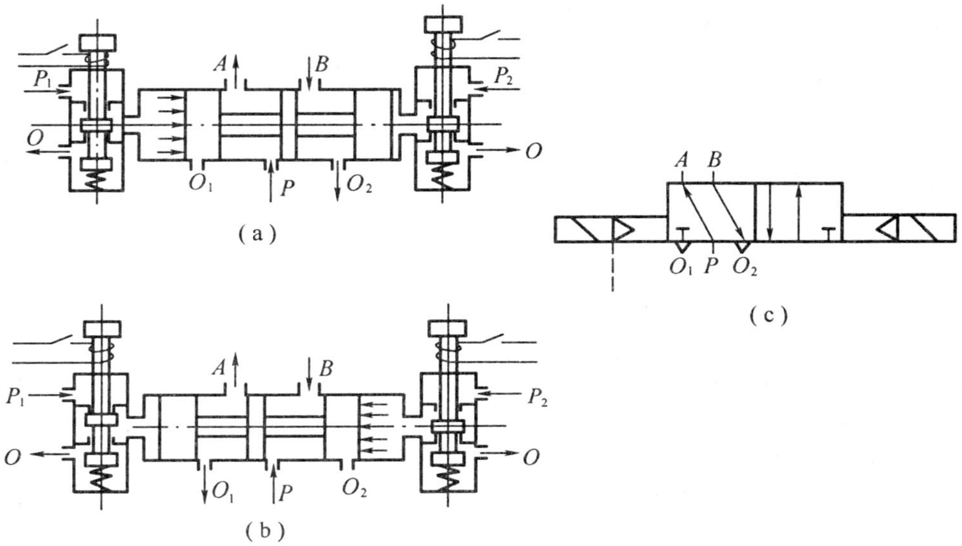

图 12-31 双电磁铁先导式换向阀

在一个底座上安装若干个电磁阀的结构,称为多联式电磁阀。多联式电磁阀使电磁阀控制非常方便,因此近年来被许多气动装置所采用。但在安装时应注意,由一个供气口向各个电磁阀供给压缩空气并同时操纵许多电磁阀时,可能会出现气体供应不足,所以需要确定在一个底座上能够同时安装多少个阀。各电磁阀的排气管有时也会合成一个,在排气管设置消声器的情况下,应注意不使消声器的排气力过大。因为长时间使用后,会有可能增大排气阻力,引起消声器堵塞,发生气体倒流,甚至使气动执行元件产生误动作。

3.时间控制换向阀

时间控制换向阀是使气流通过气阻(如小孔、缝隙等)节流后到达气容(储气空间)中,经气容在一定时间内建立起一定压力后再使阀芯换向的阀。在不允许使用时间继电器(电控)的场合(如易燃、易爆、粉尘大等),用气动时间控制就显示出了其优越性。

(1)延时阀。图 12-32 所示为二位三通延时换向阀,它是由延时部分和换向部分组成的。当无气控信号时,P 与 A 断开,A 与 O 接通;当有气控信号时,气体从

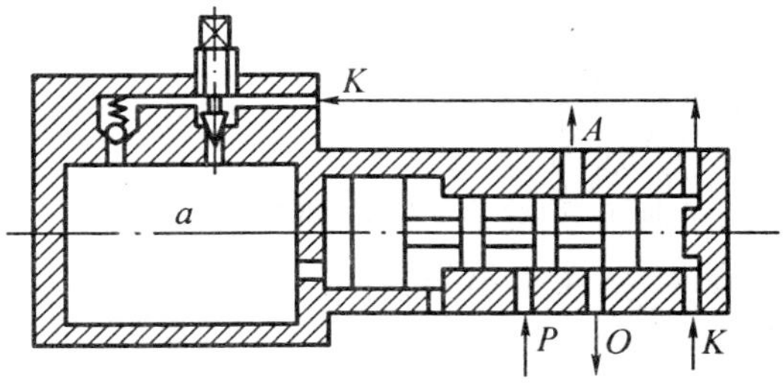

图 12-32 延时换向阀

K 腔输入，经可调节流阀节流后到达气容 a 内，气容不断充气，直到气容内的气压上升到某一值时，换向阀芯由左向右移动，使 P 与 A 接通，A 有输出。当气控信号消失后，气容内气压经单向阀到 K 腔排空。这种阀的延时时间可在 0~20 s 间调整。

(2)脉冲阀。图 12－33 为脉冲阀的工作原理图，它与延时阀一样也是靠气阻、气容的作用，使压力输入的长信号变为短暂的脉冲信号输出的阀类。当有气压从 P 口输入时，阀芯在气压作用下向上移动，A 端有输出。同时，气流从阻尼小孔向气容充气，在充气压力达到动作压力时，阀芯下移，输出消失。这种脉冲阀的工作气压范围为 0.15 MPa~0.8 MPa，脉冲时间小于 2 s。

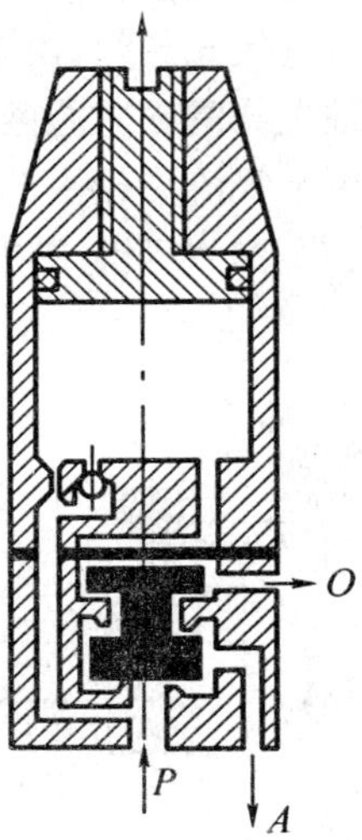

图 12－33 脉冲阀

机械控制和人力控制换向阀是靠机动(行程挡块等)和人力(手动或脚踏等)来使阀产生切换动作的，其工作原理与液压中类似的阀基本相同，在此不再重复。

二、压力控制阀

压力控制阀主要用来控制系统中气体的压力，满足各种力的要求或节能的需要。

气压传动系统与液压传动系统不同的一个特点是，液压传动系统的液压油是由安装在每台设备上的液压源直接提供，而气压传动系统则是将比使用压力高的压缩空气储于储气罐中，然后减压到适用于系统的压力。因此每台气动装置的供气压力都需要用减压阀(在气动系统中又称调压阀)来减压，并保持供气压力值稳定。对于低压控制系统(如气动测量)，除用减压阀降低压力外，还需要用精密减压阀(或定值器)以获得更稳定的供气压力。当输入压力在一定范围内改变时，这类压力控制阀能保持输出压力不变；当管路中压力超过允许压力时，为了保证系统的工作安全，往往用安全阀实现自动排气，以使系统的压力下降；有时，气动装置中不便安装行程阀而要依据气压的大小来控制两个以上的气动执行机构的顺序动作，能实现这种功能的压力控制阀称为顺序阀、平衡阀等。所有的压力控制阀，都是利用空气压力和弹簧力相平衡的原理来工作的。安全阀、顺序阀的工作原理与液压控制阀中溢流阀(安全阀)和顺序阀基本相同。

(一)调压阀

调压阀又称减压阀，作用是降压且稳压，图 12－34 所示为直动式调压阀的工作原理图及符号。当顺时针方向调节调压手柄 1 时，调压弹簧 2(实际上有两个弹簧)推动下弹簧座 3、膜片 4 和阀芯 5

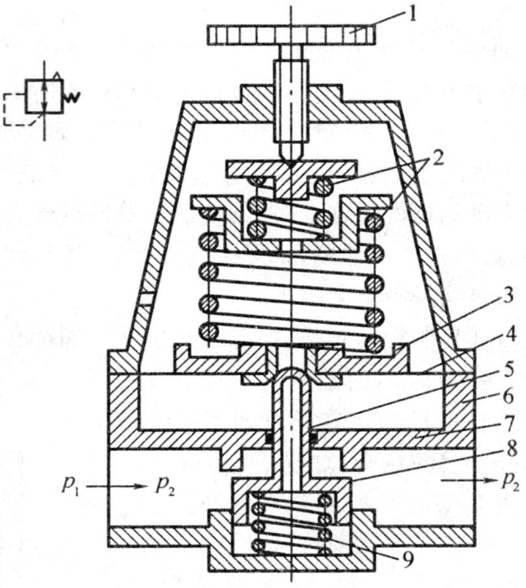

图 12－34 调压阀

1—调压手柄；2—调压弹簧；3—下弹簧座；4—膜片；5—阀芯；6—阀套；7—阻尼孔；8—阀口；9—复位弹簧

向下移动，使阀口 8 开启，气流通过阀口后压力降低，从右侧输出二次压力气体。与此同时，有一部分气流由阻尼孔 7 进入膜片室，在膜片下方产生一个向上的推力与弹簧力平衡，调压阀便有稳定的压力输出。当输入压力 P_1 增高时，输出压力 P_2 也随之增高，使膜片下方的压力也增高，将膜片向上推，阀芯 5 在复位弹簧 9 的作用下上移，从而使阀口 8 的开度减小，节流作用增强，直至输出压力降低到调定值为止；反之，若输入压力下降，则输出压力也随之下降，膜片下移，阀口开度增大，节流作用降低，使输出压力回升到调定压力，以维持压力稳定。

调压手柄 1 通过调节弹簧力的大小，即可控制输出压力的大小。目前常用的 QTY 型调压阀的最大输入压力为 1.0 MPa，其输出流量随阀的通径大小而改变。

（二）顺序阀

顺序阀是依靠气路中压力的大小来控制各执行元件动作先后顺序的压力控制阀，其作用和工作原理与液压顺序阀基本相同，顺序阀常与单向阀组合成单向顺序阀。图 12－35 所示为单向顺序阀的工作原理图。当压缩空气由 *P* 口输入时，单向阀 4 在气压作用力及弹簧力的作用下处于关闭状态。作用在活塞 3 上输入侧的气压作用力如超过弹簧 2 的预紧力，活塞被顶起，顺序阀打开，压缩空气由 *A* 输出；当压缩空气反向流动时，输入侧变成排气口，输出侧变成进气口，其进气压力将顶开单向阀，由左侧排气。调节手柄 1 就可改变顺序阀的开启压力。

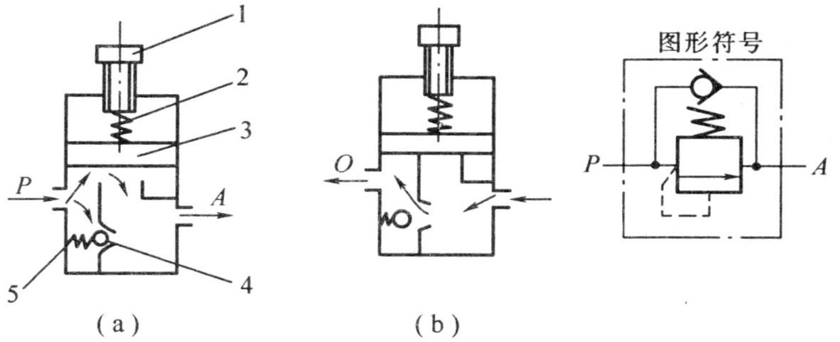

图 12－35　单向顺序阀的工作原理

(a)正向流动；(b)反向流动

1—手柄；2—压缩弹簧；3—活塞；4—单向阀；5—小弹簧

（三）安全阀

安全阀又称溢流阀。在气动系统中，为防止管路、气罐等的破坏，应限制回路中的最高压力，此时应采用安全阀。当回路中的压力达到某给定值时，安全阀使部分或全部气体从排气口溢出，以保证回路压力的稳定。

图 12－36 所示为安全阀的工作原理图。当系统中的压力低于调定值时，阀处于关闭状态；当系统压力升高到安全阀的开启压力时，压缩空气推动活塞 3 上移，阀门开启排气，直到系统压力降到低于调定值时，阀口又重新关闭。安全阀的开启压力可通过调整弹簧 2 的预压缩量来调节。

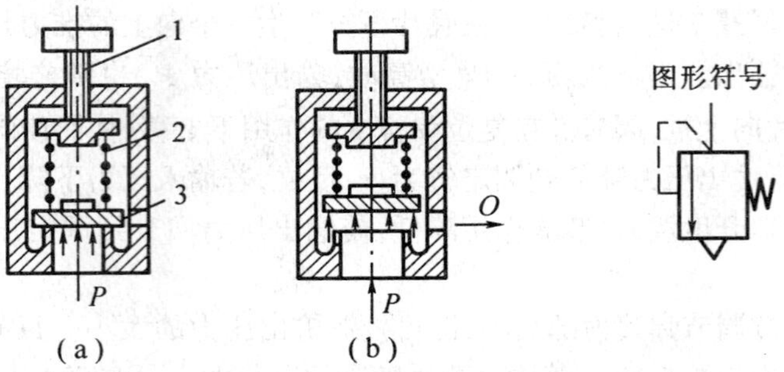

图 12－36　安全阀的工作原理

(a)关闭状态;(b)开启状态

1—旋钮;2—弹簧;3—活塞

三、流量控制阀

(一)节流阀

图 12－37 所示为圆柱斜切型节流阀的结构图。压缩空气由 P 口进入,经过节流后,由 A 口流出,旋转阀芯调节螺杆可改变节流口的开度。这种节流阀结构简单,体积小,应用范围较广。

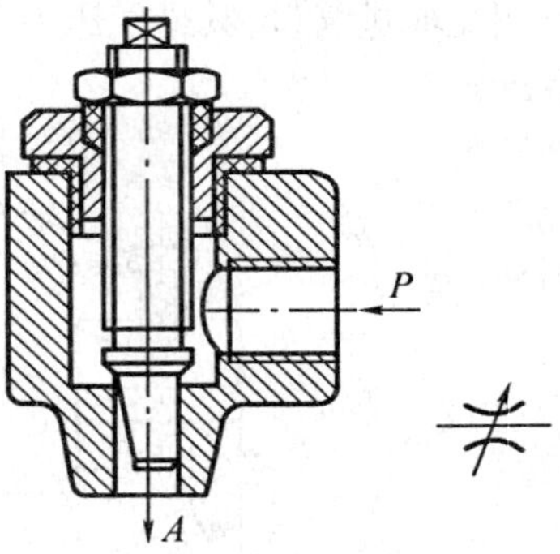

图 12－37　节流阀

(二)单向节流阀

单向节流阀是由单向阀和节流阀并联而成的组合式流量控制阀,常用来控制气缸的运动速度。图 12－38 所示为单向节流阀工作原理图,当气流由 P 向 A 流动时,单向阀关闭,节流阀节流[见图 12－38(a)];反方向流动时,单向阀打开,不能节流[见图 12－38(b)]。

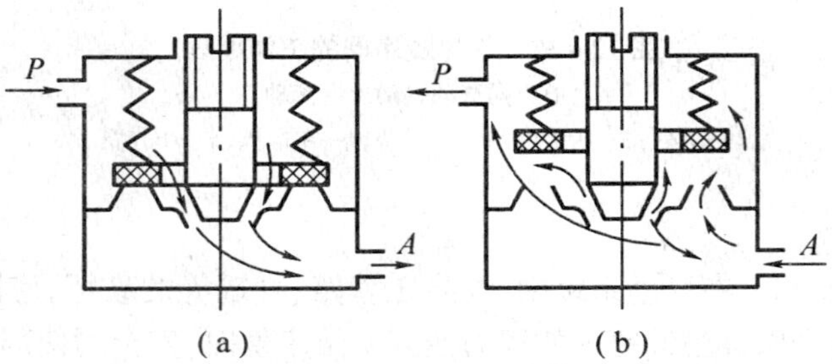

图 12－38　单向节流阀

(a)$P-A$ 状态;(b)$A-P$ 状态

(三)排气节流阀

排气节流阀是装在执行元件的排气口处,通过调节排入大气的流量来改变执行元件运动速度的一种控制阀。它常带有消声器件以降低排气噪声,并能防止不清洁的气体通过排气孔污染气路中的元件。图 12－39 所示是排气节流阀的工作原理图。

（四）柔性节流阀

图 12 - 40 所示为柔性节流阀的原理图。柔性节流阀依靠阀杆夹紧柔韧的橡胶管而产生节流作用，也可以利用气体压力来代替阀杆压缩橡胶管。柔性节流阀结构简单，压力小，运动可靠性高，对污染不敏感，通常工作压力范围为 0.3 MPa ~ 0.63 MPa。

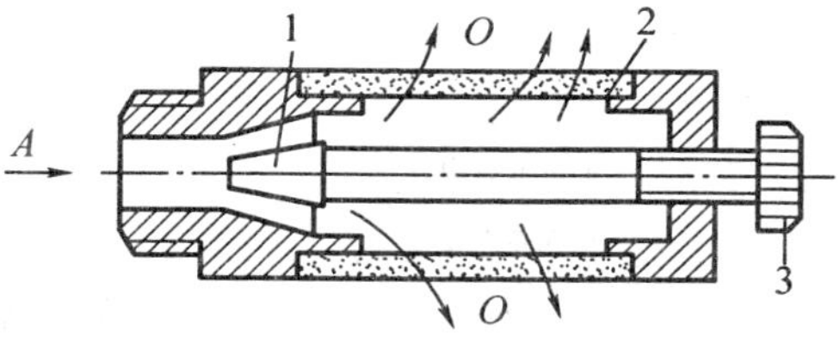

图 12 - 39　排气节流阀

应当指出，用流量控制阀控制气动执行元件的运动速度，其精度远不如液压控制高，特别是在超低速控制中，要按照预定行程变化来控制速度，只用气动方式是很难实现的。在外部负载变化较大时，仅用气动流量阀也不会得到满意的调速效果。为提高其运动平稳性，建议采用气液联动的方式。

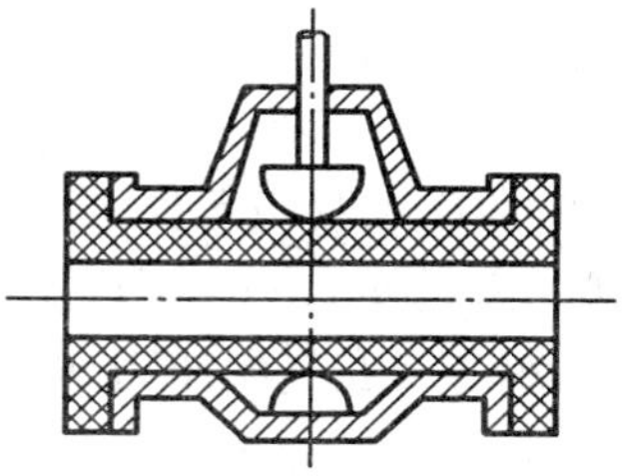
图 12 - 40　柔性节流阀

四、气动逻辑元件

气动逻辑元件是以压缩空气为介质，通过元件的可动部件在气控信号作用下动作，改变气流方向以实现一定逻辑功能的气体控制元件。实际上气动方向控制阀也具有逻辑元件的各种功能，不同的是它的输出功率较大，尺寸大。而气动逻辑元件的尺寸较小，因此在气动控制系统中广泛采用各种形式的气动逻辑元件（逻辑阀）。

（一）气动逻辑元件的分类

气动逻辑元件的种类很多，一般可按下列方式来分类。

(1)按工作压力分，有微压元件（工作压力为 0.02 MPa 以下）、低压元件（工作压力为 0.02 MPa ~ 0.2 MPa）及高压元件（工作压力为 0.2 MPa ~ 0.8 MPa）三种。

(2)按逻辑功能分，有或门元件、是门元件、与门元件、非门元件、禁门元件、或非门元件和双稳元件等。

(3)按结构形式分，有截止式逻辑元件、膜片式逻辑元件和滑阀式逻辑元件等。

（二）高压截止式逻辑元件

高压截止式逻辑元件是依靠控制气压信号或通过膜片的变形来推动阀芯动作，改变气流的流动方向，以实现一定逻辑性能的逻辑元件。这类元件的特点是行程小、流量大、工作压力高、对气源净化要求低，便于实现集成安装和集中控制，其拆卸也很方便。

1.或门元件

或门元件的工作原理图与图形符号如图 12 - 41 所示。图中 A、B 为信号输入孔，S 为输出孔。当只有 A 有信号输入时，阀芯 a 在信号气压作用下向下移动，封住信号孔 B，气流经 S 输出；当只有 B 有信号输入时，阀芯 a 在此信号作用下上移，封住 A 信号孔通道，S 也有输出；当 A、B 均有输入信号时，阀芯 a 在

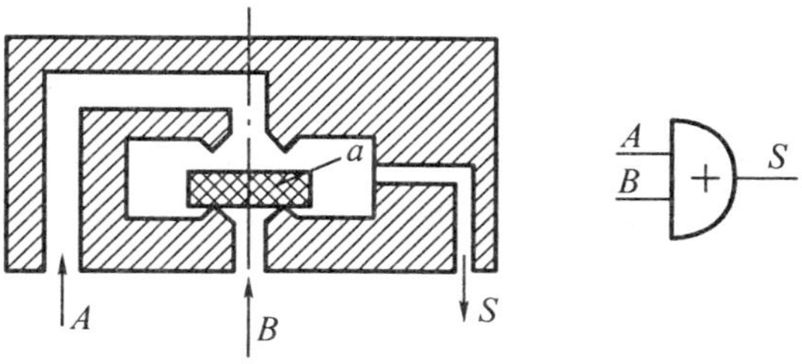

图 12 - 41　或门元件

两个信号作用下或上移、或下移、或保持在中位，S 均会有输出。也就是说，或有 A，或有 B，或 A、B 二者都有，均有输出 S，即 $S=A+B$。

2.是门和与门元件

是门和与门元件的工作原理图与图形符号如图 12－42 所示。图中 A 为信号输入孔，S 为信号输出孔，中间孔接气源 P 时为是门元件。也就是说，在 A 输入孔无信号时，阀芯 2 在弹簧及气源压力 P 作用下处于图示位置，封住 P、S 间的通道，使输出孔 S 与排气孔相通，S 无输出；反之，当 A 有输入信号时，膜片 1 在输入信号作用下将阀芯 2 推动下移，封住输出孔 S 与排气孔间通道，P 与 S 相通，S 有输出。也就是说，无输入信号时无输出，有输入信号时有输出，元件的输入和输出信号之间始终保持相同的状态，即 $S=A$。

若将中间孔不接气源而换接另一输入信号 B，则成为“与门”元件，也就是只有当 A 与 B 同时有输入信号时，S 才有输出，即 $S=AB$。

3.非门和禁门元件

非门元件的工作原理图与图形符号如图 12－43 所示。当元件的输入端 A 没有信号输入时，阀芯 3 在气源压力 P 作用下紧压在上阀座上，输出端 S 有输出信号；反之，当元件的输入端 A 有输入信号时，作用在膜片 2 上的气体压力经阀杆使阀芯 3 向下移动，关断气源通路，S 没有输出。也就是说，当有信号 A 输入时，就没有输出 S；当没有信号 A 输入时，就有输出 S，即 $S=\bar{A}$，活塞 1 用来显示输出的有无。

若把中间孔不作气源孔 P，而改作另一输入信号孔 B，该元件即为禁门元件。也就是说，当 A、B 均有输入信号时，阀杆及阀芯 3 在 A 输入信号作用下封住 B 孔，S 无输出；在 A 无输入信号而 B 有输入信号时，S 就有输出。A 的输入信号对 B 的输入信号起“禁止”作用，即 $S=\bar{A}B$。

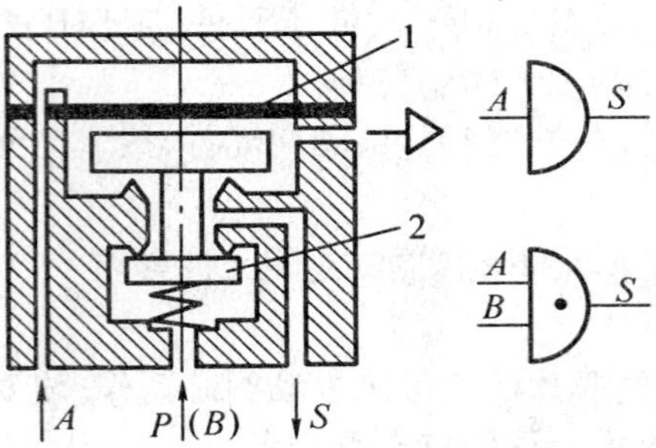

图 12－42 是门和与门元件

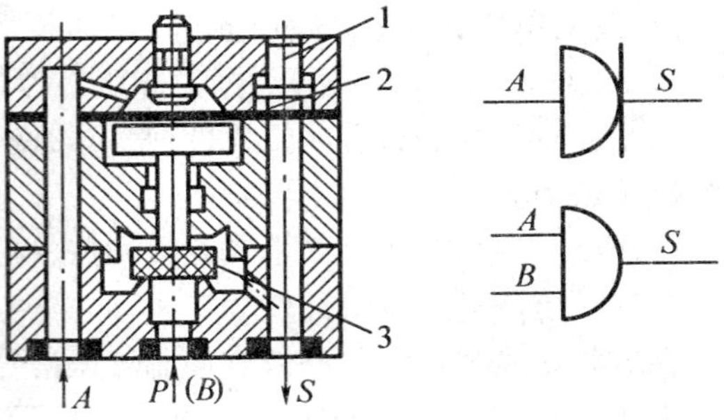

图 12－43 非门和禁门元件

1—活塞；2—膜片；3—阀芯

4.或非元件

或非元件的工作原理图与图形符号如图 12－44 所示。它是在非门元件的基础上增加两个信号输入端，即具有 A、B、C 三个输入信号。很明显，当所有的输入端都没有输入信号时，元件有输出 S，只要三个输入端中有一个输入信号，元件就没有输出 S，即 $S=\overline{A+B+C}$。

或非元件是一种多功能逻辑元件，用这种元件可以实现是门、或门、非门及记忆等各种逻辑功能。

5.双稳元件

双稳元件属记忆元件,在逻辑回路中起着重要的作用。图 12-45 为双稳元件的工作原理图与图形符号。当 A 有输入信号时,阀芯 a 被推向图中所示的右端位置,气源的压缩空气便由 P 通到 S_1 输出,而 S_2 与排气口相通,此时“双稳”处于“1”状态;在控制端 B 的输入信号到来之前,A 的信号虽然消失,但阀芯 a 仍保持在右端位置,S_1 总是有输出;当 B 有输入信号时,阀芯 a 被推向左端,此时压缩空气由 P 至 S_2 输出,而 S_1 与排气孔相通,于是“双稳”处于“0”状态,在 B 信号消失后,a 信号输入之前,阀芯 a 仍处于左端位置,S_2 总有输出,所以该元件具有记忆功能。但是,在使用中不能在双稳元件的两个输入端同时加输入信号,那样元件将处于不定工作状态。

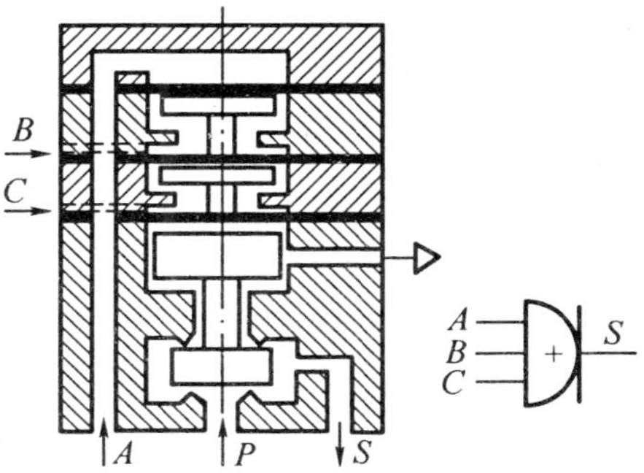

图 12-44 或非元件

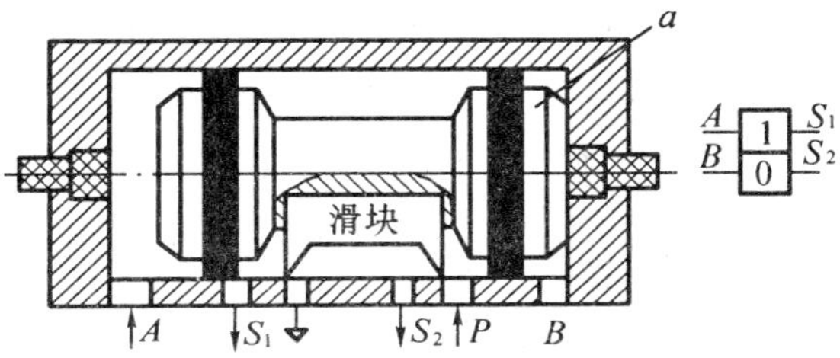

图 12-45 双稳元件

(三)高压膜片式逻辑元件

高压膜片元件是利用膜片式阀芯的变形来实现各种逻辑功能的,它的最基本的单元是三门元件和四门元件。

1.三门元件

三门元件的工作原理图和图形符号如图 12-46 所示。它由左、右气室及膜片组成,左气室有输入口 A 和输出口 B,右气室有一个输入口 C,膜片将左右两个气室隔开。因为元件共有三个口,所以称为三门元件。在图中,A 口接气源(输入),B 口为输出口,C 口接控制信号,若 A 口和 C 口输入相等的压力,因 B 口通大气,膜片两侧作用面积不同,受力不等,A 口通道被封闭,所以从 A 到 B 的气路不通。当 C 口的信号消失后,膜片在 A 口气源压力作用下变形,使 A 到 B 的气路接通。在 B 口接负载时,三门的关断是有条件的,即 B 口降压或 C 口升压才能保证可靠地关断。利用这个压力差作用的原理,关闭或开启元件的通道,可组成各种逻辑元件。

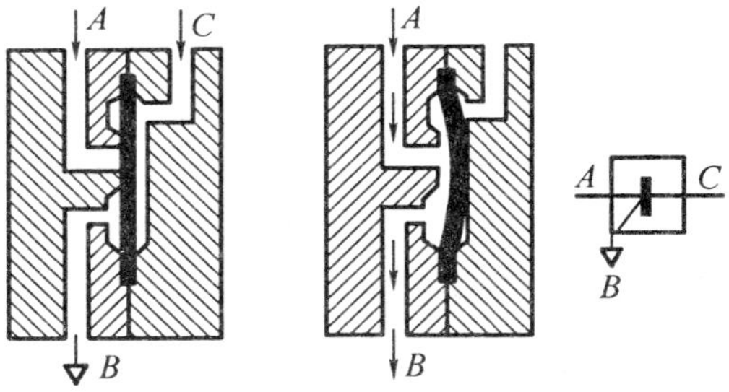

图 12-46 三门元件

2.四门元件

四门元件的工作原理图和图形符号如图 12-47 所示。膜片元件分成左右两个对称的气室,左气室有输入口 A 和输出口 B,右气室有输入口 C 和输出口 D,因为共有四个口,所以称为四门元件。四门元件是一个压力比较元件,若输入口 A 的气压比输入口 C 的气压低,则膜片封闭 B 的通道,使 A 和 B 气路断开,C 和 D 气路接通。反之,C 到 D 通路断开,A 到

B 气路接通。也就是说膜片两侧都有压力且压力不相等时，压力小的一侧通道被断开，压力高的一侧通道被导通；若膜片两侧气压相等，则要看哪一通道的气流先到达气室，先到者通过，迟到者不能通过。

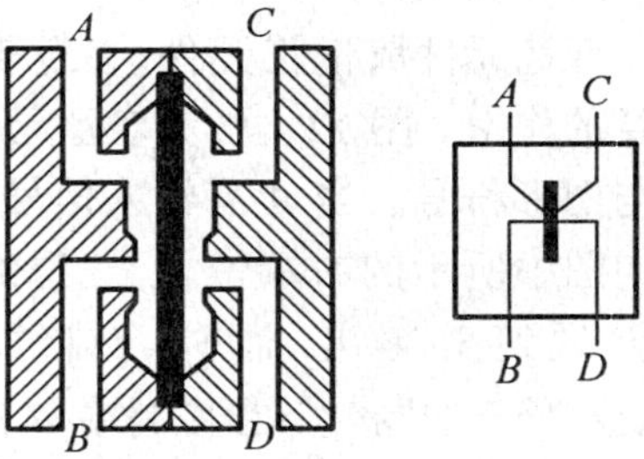

图 12-47 四门元件

根据上述三门和四门这两个基本元件，就可构成逻辑回路中常用的或门、与门、非门、记忆元件等。

(四)逻辑元件的选用

气动逻辑控制系统所用气源的压力变化必须保障逻辑元件正常工作需要的气压范围和输出端切换时所需的切换压力，逻辑元件的输出流量和响应时间等在设计系统时可根据系统要求参照有关资料选取。

对于高压逻辑元件，无论采用截止式或膜片式，都要尽量将元件集中布置，以便集中管理。

由于信号的传输出有一定的延时，信号的发出点(如行程开关)与接收点(如元件)之间，不能相距太远。一般来说，最好不要超过几十米。

当逻辑元件要相互串联时，一定要有足够的流量，否则可能无力推动下一级元件。

另外，尽管高压逻辑元件对气源过滤要求不高，但最好使用过滤后的气源，一定不要使加入油雾的气源进入逻辑元件。

五、气动比例阀及气动伺服阀

工业自动化的发展，一方面对气动控制系统的精度和调节性能都提出了更高的要求，如在高技术领域中的气动机械手、柔性自动生产线等，都需要对气动执行机构的输出速度、压力和位置等按比例进行伺服调节；另一方面使气动系统各组成元件在性能及功能上都得到了极大的改进。同时，气动元件与电子元件的结合使控制回路的电子化得到迅速发展，利用微型计算机使新型的控制思想得以实现，传统的点位控制已不能满足更高要求，并逐步被一些新型系统所取代。现已实用化的气动系统，大多为断续控制，与电子技术结合之后，可连续控制位置、速度及力等的电-气伺服控制系统将得到大的发展。在工业较为发达的国家里，电-气比例伺服技术、气动位置伺服控制系统、气动力伺服控制系统等都已从实验室走向工业应用。

(一)气动比例阀

气动比例阀是一种输出量与输入信号成比例的气动控制阀，它可以按给定的输入信号连续地、按比例地控制气流的压力、流量和方向等因素。由于比例阀具有压力补偿的性能，所以其输出压力、流量等可不受负载变化的影响。

按控制信号的类型，可将气动比例阀分为气控比例阀和电控比例阀。气控比例阀以气流作为控制信号，控制阀的输出参数，实现流量放大，在实际应用时，一般应与电-气转换器相结合，才能对各种气动执行机构进行压力控制；电控比例阀则以电信号作为控制信号。

1.气控比例压力阀

气控比例压力阀是一种比例元件，阀的输出压力 p_2 与信号压力 p_1 成比例。图 12-48 为比例压力阀的结构原理图，当有输入信号压力 p_1 时，膜片 1 变形，推动主阀芯 3 向下运动，打开主阀口，气源压力经过主阀芯节流后形成输出压力 p_2，膜片 2 起反馈作用，并使输出压力信号与信号压力之间保持比例；当输出压力 p_2 小于信号压力 p_1 时，膜片组向下运动，使主阀口开大，输出压力 p_2 增大；当 p_2 大于 p_1 时，膜片 2 向上运动，溢流阀芯开启，多余的气体排至大气。调节针阀的作用是使输出压力的一部分加到信号压力腔，形成正反馈，增加阀的工作稳定性。

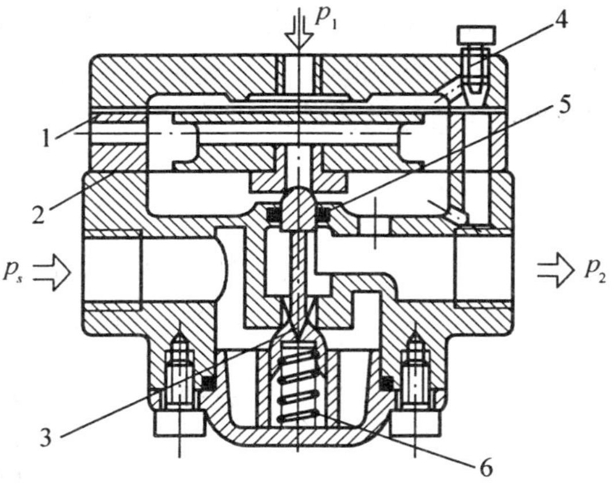

图 12-48 气控比例压力阀工作原理

1—信号压力膜片；2—输出压力膜片；3—主阀芯；4—调节针阀；5—溢流阀芯；6—弹簧

2.电控比例压力阀

图 12-49 所示为喷嘴挡板式电控比例压力阀。它由动圈式比例电磁铁、喷嘴挡板放大器、气控比例压力阀三部分组成。比例电磁铁由永久磁铁 1、线圈 2 和片簧 7 构成。当电流输入时，线圈 2 带动挡板 3 产生微量位移，改变其与喷嘴 4 之间的距离，使喷嘴 4 的背压 p_1 改变。膜片组 10 为比例压力阀的信号膜片及输出压力反馈膜片，背压 p_1 的变化通过膜片 10 控制阀芯 11 的位置，从而控制输出压力 p_2，喷嘴 4 的压缩空气由气源 p_s 经节流阀 5 供给。

(二)气动伺服阀

气动伺服阀的工作原理类似于气动比例阀，它也是通过改变输入信号来对输出参数进行连续的、成比例的控制。与比例阀相比，气动伺服阀除了在结构上有差异外，主要在于其具有很高的动态响应和静态性能。但其价格也较贵，使用维护较困难。

气动伺服阀的控制信号均为电信号，故又称电－气伺服阀。这是一种将电信号转换成气压信号的电气转换装置，是电－气伺服系统中的核心部件。图 12-50 为力反馈式电－气伺服阀结构原理图，其中第一级气压放大器为喷嘴挡板阀，由力矩马达控制。第二级气压放大器为滑阀，阀芯位移通过反馈杆转换成机械力矩反馈到力矩马达上。其工作原理为：当有一电流输入力矩马达控制线圈时，力矩马达产生电磁力矩，使挡板偏离中位(假设其向左偏转)，反馈杆变形，这时两个喷嘴挡板阀的喷嘴前腔产生压力差(左腔高于右腔)。在此压力差的作用下，滑阀向右移动，反馈杆端点随着一起移动，反馈杆进一步

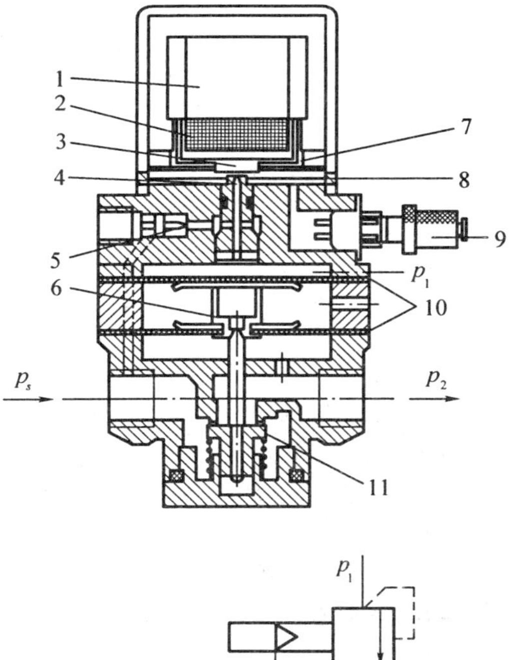

图 12-49 电控比例压力阀原理

1—永久磁铁；2—线圈；3—挡板；4—喷嘴；5—节流阀；6—溢流口；7—片簧；8—过滤片；9—插头；10—膜片组；11—阀芯

变形。反馈杆变形产生的力矩与力矩马达的电磁力矩相平衡，使挡板停留在某个与控制电流相对应的偏转角上。反馈杆的进一步变形使挡板被部分拉回中位，反馈杆端点对阀芯的反作用力与阀芯两端的气动力相平衡，使阀芯停留在与控制电流相对应的位移上，这样伺服阀就输出一个对应的流量，达到了用电流控制流量的目的。

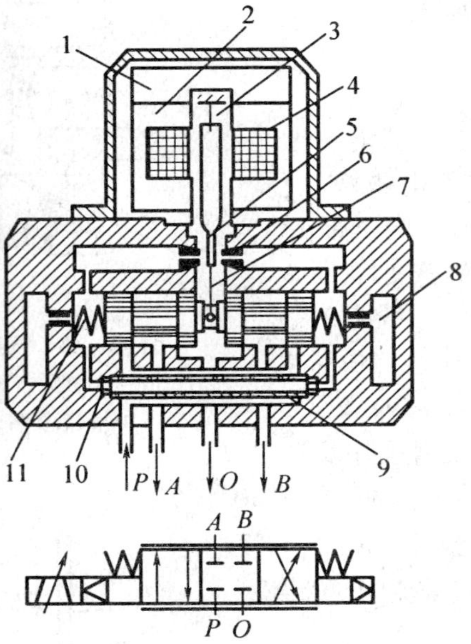

图 12－50　电－气伺服阀工作原理

1—永久磁铁；2—导磁体；3—支撑弹簧；4—线圈；5—挡板；6—喷嘴；7—反馈杆；8—阻尼气室；9—过滤器；10—固定节流孔；11—补偿弹簧

思考题与习题

12－1　空压机是如何分类的，叙述活塞式空压机的工作原理？

12－2　简述串联式气－液阻尼缸的工作原理。

12－3　简述梭阀、双压阀、快速排气阀、调压阀的工作原理。

12－4　试述气动逻辑元件“是门”、“与门”、“或门”、“非门”的逻辑功能。

12－5　正确画出各种气动元件的图形符号。

12－6　正确叙述各种气动元件的功用。

第十三章　气压传动基本回路

气压传动基本回路是指由一些相关的气压元件组成，并能完成气动系统某一特定功能的典型回路。

第一节　压力控制回路

压力控制回路的功用是使系统保持在某一规定的压力范围内，或使系统得到高、低不同的压力。常用的有一次压力控制回路、二次压力控制回路和高低压转换回路。

一、一次压力控制回路

一次压力控制回路主要用于控制储气罐内气体的压力，使之不超过规定的值。如图13－1所示，在储气罐上安装一只溢流阀2，一旦罐内压力超过规定压力值时，溢流阀打开，空压机输出的压缩空气经溢流阀排入大气。在储气罐上装一电接点式压力表1，一旦罐内压力超过规定压力时，使空气压缩机断电，不再供气。

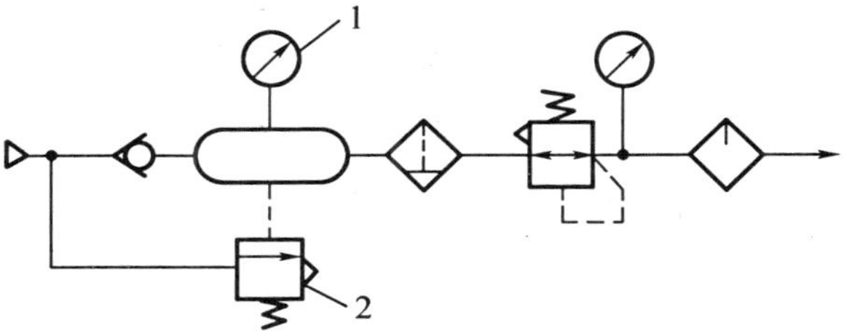

图13－1　一次压力控制回路

1—电接点压力表；2—溢流阀

二、二次压力控制回路

为保证气动系统使用的气体压力为一稳定值，多用图13－2所示的由空气过滤器—减压阀—油雾器(气动三联件)组成的二次压力控制回路。调节减压阀，使系统获得所需要的压力。但要注意，供给逻辑元件的压缩空气不要加入润滑油。

三、高低压转换回路

在实际使用中，有些气动控制系统需要有高、低压转换的选择。如图13－3所示，该回

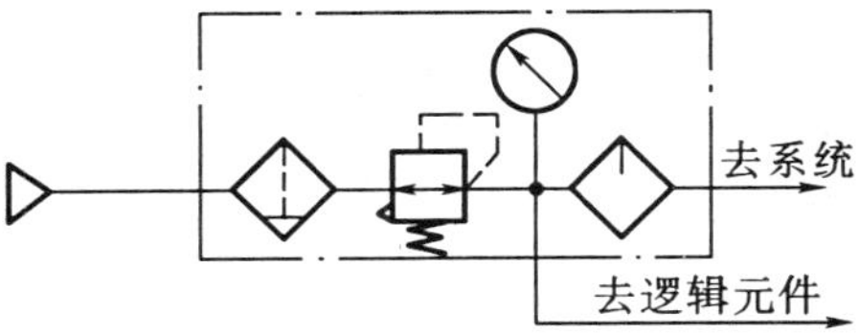

图13－2　二次压力控制回路

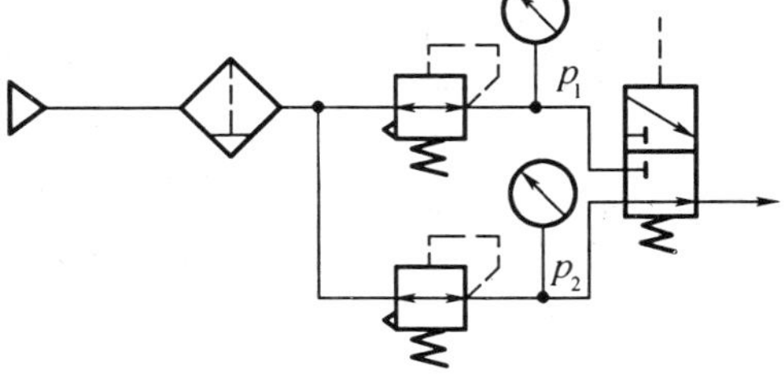

图13－3　高低压转换回路

路利用两只减压阀和一只换向阀，间或输出低压或高压气源。若去掉换向阀，就可同时输出高、低压两种压缩空气。

第二节 换向回路

一、单作用气缸换向回路

图 13－4 所示为单作用气缸换向回路。图 13－4(a)是用二位三通电磁阀控制的单作用气缸上、下的回路，当电磁铁得电时，气缸向上伸出，失电时气缸在弹簧作用下返回。图 13－4(b)所示为三位四通电磁阀控制的单作用气缸上、下和停止的回路，该阀在两电磁铁均失电时能自动对中，使气缸停于任何位置，但定位精度不高，且定位时间不长。

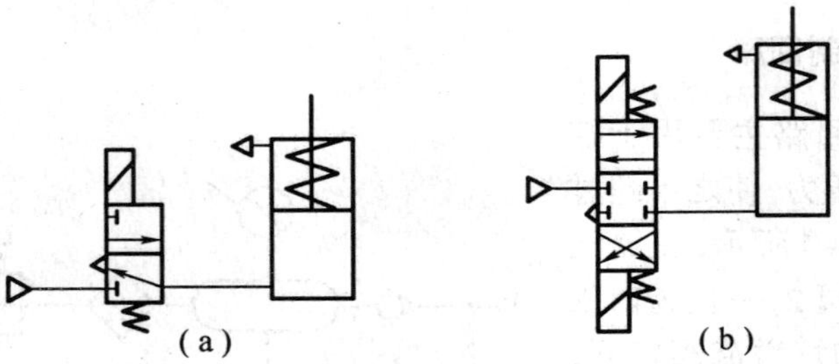

图 13－4 单作用气缸换向回路

二、双作用气缸换向回路

图 13－5 所示为各种双作用气缸的换向回路，图 13－5(a)是比较简单的换向回路；图 13

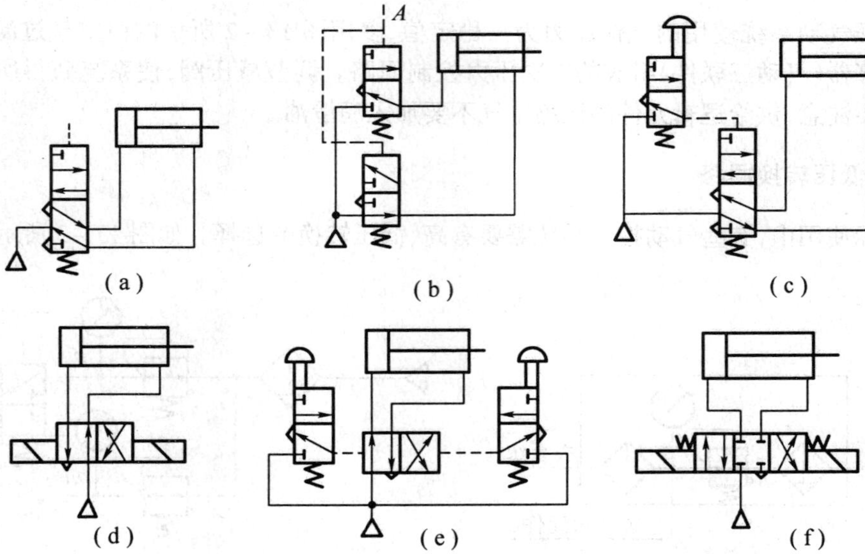

图 13－5 双作用气缸换向回路

-5(f)有中停位,但中停定位精度不高;图 13-5(d)、(e)、(f)的两端控制电磁铁线圈不能同时操作,否则将出现误动作,其回路相当于双稳的逻辑功能;在图 13-5(b)的回路中,当 *A* 有压缩空气时,气缸推出,反之,气缸退回。

第三节 速度控制回路

速度控制回路用来调节执行元件的运动速度或实现缓冲。一般气动系统的功率较小,故调速方法主要是节流调速。气缸活塞的速度控制可以采用进气节流调速和排气节流调速。

一、单作用气缸速度控制回路

图 13-6 所示为单作用气缸速度控制回路,在图 13-6(a)中,升、降均通过节流阀调速,两个相反安装的单向节流阀,可分别控制活塞杆的伸出及缩回速度。在图 13-6(b)所示的回路中,气缸上升时可调速,下降时则通过快速排气阀排气,使气缸快速返回。

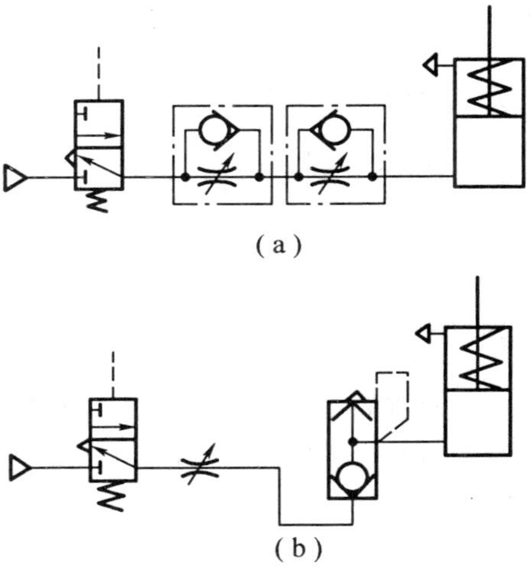

图 13-6 单作用气缸速度控制回路

二、双作用气缸速度控制回路

(一)单向调速回路

双作用气缸有进气节流和排气节流两种调速方式。图 13-7(a)所示为进气节流调速回路,在图示位置,当气控换向阀处于图示左位时,进入气缸 *A* 腔的气流流经节流阀,*B* 腔排出的气体直接经换向阀快排。当节流阀开度较小时,由于进入 *A* 腔的流量较小,压力上升缓慢。当气压达到能克服负载时,活塞前进,此时 *A* 腔容积增大,结果使压缩空气膨胀,压力下降,使作用在活塞上的力小于负载,因而活塞就停止前进。待压力再次上升时,活塞才再次前进。这种由于负载及供气的原因使活塞忽走忽停的现象,叫气缸的"爬行"。进气节流的不足之处主要表现为:当负载方向与活塞运动方向相反时,活塞运动易出现"爬行"现象;当负载方向与活塞运动方向一致时,由于排气经换向阀快排,几乎没有阻尼,负载易出现"跑空"现象,使气缸失去控制。

进气节流,多用于垂直安装的气缸供气回路。在水平安装的气缸供气回路中一般采用图 13-7(b)所示的排气节流调速回路,当气控换向阀处于图示左位时,从气源来的压缩空气,经气控换向阀直接进入气缸的 *A* 腔,而 *B* 腔排出的气体必须经节流阀、气控换向阀而排入大气,因而 *B* 腔中的气体就具有一定的压力。此时活塞在 *A* 腔与 *B* 腔的压力差作用下前

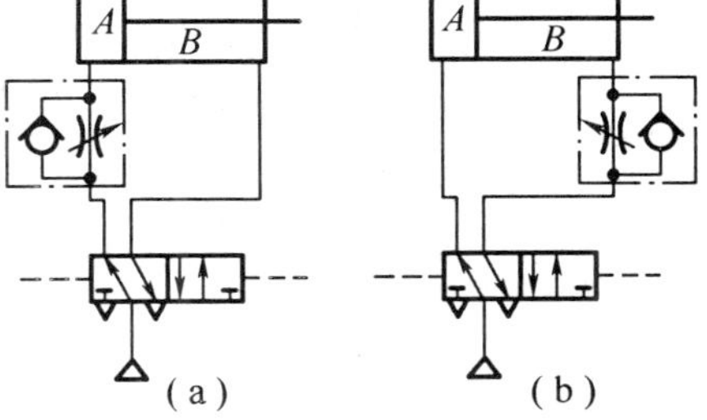

图 13-7 双作用气缸单向调速回路

进,减少了"爬行"发生的可能性。调节节流阀的开度,就可控制不同的排气速度,从而也就控制了活塞的运动速度。排气节流调速回路具有下述特点:气缸速度随负载变化较小,运动较平稳;能承受与活塞运动方向相同的负载(反向负载)。

以上的讨论,适用于负载变化不大的情况。当负载突然增大时,由于气体有可压缩性,就会迫使气缸内的气体压缩,使活塞运动速度减慢;反之,当负载突然减小时,气缸内被压缩的空气必然膨胀,使活塞运动加快,这称为气缸的"自走"现象。因此在要求气缸具有准确而平稳的速度时,尤其在负载变化较大的场合,就要采用其他调速方式来改善其调速性能,一般采用气液联动的调速方式。

(二)双向调速回路

在缸的进、排气口均装设节流阀,就组成了双向调速回路。图 13-8(a)所示为采用单向节流阀的双向节流调速回路,图 13-8(b)所示为采用排气节流阀的双向节流调速回路。

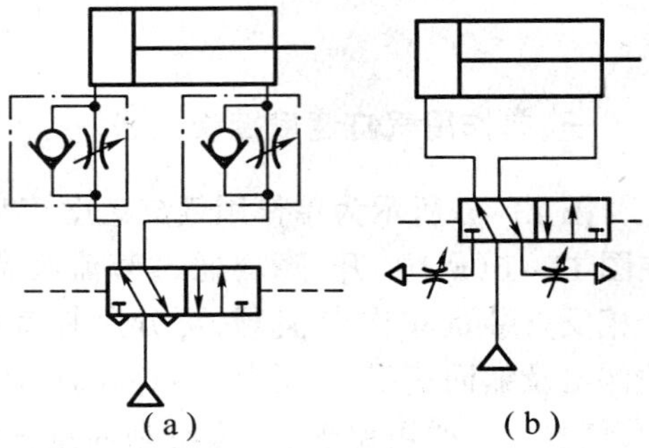

图 13-8 双向调速回路

三、快速往复运动回路

若将图 13-8(a)中两只单向节流阀换成快速排气阀就构成了快速往复回路,若欲实现气缸单向快速运动,可只采用一只快速排气阀。

四、缓冲回路

当气缸在行程长、速度快、惯性大的情况下工作时,要获得气缸行程末端的缓冲,除采用带缓冲的气缸外,往往需要采用缓冲回路来满足气缸运动速度的要求,常用的方法如图 13-9 所示。图 13-9(a)所示回路能实现快进—慢进缓冲—停止—快退的循环,行程阀可根据需要来调整缓冲开始位置,这种回路常用于惯性力大的场合。图 13-9(b)所示回路的特点是,当活塞向左运动到行程末端时,其左腔压力已降至打不开顺序阀 2 的程度,余气只能经节流阀 1 排出,因此活塞得到缓冲,这种回路常用于行程长、速度快的场合。

图 13-9 所示的回路,都只能实现一个运动方向上的缓冲,若两侧均安装此回路,可实现双向缓冲的目的。

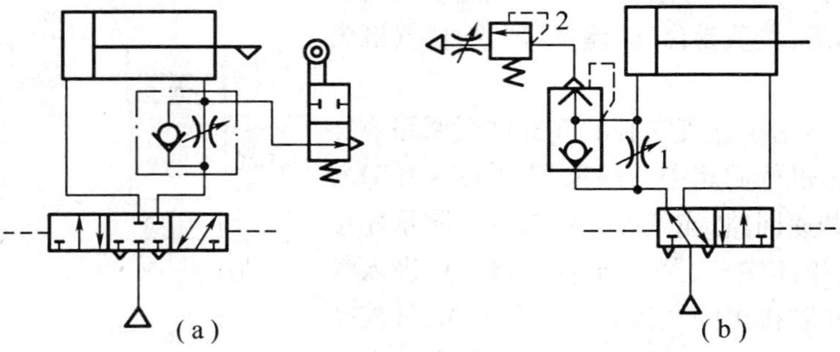

图 13-9 缓冲回路

第四节 气液联动回路

气液联动是以气压为动力，利用气液转换器把气压传动变为液压传动，或采用气液阻尼缸来更平稳、更有效地控制运动速度的气压传动，或采用气液增压缸来使传动力增大等。气液联动回路装置简单，经济可靠。

一、采用气液转换器的速度控制回路

图 13 - 10 所示为采用气液转换器的速度控制回路，它利用气液转换器 1,2 实现气压与液压的转换，利用液压油驱动液压缸 3，调节节流阀的开度，就可得到平稳易控制的活塞运动速度。这种回路，充分发挥了气动供气方便和液压速度容易控制的特点。

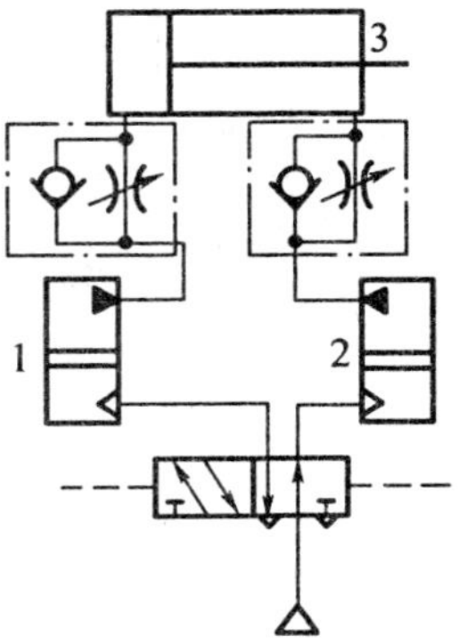

图 13 - 10 采用气液转换器的速度控制回路

1,2—气液转换器；3—液压缸

二、采用气液阻尼缸的速度控制回路

图 13 - 11 所示为采用气液阻尼缸的速度控制回路。图 13 - 11(a)所示为慢进快退回路，调节节流阀的开度，即可控制活塞的前进速度；活塞返回时，气液阻尼缸中液压缸无杆腔的油液通过单向阀快速流入有杆腔，故返回速度较快，高位油箱起补充泄漏油液的作用。图 13 - 11(b)所示回路能实现机床工作循环中常用的快进—工进—快退的动作。当有 K_2 信号时，五通阀换向，活塞向左运动，液压缸无杆腔中的油液通过 a 口进入有杆腔，气缸快速向左前进；当活塞将 a 口关闭时，液压缸无杆腔中的油液被迫从 b 口经节流阀进入有杆腔，活塞工作进给；当 K_2 消失，有 K_1 输入信号时，五通阀换向，活塞向右快速返回。

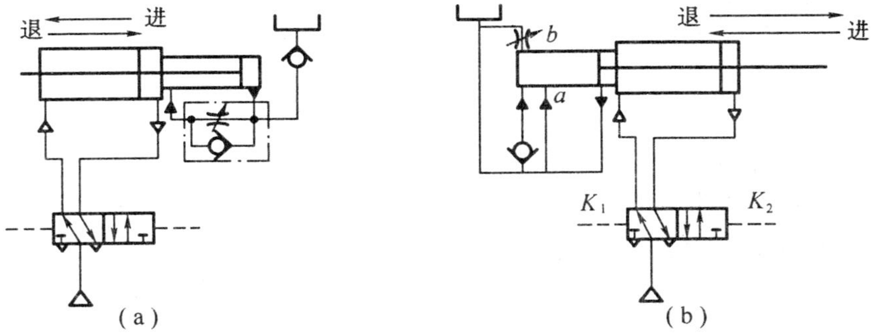

图 13 - 11 采用气液阻尼缸的速度控制回路

三、采用气液增压缸的增力回路

图 13 - 12 所示为采用气液增压缸 1 把较低的气压变为较高的液压力，以提高气液缸 2 的输出力的回路。

四、气液缸同步动作回路

图 13-13 所示为气液缸同步回路,该回路的特点是将油液密封在回路之中,油路和气路串接,同时驱动 1,2 两个缸,使二者运动速度相同,但这种回路要求缸 1 无杆腔的有效面积必须和缸 2 的有杆腔面积相等,活塞与缸筒之间有良好的密封。回路中的截止阀 3 与放气口相接,用以放掉混入油液中的空气。

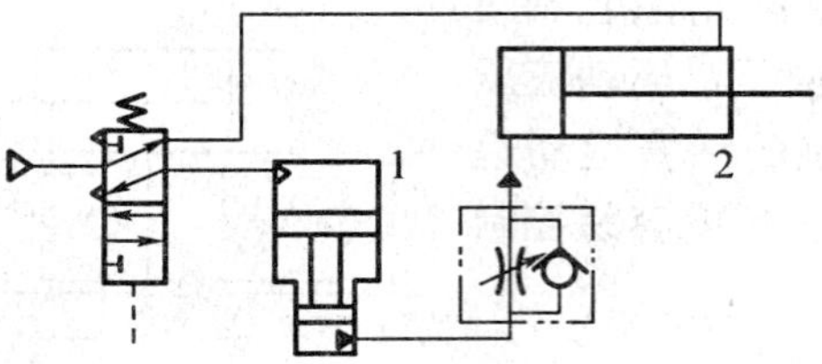

图 13-12　气液增压缸增力回路

1—气液增压缸;2—气液缸

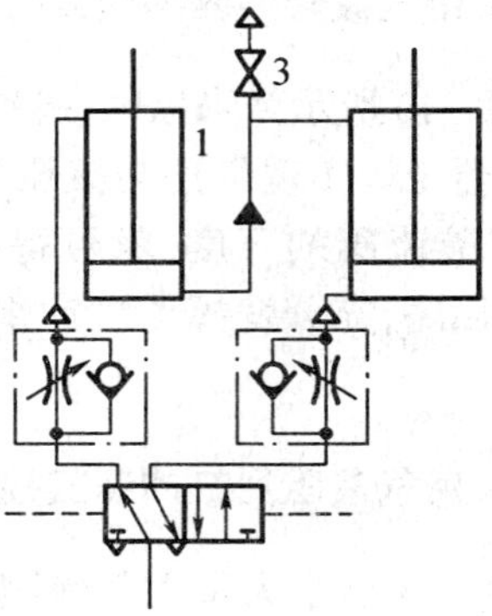

图 13-13　气液缸同步回路

第五节　程序动作回路

一、顺序动作回路

顺序动作是指在气动回路中,各个气缸按一定程序完成各自的动作。

(一)单往复动作回路

往复动作回路可分为单往复动作回路和连续往复动作回路。前者指给入一个信号后,气缸只完成 A_1A_0 一次往复动作(A 表示气缸,下标"1"表示活塞伸出动作,下标"0"表示活塞缩回动作),而后者指输入一个信号后,气缸可连续进行 $A_1A_0A_1A_0\cdots$动作。

图 13-14 所示为三种单往复动作回路。图 13-14(a)为行程阀控制的单往复回路,当按下阀 1 的手动按钮后,压缩空气使阀 3 换向,活塞杆前进。当凸块压下行程阀 2 时,阀 3 复位,活塞杆返回,完成 A_1A_0 循环;图 13-14(b)所示为压力控制的单往复回路,按下阀 1 的手动按钮后,阀 3 阀芯右移,气缸无杆腔进气,活塞杆前进。当活塞行程到达终点时,气压升高,打开顺序阀 2,使阀 3 换向,气缸返回,完成 A_1A_0 循环;图 13-14(c)是时间控制的单往复回路,当按下阀 1 的按钮后,阀 3 换向,气缸活塞杆伸出,当运动至压下行程阀 2 后,需经过一定的时间,阀 3 才能换向,再使气缸返回完成动作 A_1A_0 的循环。由以上可知,在单往复回路中,每按动一次按钮,气缸可完成一个 A_1A_0 的循环。

(二)连续往复动作回路

图 13-15 所示的回路为连续往复动作回路。当按下阀 1 的按钮后,阀 4 换向,活塞向

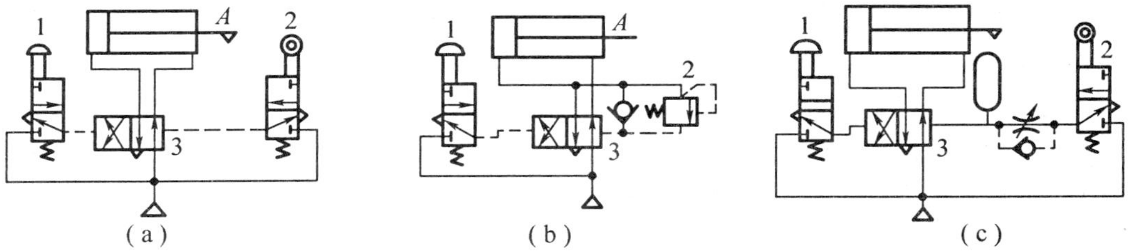

图 13-14 单往复动作回路

前运动，这时由于阀3复位将气路封闭，使阀4不能复位，活塞继续前进。当行至终点压下行程阀2时，阀4控制气路排气，在弹簧作用下阀4复位，气缸返回。当行至左侧终点压下阀3时，阀4换向，活塞再次向前，形成了$A_1A_0A_1A_0$…连续往复动作。待提起阀 1 的按钮后，阀 4 复位，活塞返回而停止运动。

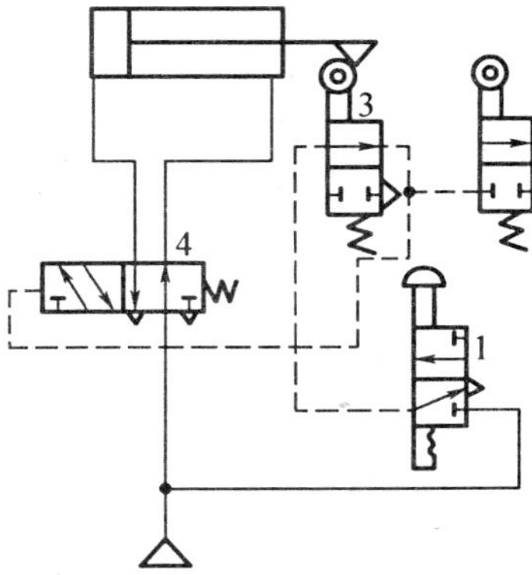

图 13-15 连续往复动作回路

二、延时回路

图 13-16(a)所示回路是延时输出回路，当控制信号切换阀 4 后，压缩空气经单向节流阀 3 向气容 2 充气，当充气压力经延时升高至使阀 1 换位时，阀 1 才有输出。在图 13-16(b)所示回路中，按下阀 8，则气缸向外伸出，当气缸在伸出行程至压下阀 5 后，压缩空气经节流阀到气容 6 延时后才将阀 7 切换，气缸延时退回。

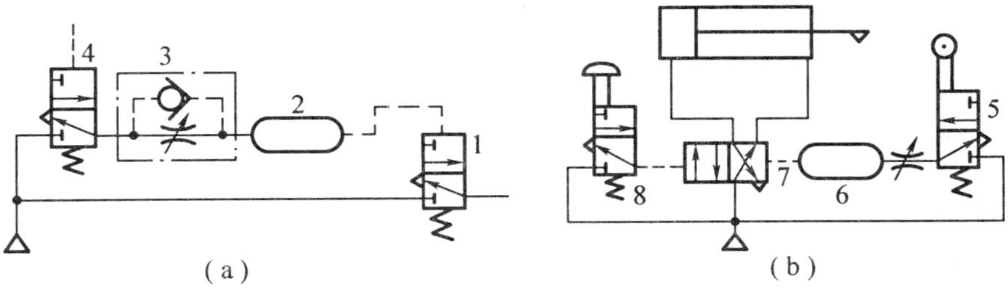

图 13-16 延时回路

三、计数回路

计数回路可以组成二进制计数器。在图 13-17(a)所示回路中，按下阀 1 按钮，气信号经阀 2 至阀 4 的左或右控制端使气缸推出或退回。阀 4 换向位置，取决于阀 2 的位置，而阀 2 的换位又取决于阀 3 和阀 5。如图所示，设按下阀 1 时，气信号经阀 2 至阀 4 的左端使阀 4 换至左位，同时使阀 5 切断气路，此时气缸向外伸出；当阀 1 复位后，原通入阀 4 左控制端的气信号经阀 1 排空，阀 5 复位，于是气缸无杆腔的气体经阀 5 至阀 2 左端，使阀 2 换至左位等待阀 1 的下一次信号输入。当阀 1 第二次按下后,气信号经阀 2 的左位至阀 4 右控制端使阀 4 换至右位,气缸退回,同时阀 3 将气路切断。待阀 1 复位后,阀 4 右控制端信号经阀 2、阀 1 排空,阀 3 复位并将气导至阀 2 左端使其换至右位,又等待阀 1 下一次信号输入。这样,第 1,2,3…次(奇数)按压阀 1,则气缸伸出;第 2,4,6…次(偶数)按压阀 1,则使气缸退回。

图 13-17(b)所示的计数原理同图 13-17(a),不同的是按压阀 1 的时间不能过长,只要使阀 4 切换后就放开,否则气信号将经阀 5 或阀 3 通至阀 2 左或右控制端,使阀 2 换位,气缸反行,从而使气缸来回振荡。

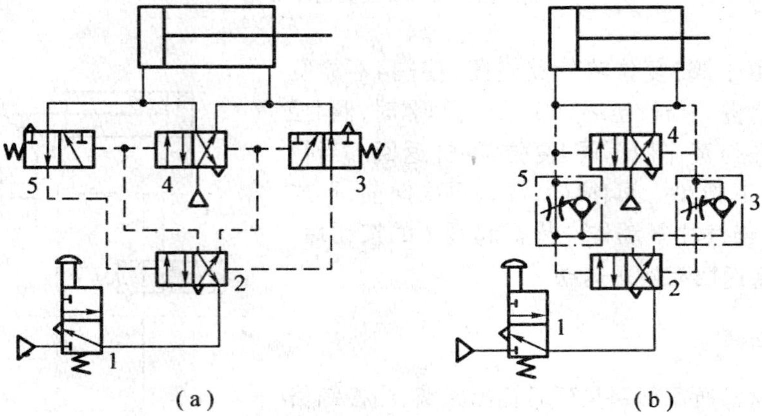

图 13-17　计数回路

第六节　安全保护回路

由于工作机构负荷的过载、气压的突然降低以及执行元件的快速动作等原因都可能危及操作人员或设备的安全,因此在气动回路中,常常要加入安全回路。需要指出的是,在设计任何气动回路中,特别是安全回路中,都不可缺少过滤装置和油雾器。因为污、脏空气中的杂物,可能堵塞阀中的小孔与通路,使气路发生故障。缺乏润滑油,很可能使阀发生卡死或磨损,以致整个系统的安全都发生问题。下面介绍几种常用的安全保护回路。

一、过载保护回路

如图 13-18 所示,在活塞伸出的过程中,若遇到障碍 6,无杆腔压力升高,顺序阀 3 打开,使阀 2 换向,阀 4 随即复位,活塞立即退回,实现过载保护。同样,若无障碍,气缸向前运动时压下阀 5,活塞也即刻返回。

二、互锁回路

互锁回路用于多缸系统,以实现某一个气缸工作时,其他气缸锁定不动。

在图 13-19 所示的回路中,二位四通阀的换向受三个串联的机动三通阀控制。只有三个机动阀均接通,二位四通阀才能换至右位,气缸换向。

如图 13-20 所示回路利用梭阀 1,2,3 和二位五通阀 4,5,6 对三个气缸 A,B,C 实现互锁。当电磁阀 7 换向时，阀 4 换向，A 缸活塞杆伸出。与此同时，阀 4 的输出气体经梭阀 2，1 通向阀 5，6 的右控制口，使阀 5，6 处于图示复位状态，此时即使阀 8，9 通电，气缸 B，C 也不会动作，只有阀 7 失电复位，其他气缸才能动作。

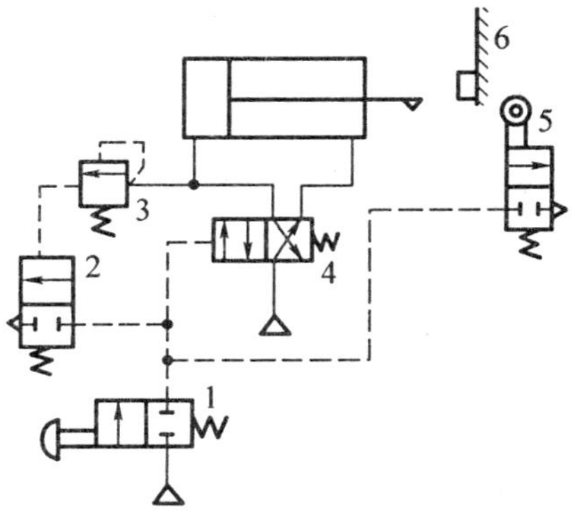

图 13－18 过载保护回路

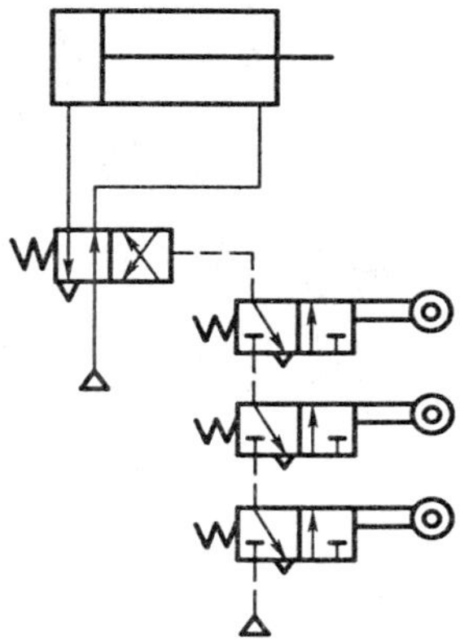

图 13－19 互锁回路一

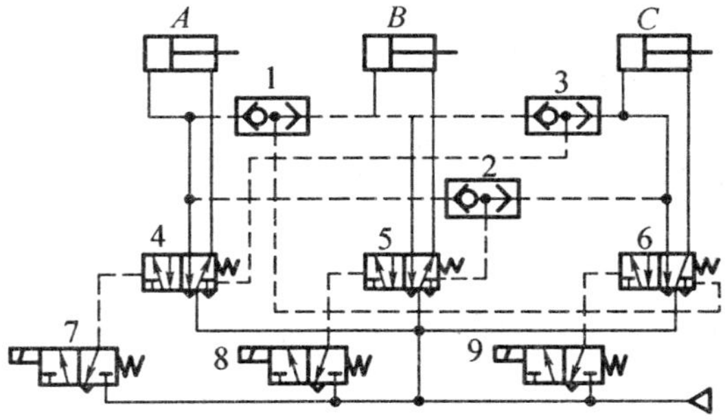

图 13－20 互锁回路二

三、双手操作回路

所谓双手操作回路就是使用两个手动阀，只有同时按动两个阀才动作的回路。这种回路主要是为了安全，在锻造、冲压机械上常用来避免误动作，以保护操作者的安全。

图 13－21(a)所示为使用逻辑“与”回路的双手操作回路。为使主控制阀换向，必须使两只三通手动阀同时换向，另外这两个阀必须安装在单手不能同时操作的距离上。在操作时，任何一只手离开控制信号都会消失，主控制阀复位，活塞杆后退。图 13－21(b)所示的是使用三位主控制阀的双手操作回路，把此主控制阀 1 的信号 *A* 作为手动阀 2 和 3 的逻辑“与”回路，亦即只有手动阀 2 和 3 同时动作时，阀 1 换至上位，活塞杆前进；把信号 *B* 作为手动阀 2 和 3 的逻辑“或非”回路，即当手动阀 2 和 3 同时松开时(图示位置)，阀 1 换至下位，活塞杆返回；若手动阀 2 和 3 任何一个动作，主控制阀复位到中位，活塞杆处于停止状态。

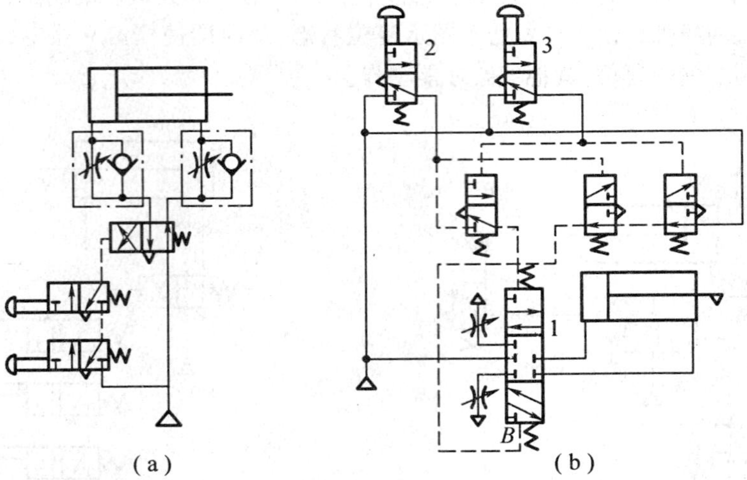

图 13－21 双手操作回路

思考题与习题

13－1 常用气动三联件是指哪些元件，安装顺序如何，如果不按顺序安装，会出现什么问题？

13－2 比较进气节流调速与排气节流调速的区别。

13－3 试利用两个双作用气缸，一个顺序阀，一个二位四通单电控换向阀组成顺序动作回路(可增加气动控制阀)。

13－4 试用两个梭阀组成一个能在三处不同场所均可操作气缸的气动回路。

13－5 叙述图 13－3，13－9，13－11，13－13，13－15，13－16，13－17，13－18，13－21 所示气动回路的工作原理。

第十四章 气压传动系统实例

第一节 门户开闭气动系统

门的形式多种多样,有推门、拉门、屏风式的折叠门、左右门扇的旋转门以及上下关闭的门等。在此就拉门、旋转门的气动系统加以说明。

一、拉门的自动开闭系统

拉门是在门的前后装有略微浮起的踏板,行人踏上踏板后,踏板下沉压至检测阀(二位四通行程阀),门自动打开。行人走过去后,检测阀自动地复位换向,门自动关闭。

拉门的自动开闭系统如图 14-1 所示。若行人踏上门前的踏板,则由于其重力使踏板产生微小的下降,检测阀 1 被压下,空气进入阀 2 控制回路,阀 2 换至上位,门被打开。反之,门被关闭。在此回路中,单向节流阀 3 与 4 起着重要的作用,通过对它们的调节可实现门开、关速度的调节。另外,在有"X"处装有手动闸阀,作为发生故障时的应急办法,当检测阀 1 发生故障而打不开门时,打开手动阀把空气放掉,用手可把门打开。

图 14-2 为拉门的另一种自动开闭系统。该装置是通过连杆机构将气缸活塞杆的直线运动转换成门的开闭运动,利用超低压气动阀来检测行人的踏板动作。在踏板 6,11 的下方装有橡胶管,管的一端完全密封,而管的另一端与超低压气动阀 7 和 12 的控制口相连接。因此,当人站在踏板上时,橡胶管内的压力上升,超低压气动阀开始工作。

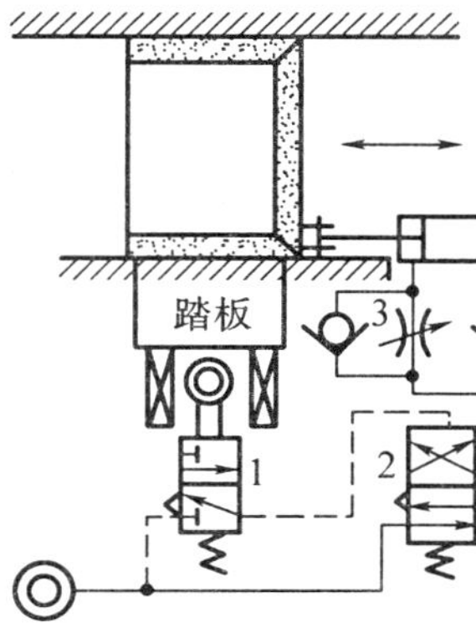

图 14-1 拉门的自动开闭系统之一

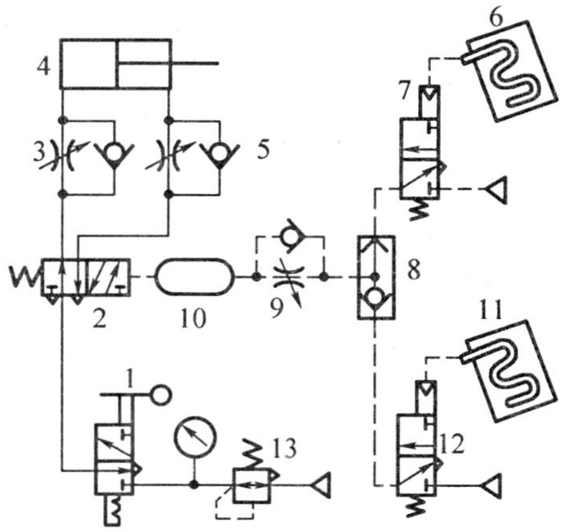

图 14-2 拉门的自动开闭系统之二

首先用手动阀 1 使压缩空气通过阀 2 让气缸 4 的活塞杆伸出来,门关闭。若有人站在踏板 6 或 11 上,则超低压气动阀 7 或 12 动作使气动阀 2 换向,气缸 4 的活塞杆收回,门打开。当行人走过踏板 6 或 11 的时候,则阀 2 控制腔的压缩空气经由气容 10 和阀 9,8 组成的延时回路排气,阀 2 复位,气缸 4 的活塞杆伸出,使门关闭。由此可见,从门的哪边出入都可以。另外，通过调节压力调节器 13 的压力，可使行人由于某种原因被夹住时，也不至于达到受伤的程度。若将手动阀 1 复位，则变成手动门。

二、旋转门的自动开闭系统

旋转门是左右两扇门绕两端的枢轴旋转而开的门。图 14－3 为旋转门的自动开闭系统。此回路只是单方向开启，不能反向打开，为防止发生危险只用于单向通行的地方。

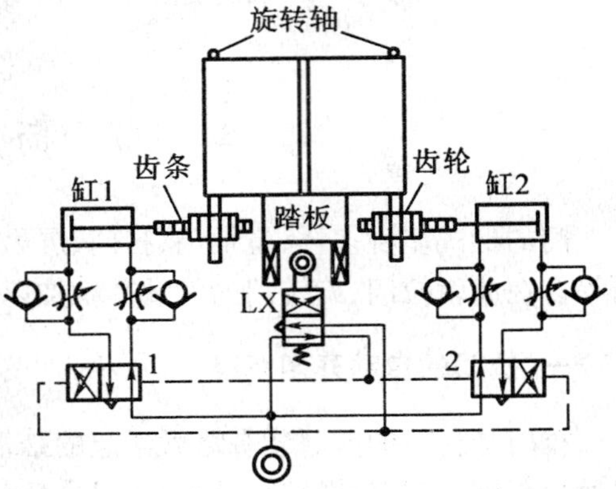

图 14－3　旋转门的自动开闭回路

若行人踏上门前的踏板，则由于其重力会使踏板产生微小的下降，检测用阀 LX 被压下，主阀 1 与主阀 2 换向，空气进入气缸 1 与气缸 2 的无杆腔，通过齿轮齿条机构，两边的门扇同时向一方打开。行人通过后，踏板恢复到原来的位置，则检测用阀 LX 自动复位。主阀 1 与主阀 2 换向到原来的位置，气缸活塞杆后退，门关闭。

第二节　工件夹紧气动系统

图 14－4 是机械加工自动线、组合机床中常用的工件夹紧气压传动系统原理图。其工作原理是：当工件运行到指定位置后，气缸 A 的活塞杆伸出，将工件定位锁紧后，两侧的气缸 B 和 C 的活塞杆同时伸出，从两侧面压紧工件，实现夹紧，而后进行机械加工，其气动系统的动作过程如下：当用脚踏下脚踏换向阀 1（在自动线中往往采用其他形式的换向方式）后，压缩空气经单向节流阀进入气缸 A 的无杆腔，夹紧头下降至锁紧位置后使行程阀 2 换向，压缩空气经单向节流阀 5 进入中继阀 6 的右侧，使阀 6 换向，压缩空气经阀 6 通过主控阀 4 的左位进入气缸 B 和 C 的无杆腔，两气缸同时伸出。接着，压缩空气的一部分经单向节流阀 3 调定延时后使主控阀 4 换向到右侧，则两气缸 B 和 C 返回。此时行程阀 2 复位（右位），中继阀 6 也复位。由于阀 6 复位，气缸 B 和 C 的无杆腔通大气，主控阀 4 自动复位，由此完成了“缸 A 压下（A_1）—夹紧缸 B 和 C 伸出夹紧（B_1，C_1）—夹紧缸 B 和 C 返回（B_0，C_0）—缸 A 返回（A_0）”的动作循环。

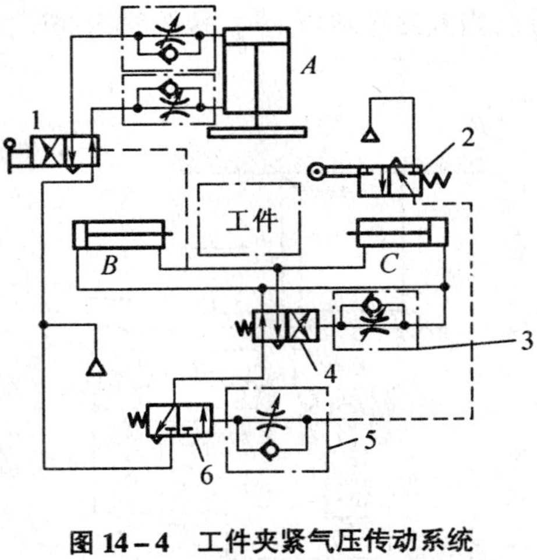

图 14－4　工件夹紧气压传动系统

第三节　数控加工中心气动换刀系统

图 14－5 所示为某数控加工中心气动换刀系统原理图。该系统在换刀过程中实现主轴定位、主轴松刀、拔刀、向主轴锥孔吹气和插刀的动作。

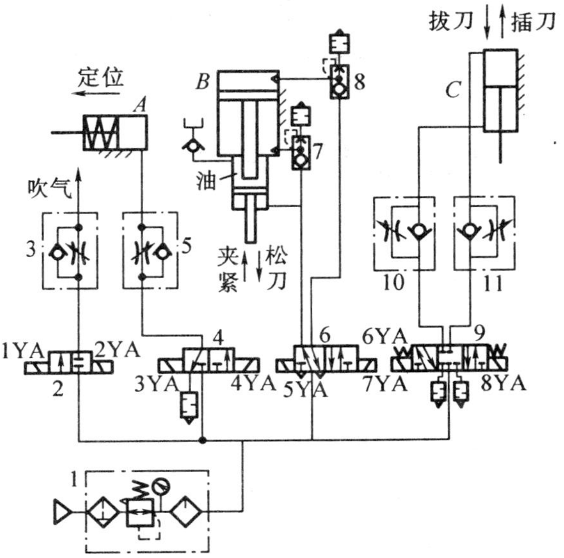

图 14-5　数控加工中心气动换刀系统原理图

当数控系统发出换刀指令时，主轴停止旋转，同时 4YA 通电，压缩空气经气动三联件 1、换向阀 4、单向节流阀 5 进入主轴定位缸 *A* 的右腔，缸 *A* 的活塞左移，使主轴自动定位。定位后压下无触点开关，使 6YA 通电，压缩空气经换向阀 6、快速排气阀 8 进入气液增压缸 *B* 的上腔，增压腔的高压油使活塞伸出，实现主轴松刀，同时使 8YA 通电，压缩空气经换向阀 9、单向节流阀 11 进入缸 *C* 的上腔，缸 *C* 下腔排气，活塞下移实现拔刀。由回转刀库交换刀具，同时 1YA 通电，压缩空气经换向阀 2、单向节流阀 3 向主轴锥孔吹气。稍后 1YA 断电、2YA 通电，停止吹气。8YA 断电、7YA 通电，压缩空气经换向阀 9、单向节流阀 10 进入缸 *C* 的下腔，活塞上移，实现插刀动作。6YA 断电、5YA 通电，压缩空气经阀 6 进入气液增压缸 *B* 的下腔，使活塞退回，主轴的机械机构使刀具夹紧。4YA 断电、3YA 通电，缸 *A* 的活塞在弹簧力作用下复位，回复到开始状态，换刀结束。

思考题与习题

14-1　叙述图 14-3 所示旋转门自动开闭气动系统的工作过程。

14-2　叙述图 14-4 所示工件夹紧气动系统的工作过程。

14-3　在图 14-5 中，夹紧缸为什么要采用气液增压缸？

附 录

附录 常用液压与气动元件图形符号

名 称	符 号	名 称	符 号
单向定量液压泵	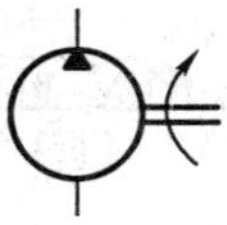	定量液压泵－马达	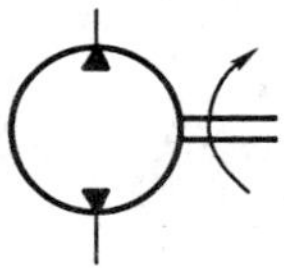
双向定量液压泵	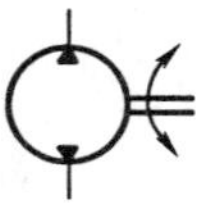	变量液压泵－马达	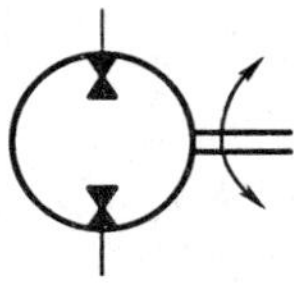
单向变量液压泵	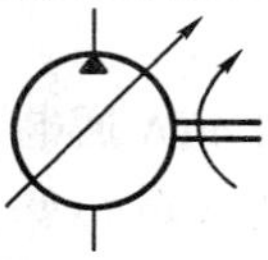	液压整体式传动装置	
双向变量液压泵		摆动马达	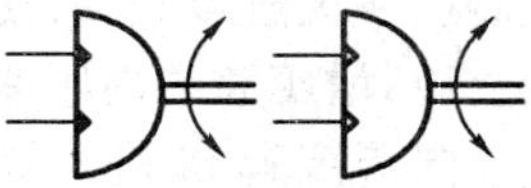
单向定量马达	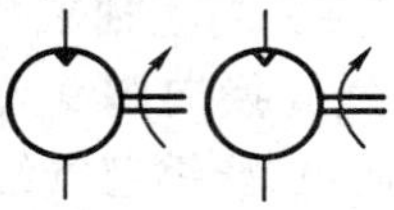	单作用弹簧复位缸	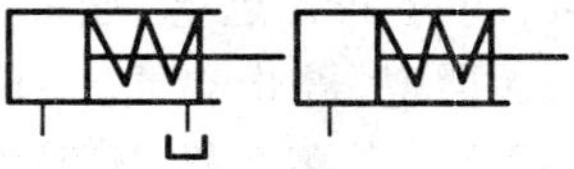
双向定量马达	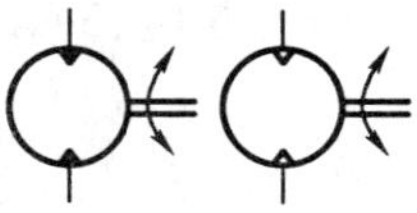	单作用伸缩缸	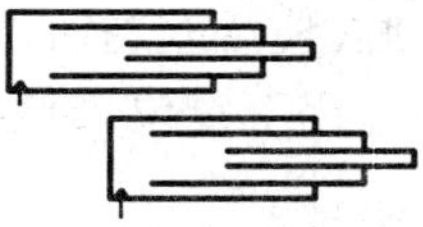
单向变量马达	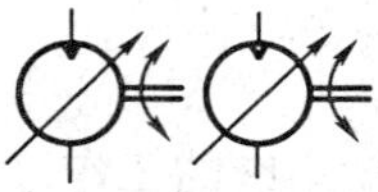	双作用单活塞杆缸	
双向变量马达	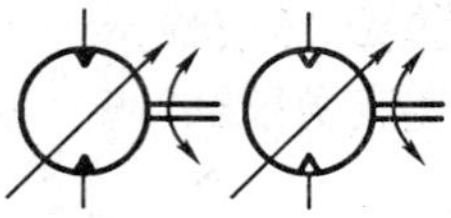	双作用双活塞杆缸	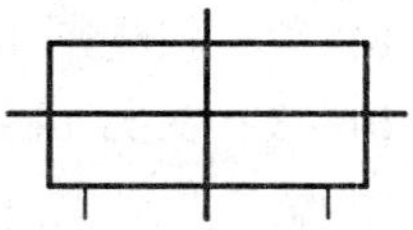
单向缓冲缸	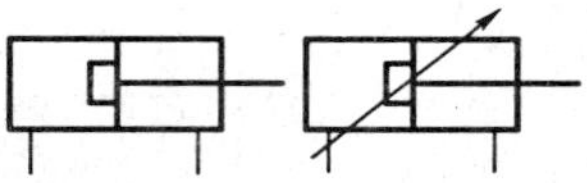	双作用伸缩缸	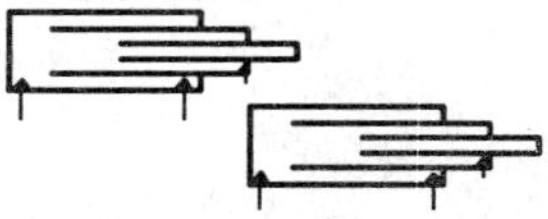
双向缓冲缸	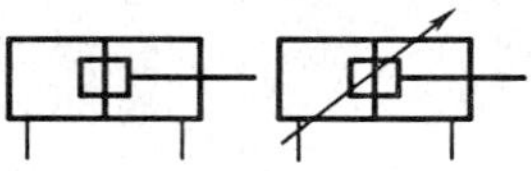	增压器	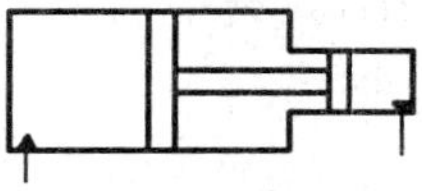

（续）

名　称	符　号	名　称	符　号
直动式溢流阀	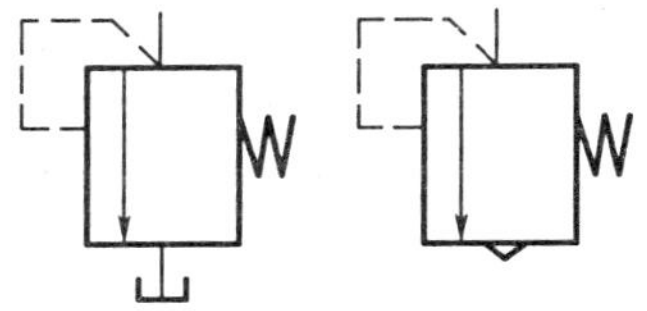	溢流减压阀	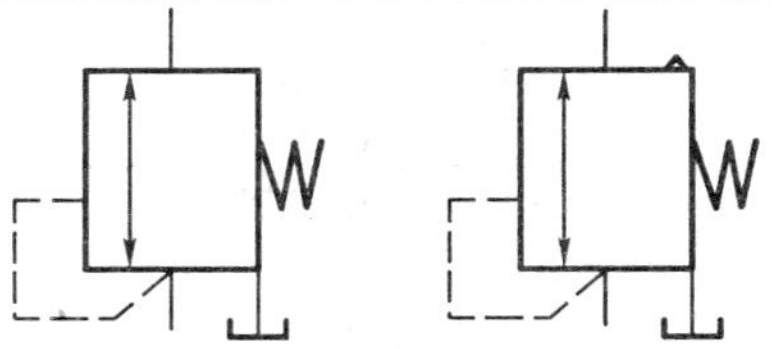
先导式溢流阀	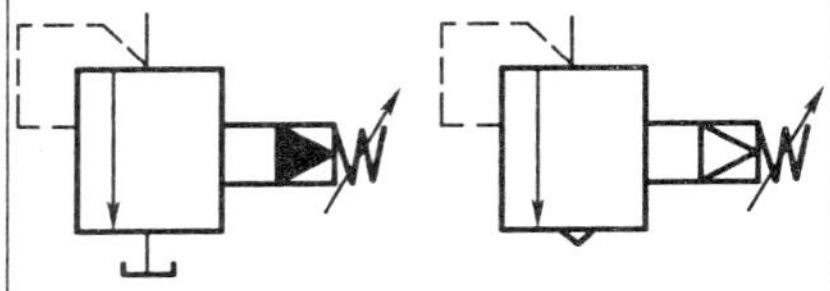	先导式比例电磁式溢流阀	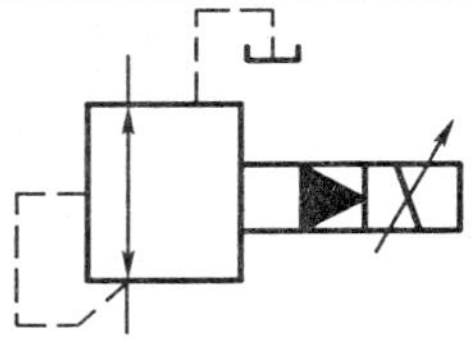
先导式比例电磁溢流阀	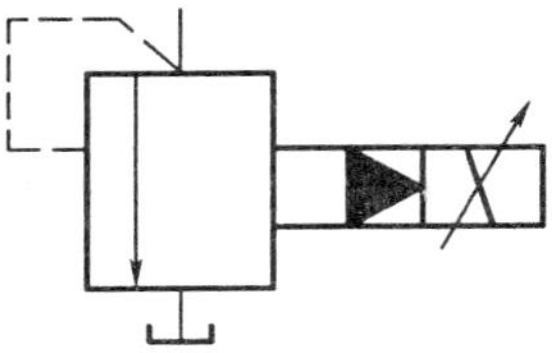	定比减压阀	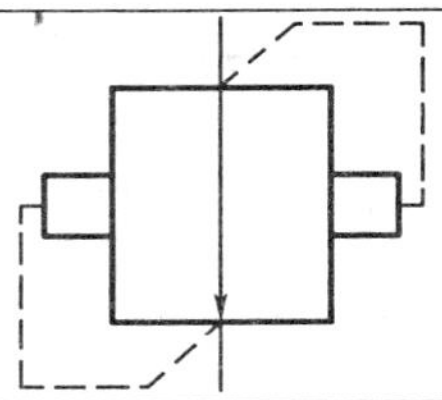
卸荷溢流阀	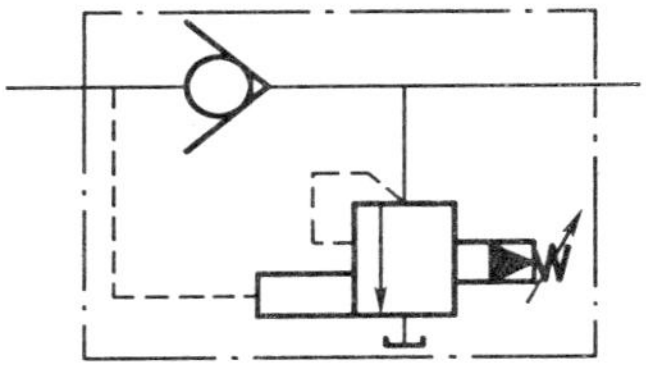	定差减压阀	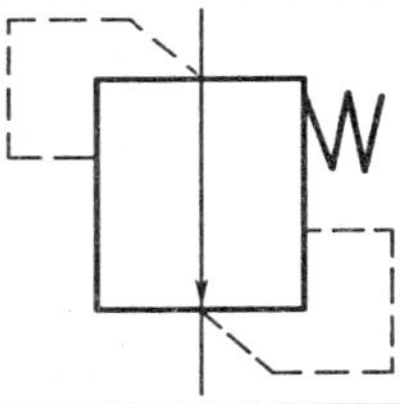
双向溢流阀	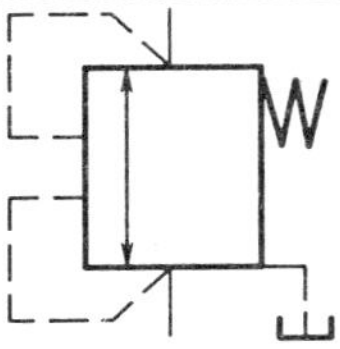	直动式顺序阀	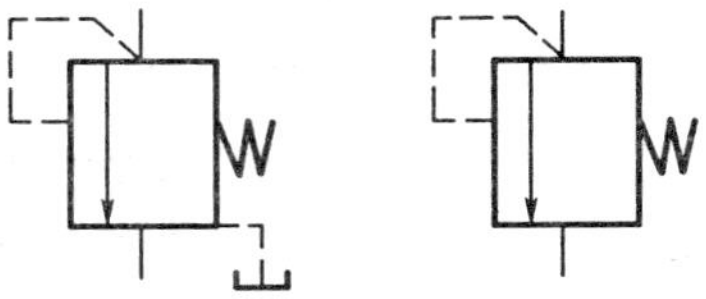
直动式减压阀	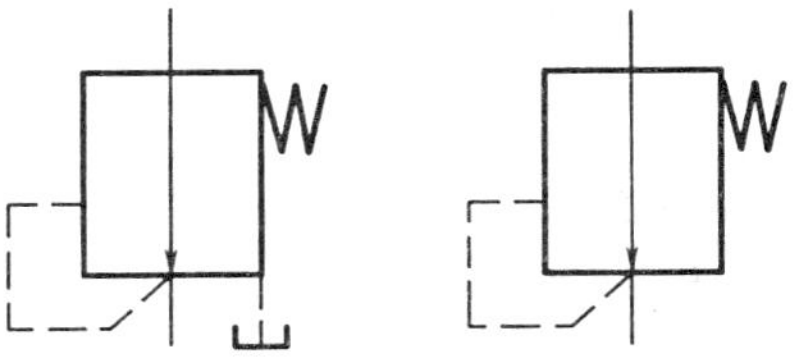	先导式顺序阀	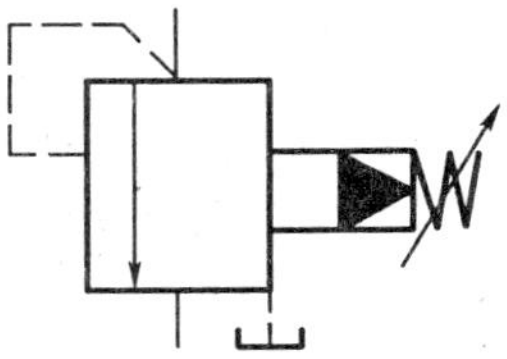
先导式减压阀	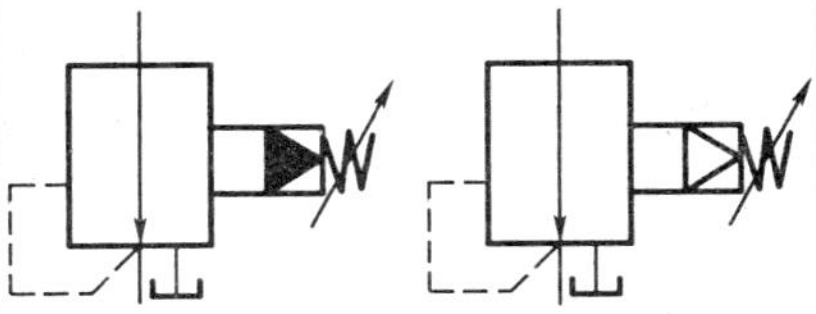	单向顺序阀（平衡阀）	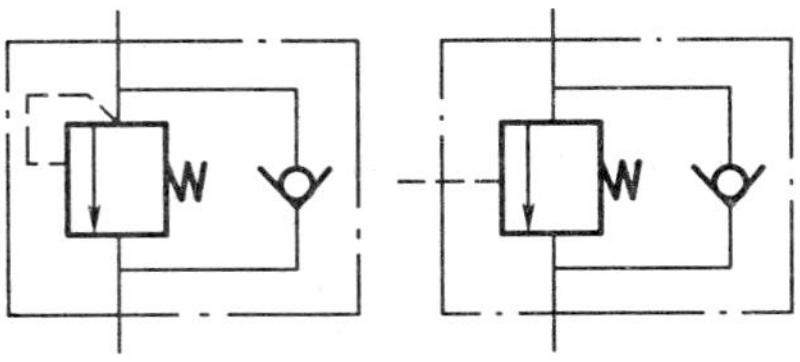
直动式卸荷阀	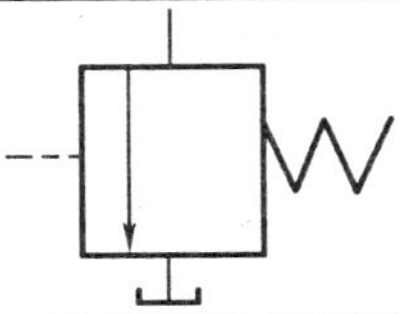	集流阀	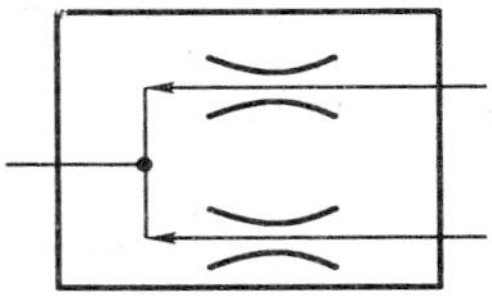

（续）

名　称	符　号	名　称	符　号
制动阀	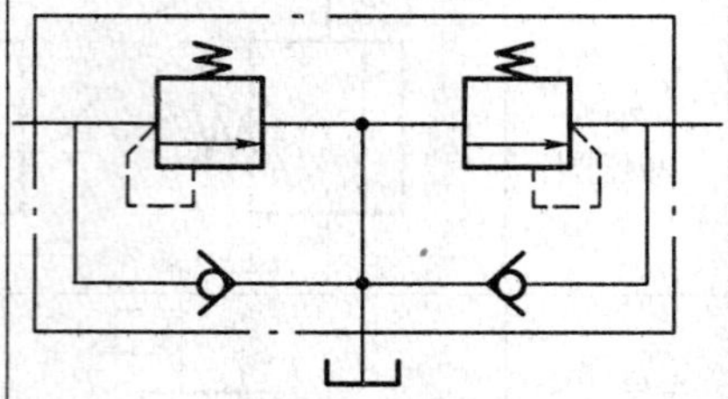	分流阀	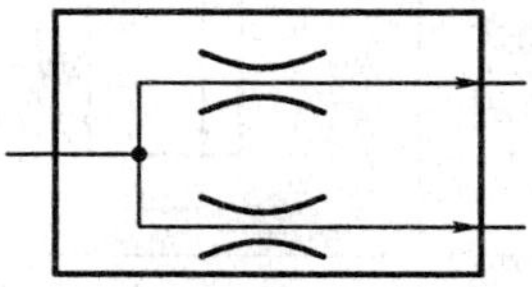
不可调节流阀	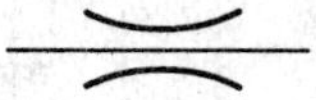	单向阀	
可调节流阀	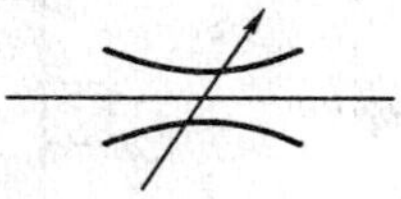	液控单向阀	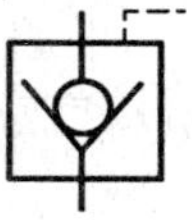
可调单向节流阀	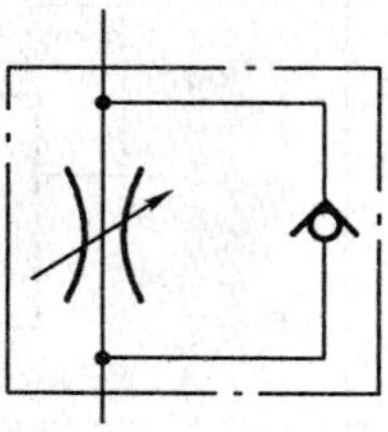	液压锁	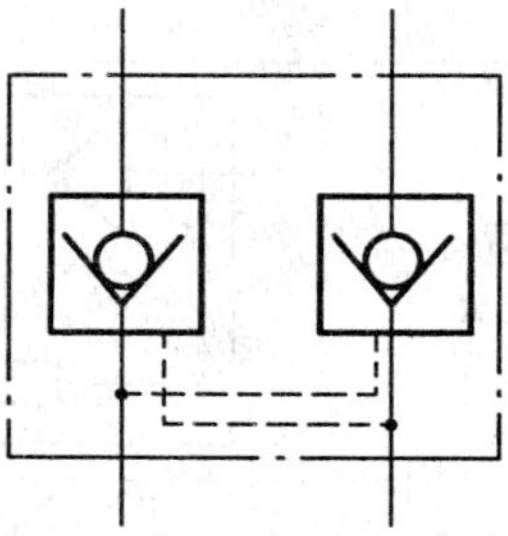
减速阀	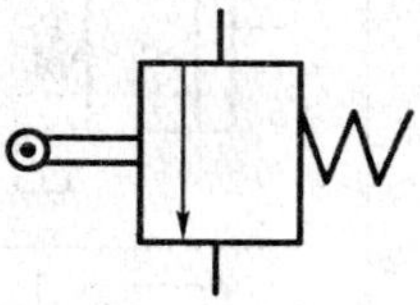	或门型梭阀	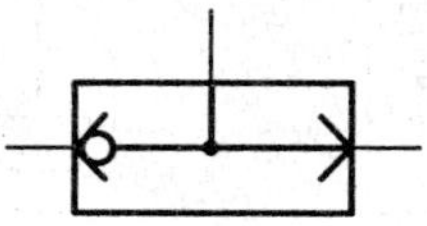
带消声器的节流阀	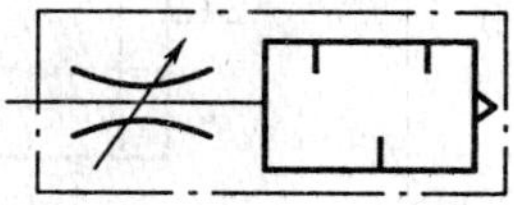	与门型梭阀	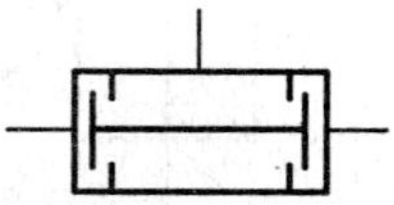
调速阀	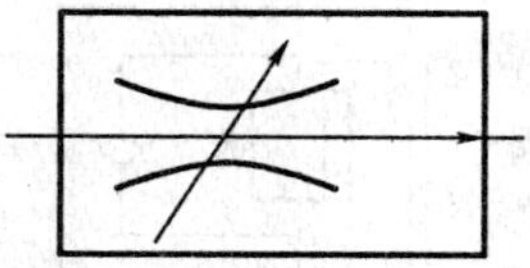	快速排气阀	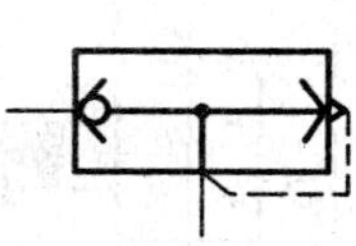
温度补偿调速阀	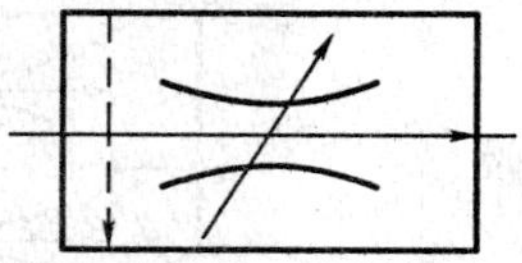	二位二通换向阀	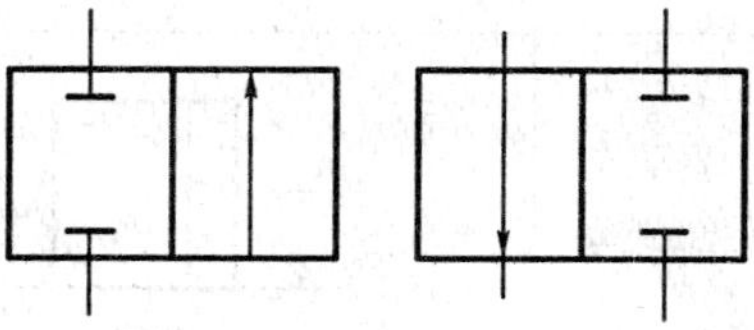

（续）

名　称	符　　号	名　　称	符　号
旁通型调速阀	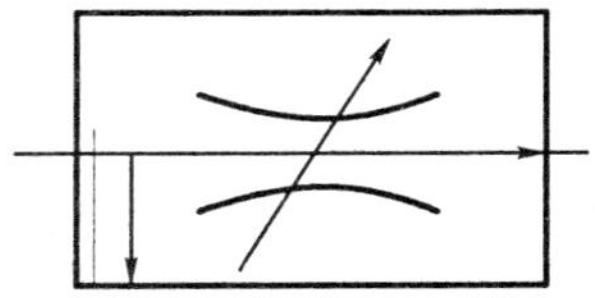	二位三通换向阀	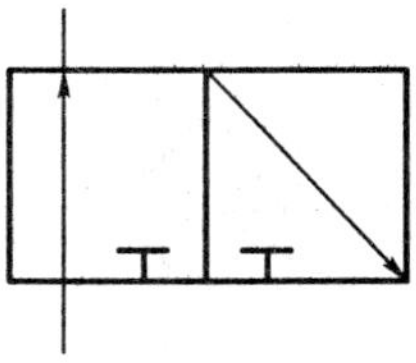
单向调速阀	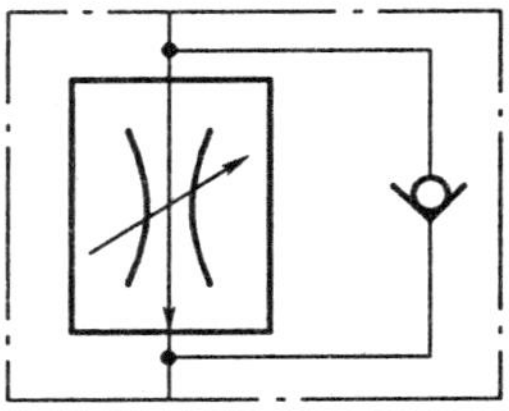	二位四通换向阀	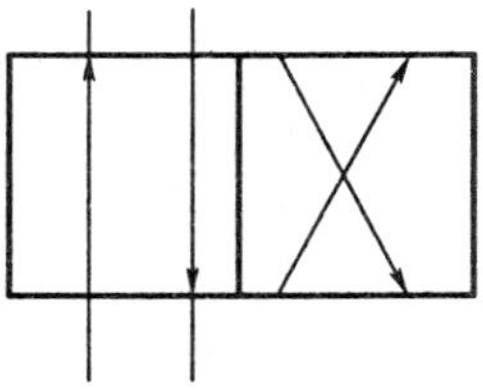
分流集流阀	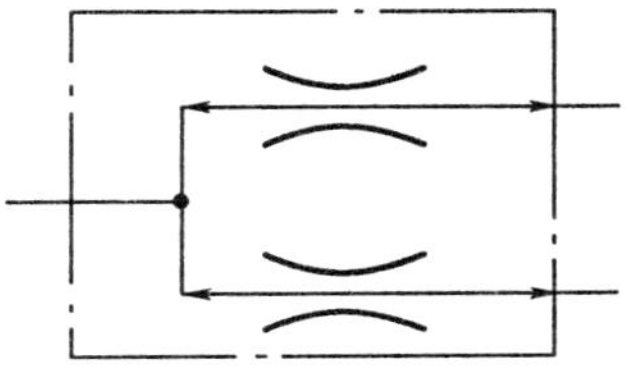	二位五通换向阀	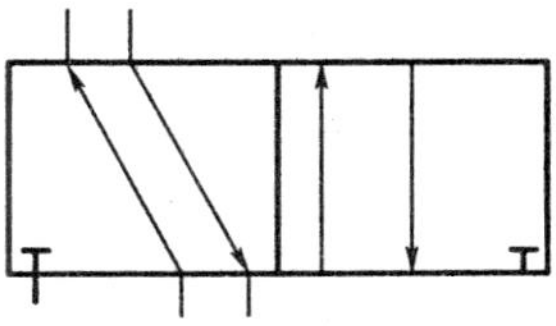
三位四通换向阀	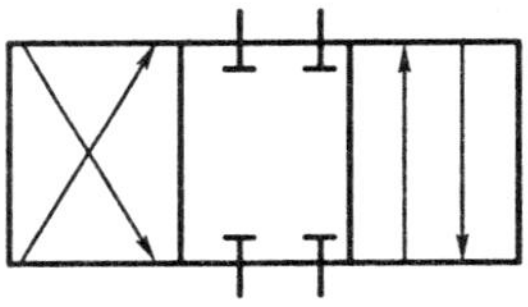	四通电液伺服阀	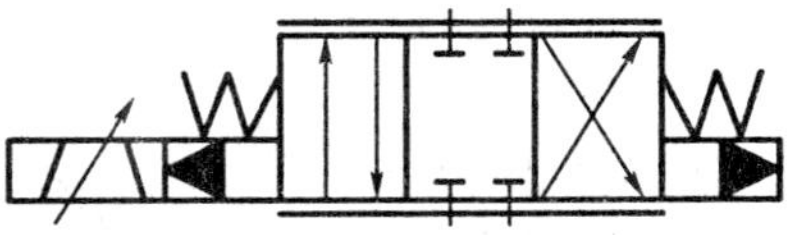
三位五通换向阀	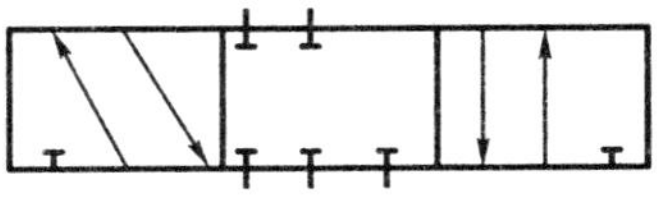	温度调节器	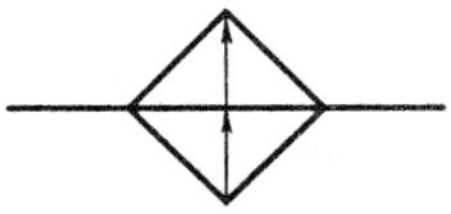
过滤器	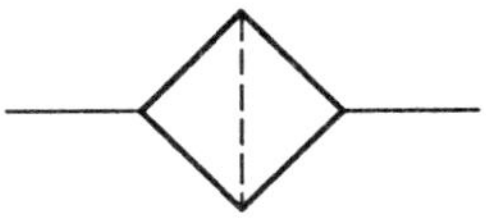	气罐	
磁芯过滤器	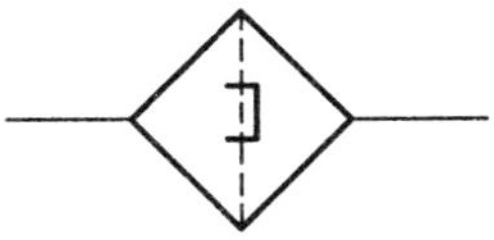	压力计	
污染指示过滤器	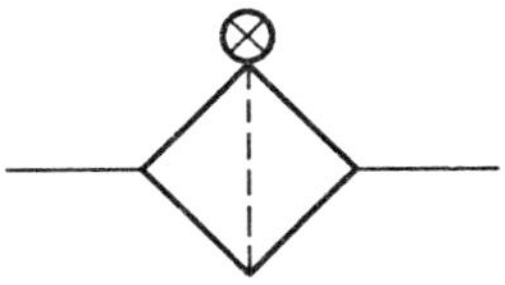	液面计	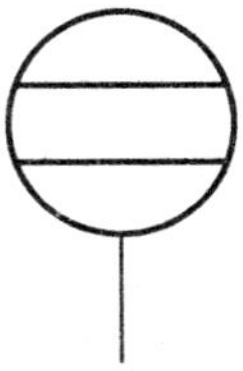

（续）

名称	符号	名称	符号
分水排水器	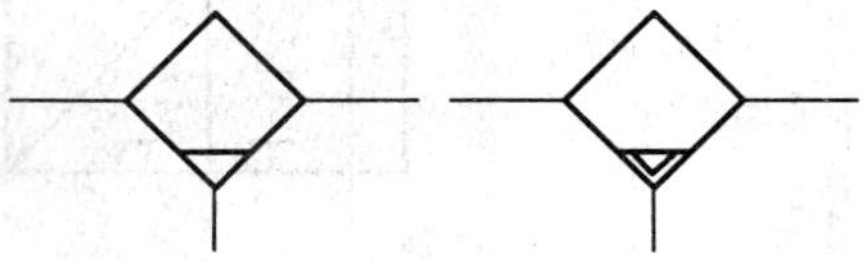	温度计	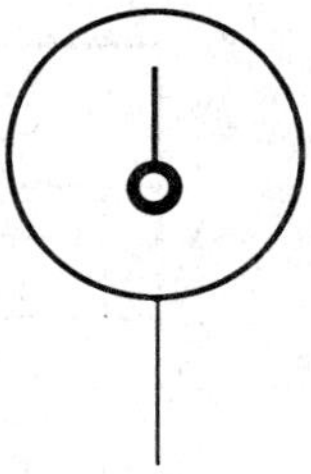
空气过滤器	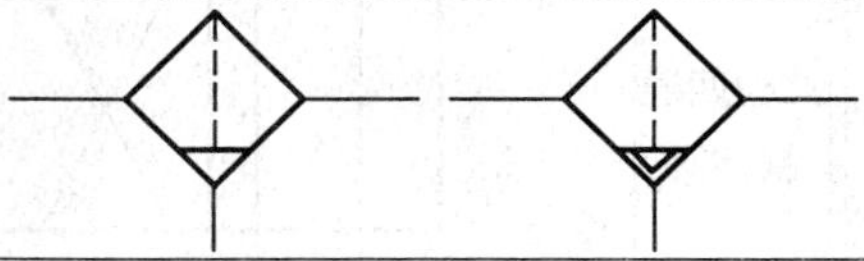	流量计	
油水分离器	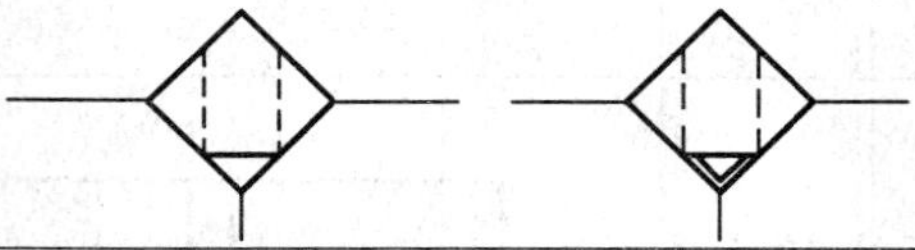	压力继电器	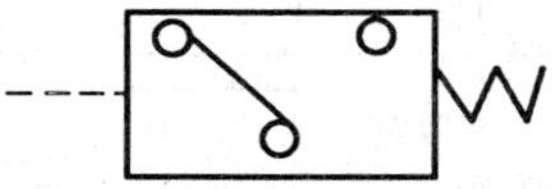
空气干燥器	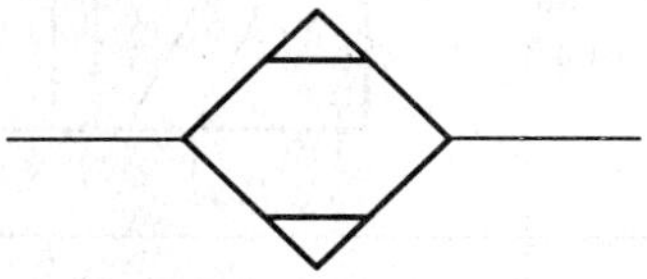	消声器	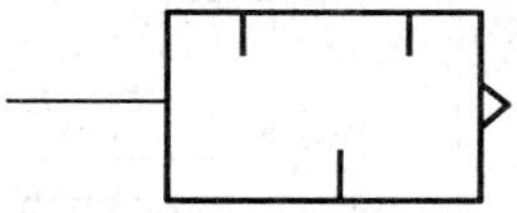
油雾器	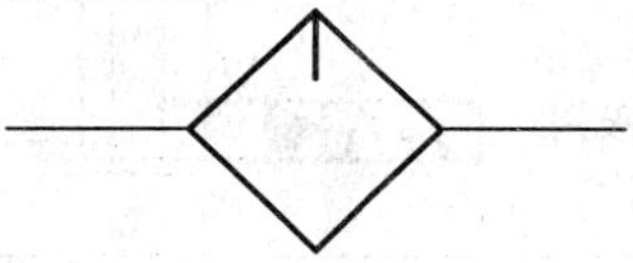	液压源	
气源调节装置		气压源	
冷却器	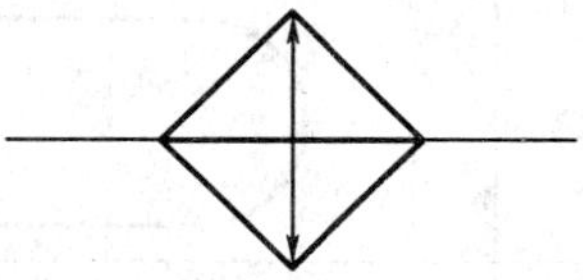	电动机	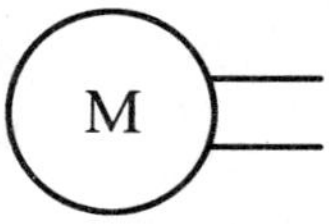
加热器	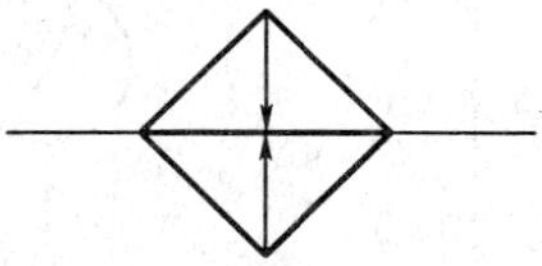	原动机	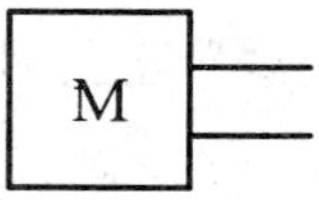
蓄能器	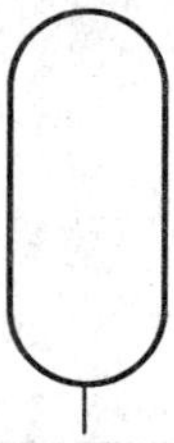	气－液转换器	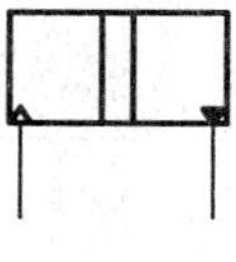

参考文献

1 张和平等编著.液压气动技术速查手册.北京:化学工业出版社,2007.
2 张群生主编.液压与气压传动.北京:机械工业出版社,2001.
3 左健民主编.液压与气压传动.北京:机械工业出版社,2006.
4 肖珑主编.液压与气压传动技术.西安:西安电子科技大学出版社,2007.
5 贺利乐主编.建设机械液压与液力传动.北京:机械工业出版社,2004.